ANTJE HEBEL

Mit
**ERKLÄR-VIDEOS**
von der Autorin

# HERZ ÜBER KOPF

## Wie wir das Vertrauen unserer Hunde gewinnen

# INHALT

1. KAPITEL

## WENN TRÄUME NICHT IN ERFÜLLUNG GEHEN



2. KAPITEL

## HUNDE DÜRFEN HUNDE BLEIBEN

3. KAPITEL

## WANN IST DIE HUNDESCHULE DER RICHTIGE WEG?

Seite 55



4. KAPITEL

## HUNDE FÜHLEN, WAS WIR DENKEN

Seite 99

5. KAPITEL

## BIST DU MITLÄUFER, KONTROLLFREAK ODER IDOL?

Seite 119



6. KAPITEL

## WIE DU SELBER ZUM HUNDEIDOL WIRST

Seite 133

7. KAPITEL

## DEIN HUND IST DER BESTE

Seite 159



8. KAPITEL

## DU SCHAFFST DAS

Seite 183



## ANHANG

## EIN KOSTENLOSER VIDEOKURS FÜR DICH

Hier im Text findest du bereits viele hilfreiche Links zu begleitenden Videos. Aber ich habe noch zwei ganz besondere Geschenke für dich:

- einen kostenlosen Videokurs zum Thema »Entspannte Hundebegegnungen« und
- einen Gutschein über 100 € für die Teilnahme an meinem Online-Coachingprogramm CaniKo©

Damit kannst du sofort mit der Umsetzung beginnen. Du wirst auf den Innenseiten des Buches noch weitere wertvolle Geschenke für dich finden. Lass dich überraschen. Als einer meiner Leser darfst du dir alle bereitgestellten Tools kostenfrei herunterladen und nutzen. Hol dir hier deine Bonusgeschenke:

**https://antjehebel.com/busup**

# Warum dieses Buch?

»Es ist so toll, endlich kann ich meinen Hund mit zum Camping nehmen. Die letzten Jahre war ich immer traurig, weil wir den Benny zu Hause lassen mussten, er kam ja nicht mit anderen Hunden zurecht. Heute ist unser Schatz überall mit dabei. Ich bin so froh.«

Es macht mich wirklich glücklich, solche Worte von meinen Kunden zu hören. Leider sind so harmonische Mensch-Hund-Beziehungen noch nicht überall selbstverständlich. Wie bei einer anderen Hundebesitzerin:

Angela sitzt verzweifelt vor mir. Mit Tränen in den Augen sagt sie: »Ich weiß nicht, was ich noch machen soll. Wir waren schon bei zwei Hundeschulen, wir hatten sogar einen Hundetrainer, der aus dem Fernsehen bekannt ist. Nichts hat geholfen. Anfangs wird es immer etwas besser, aber schon nach kurzer Zeit fällt Mexx immer wieder in sein altes Verhalten zurück. Er rastet total aus, wenn wir Artgenossen begegnen, wird aggressiv und beißt um sich. Mich hat er auch schon gebissen.«

Ich kenne diese Geschichten und weiß, wie sich Angela und viele andere Hundebesitzer fühlen, wenn der Hund durchdreht. Sie schämen sich, haben Angst, dass was Schlimmes passiert, und trauen sich kaum noch mit ihrem Hund auf die Straße.

Kennst du diese Gefühle? Hast du dies jemals erlebt?

Ich habe das alles selber durchgemacht, mit meinem ersten Schäferhund Rambo. Er war der liebste und verständnisvollste Begleiter. Ich konnte alles mit ihm machen. Er was vorbildlich trainiert. Aber Rambo wurde zum Monster, sobald uns andere Hunde begegneten.

Meine Gassirunden wurden irgendwann immer kürzer, verliefen möglichst im Dunkeln und nur dort, wo ich irgendwelche Pfosten griffbereit hatte, um die Leine drüberzuwerfen – falls Rambo explodiert. Spaziergänge machten wir nur noch am Wochenende, zusammen mit meinem Mann. Der konnte Rambo wenigstens halten. Ich habe mich damals immer wieder gefragt, warum mein geliebter Hund mir das antut. Die Antwort darauf habe ich leider erst Jahre später gefunden. Und ich möchte sie an alle weitergeben, die in der gleichen Situation sind wie Angela oder ich selber vor vielen Jahren.

Denn es ist grauenvoll für uns Menschen, wenn unser Hund sich nicht mit Artgenossen versteht, wenn er Besucher belästigt oder den Kellner im Restaurant anknurrt. Unser Kopf ist ein Karussell, weil uns jeder Befragte zu anderen Methoden rät. Wir denken nur noch in Katastrophenbildern und stehen beim Thema Hundespaziergang nur noch unter Stress. Wir müssen für alle Fälle gewappnet sein und möglichst immer alle möglichen Utensilien dabeihaben.

Jeder Trainer benutzt andere Hilfsmittel, arbeitet mit Belohnung oder Strenge, lacht dich aus oder macht dir Vorwürfe. Und wenn gar nichts funktioniert, sollen Zwangsmittel helfen, mit der Begründung: »Bei so einem Hund geht es nicht anders.« Furchtbar. Ich kenne fast niemanden, der so mit seinem Hund umgehen will. Den meisten Menschen blutet das Herz, wenn sie mit Schreien, Herumzerren oder sogar mit Gewalt auf ihren Hund einwirken sollen. Stell dir vor, mit dir würde jemand so umgehen.

Aber das Schlimmste ist, all das zieht uns total runter. Wir zweifeln an uns selber und sacken immer mehr in uns zusammen. Irgendwann haben wir nur noch trübe Gedanken im Kopf, wie: »Mein Hund liebt mich auch nicht«, »Ich habe wieder versagt«, »Ich kann nicht mal einen Hund führen«, »Nie kann ich mich zurücklehnen«. Du denkst: »Ich bin selbstständig, führe acht Mitarbeiter, habe drei Kinder fast alleine großgezogen und schaffe es einfach nicht, einen Hund zu erziehen. Was mache ich falsch? Mein Hund sollte doch mein Vertrauter sein, eine liebe Seele, die Freude und Ruhe in mein Leben bringt.«

STOPP! Wenn du dich hier wiedererkennst, wird es jetzt Zeit umzudenken. Es gibt keine bösen Hunde. Und deine Entscheidung für genau diesen Hund war goldrichtig. Ihr zwei solltet euch finden. Auch ihr zwei habt die Chance auf eine innige Bindung ohne Stress und Angst. Auf entspannte Spaziergänge und auf das Lob anderer Hundebesitzer. So wie Angela mit ihrem Mexx, die beide inzwischen eine ganz innige Verbundenheit aufgebaut haben.

Wenn du bereit bist, deinem Hund einmal zuzuhören und in seiner Sprache mit ihm zu kommunizieren, begegnet ihr euch auf einem ganz anderen Level. Dann seid ihr tief mit euren Seelen verbunden und redet schweigend miteinander. Nur noch von Herz zu Herz.

Ich habe es selber erlebt und erlebe es täglich aufs Neue. Das bedingungslose Vertrauen meiner Hunde ist das wertvollste Geschenk, das mir das Leben bescheren konnte. Danke, Rambo, Stromer, Chicco, Willi, Dana, Bonnie, Poppi, Mini und den vielen namenlosen Straßenhunden in Bali. Euch verdanke ich alles. Deswegen werde ich den Menschen erzählen, was ich von euch gelernt habe. Was Hunde bewegt, wovon Hunde träumen und was ihr von uns wirklich braucht, um für uns Menschen der treue Begleiter zu sein, den wir uns so sehr wünschen.

*Das bedingungslose Vertrauen meiner Hunde ist das wertvollste Geschenk, das sie mir bescheren konnten.*

A. Hebel

**Eine Bitte**

Falls wir uns noch nicht kennen, lies mein vertrautes DU bitte als höfliches SIE. Ich kann einfach nicht über tiefe Emotionen schreiben, wenn eine Kluft der Höflichkeit mich von meinen Lesern trennt. Und natürlich meine ich mit Lesern oder Hundebesitzern auch uns Frauen, also die Leserinnen und Hundebesitzerinnen. Doch Gendern zerreißt die Grammatik und stört in einem Buch den Lesefluss erheblich. Deswegen bleibe ich bei unserer guten alten deutschen Sprache. Ganz großen Dank für dein Verständnis und viel Freude beim Lesen.

# WENN TRÄUME NICHT IN ERFÜLLUNG GEHEN

*Mal Hand aufs Herz: Bist du zufrieden mit deiner jetzigen Hundesituation? Läuft alles so, wie du es dir immer erträumt hattest? Kannst du ohne Leine mit deinem Hund durch die Stadt oder den Wald laufen? Nimmst du ihn überallhin mit? Vertraut er dir tausendprozentig und überlässt DIR gerne alle Entscheidungen?*

Wenn du alle diese Fragen mit »Ja« beantworten kannst, dann darfst du dieses Buch zuklappen und weiterverschenken.
Falls auch nur eine deiner Antworten ein »Nein« war, dann mach's dir jetzt bequem. Bereite dir was Leckeres zu trinken, nimm etwas Nervennahrung mit und suche dir ein ruhiges, gemütliches Plätzchen. Denn ich entführe dich jetzt in die geheimnisvolle Seelenwelt deines Hundes. Fühle, was dein Hund fühlt, und finde den Schatz in seinem Herzen.

# Warum ist dein Hund bei dir?

Kannst du dich noch an den Tag erinnern, als du beschlossen hattest, einen Hund in dein Leben zu nehmen? Weißt du auch noch, was du gefühlt hattest, als du genau diesem jetzigen Hund das erste Mal begegnet bist und eure Blicke sich trafen? Was ging in diesem Moment in dir vor? Wovon hast du geträumt? Was wolltest du alles mit diesem Hund unternehmen und erleben?

Es gibt Menschen, die haben einen Hund aus praktischen Gründen. Weil sie dann aktiver leben, damit die Kinder weniger im Internet hängen oder um sich und ihr Eigentum besser beschützt zu wissen.

Aber – die meisten Menschen nehmen einen Hund aus emotionalen Gründen zu sich. Sie wollen einen treuen Freund, jemanden, der einfach immer da ist. Jemanden, der sich freut, wenn sie nach Hause kommen, der sie wahrnimmt. Und vor allem jemanden, der sie akzeptiert und gut findet, so wie sie sind. Der nicht nörgelt, der sie nicht auslacht und auch nicht beschimpft. Jemanden, dem sie nichts beweisen müssen, sondern in dessen Nähe sie sich glücklich fühlen. War es bei dir auch so ähnlich?

Dann weißt du ja sicher noch, was du damals gefühlt hattest. Was für Pläne du in Gedanken geschmiedet hattest und was du mit deinem Hund alles erleben wolltest ... Ist alles eingetroffen?

Oder ist es bei dir wie bei mir früher mit meinem Rambo? Dein Hund ist der liebste Hund der Welt. Zu Hause ist er absolut fantastisch. Aber sobald ihr rausgeht, interessiert er sich überhaupt nicht mehr für dich. Oder noch schlimmer: Sobald er Artgenossen begegnet, rastet er aus. Dann kommt eine völlig fremde Persönlichkeit zum Vorschein. Dein Hund prescht nach vorne, als wollte er gegen ein Rudel Löwen kämpfen. Er fletscht die Zähne, seine Nackenhaare stellen sich auf und er tobt wie ein Wahnsinniger.

In diesem Moment passiert dir, wovor du dich am meisten fürchtest. Das sind die schlimmsten Momente für alle Hundebesitzer: Wenn du vor Scham und Verzweiflung am liebsten im Erdboden versinken möchtest. Wenn du dich absolut hilflos fühlst, weil du deinen Hund kaum noch halten kannst. Wenn die Angst aufkommt, dass gleich etwas Schlimmes passiert ...

## GEGENSPIELER SELBSTZWEIFEL

Du bist wie gelähmt, kannst nicht mehr klar denken und keine vernünftige Entscheidung treffen. Du rutschst plötzlich in eine totale Passivität und hoffst nur noch, dass diese furchtbare Situation bald vorbei ist.

So hattest du dir das Leben mit diesem Hund nicht vorgestellt. Was von deinen schönen Träumen bleibt, sind Selbstzweifel und quälende Fragen:

- Warum macht er das?
- Was mache ich falsch?
- Warum kann ich das nicht?

Genau diese Selbstzweifel nagen nun an deinem Selbstwert. Sie lassen dich immer kleiner werden. Und jetzt beginnt ein fataler Kreislauf. Dein Hund spürt deinen mentalen Kollaps und legt ab sofort richtig los. Er will dir helfen. Denn ein Team muss zusammenhalten. Je schwächer du wirst, desto heftiger wird er reagieren. Das ist seine Natur.

Aber es gibt Hoffnung, auch für dich. Jeder Hund kann den Rückwärtsgang einlegen und sich wieder an seine Gruppe anpassen,

*Das Verhalten des Menschen ist entscheidend: Ist er das Idol seines Hundes, dann folgt ihm dieser bedingungslos überallhin.*

statt alleine loszulegen. Dein Traum von entspannten Spaziergängen, von erholsamen Urlaubstagen und tiefer Verbundenheit mit deinem Hund kann wahr werden. Egal, wie alt dein Hund jetzt ist. Egal, welcher Rasse er angehört. Wenn du willst, zeige ich dir den Weg dorthin.

## WILLST DU SEIN IDOL SEIN ODER SEIN DIKTATOR?

In deinem eigenen Verhalten liegt also der Schlüssel, ob dein Hund dir folgt oder nicht. Das ist aber auch direkt eine der Hürden im Zusammenleben mit unseren Hunden.

Wir Menschen haben eine verbale Sprache und nutzen sie auch pausenlos – Hunde reden nicht. Hunde kommunizieren über Körpersprache, Blickkontakt und Energie. Das kann sich manchmal lautstark entladen, aber Worte nutzen sie nicht. Sie erleben ihr Gegenüber, sie erspüren, ob er Freund oder Feind ist, sie erfühlen, wie es dem anderen gerade geht.

Und der allerwichtigste Aspekt: An der Ausstrahlung eines Lebewesens erkennen Hunde genau, ob sie dem Gegenüber vertrauen können oder nicht. Diese Fähigkeit sichert ihnen ihr Überleben. Jedes Verhalten unserer Hunde macht Sinn, nichts passiert zufällig. Die Natur hat alles so eingerichtet, wie es sein soll. Wem Hunde nicht vertrauen, dem werden sie nicht folgen. Sie werden ihn noch nicht mal mit ihren Pfoten berühren (siehe Verhaltensbeispiel Seite 14).

»Im Verhalten deines Hundes spiegelt sich, was er tief in deinem Herzen lesen kann.«

## Verhaltensbeispiel: Am Menschen hochspringen

Die meisten Hundebesitzer unterbinden es – leider. Aber es gibt auch Hunde, die wollen ihre Besitzer gar nicht mit den Pfoten berühren. Entweder aus eigener Entscheidung oder weil sie bereits für das Hochspringen diszipliniert wurden. Solche misstrauischen Hunde stehen dann frei auf ihren Hinterbeinen, die Vorderpfoten angezogen und vermeiden jeglichen Kontakt.

Freu dich, wenn dein Hund munter an dir hochgeht und sich mit seinen Vorderpfoten bei dir abstützt. Das ist in erster Linie ein Vertrauensbeweis für dich. Es ist seine Form, mit dir zu kommunizieren und seine Erregung mit dir zu teilen. Wir Menschen sind dann eine Art Blitzableiter, der dem Hund hilft, sich zu beruhigen. Achte einfach mal darauf. Sicher springt auch dein Hund nur dann an Menschen hoch, wenn er Stress hat oder sich unheimlich freut.

In diesen Momenten brauchen Hunde Pfotenkontakt genau wie wir, um die Erregung abzuleiten. Bei kleinen Kindern wird das besonders deutlich. Sobald sie aufgeregt sind, berühren sie uns oder umklammern unser Bein. Der Erwachsene ist dann der Blitzableiter. Geteilter Stress ist eben nur halber Stress – bei uns wie bei unseren Hunden.

Es ist sehr schade, wenn Menschen dieses Anspringen nicht dulden. Sie nehmen sich damit selber eine wichtige Möglichkeit, die Verbundenheit und das Vertrauen ihres Hundes zu bekommen.

Ich will damit aber nicht sagen, dass ein Hund ungehindert und jederzeit alle Menschen anspringen darf. Natürlich soll er das nicht. Denn manche Hunde sind aufgrund ihres Gewichtes oder ihrer Gesundheit durchaus eine Herausforderung. Aber wenn wir ihn von uns wegschieben, sobald er Kontakt mit uns braucht, deutet er das sicher nicht als einen Liebesbeweis. Er wird sich mental wahrscheinlich immer mehr von uns zurückziehen. Wichtiger wäre es, dem Hund einfach nur beizubringen, wann er an uns hochspringen kann und wann nicht. Denn im Stress sollte er es unbedingt dürfen. Aber Besucher, fremde Menschen oder kleine Kinder sollten für ihn immer tabu sein. Hunde lernen solche Unterschiede sehr schnell. Diese gezielte Kontaktübung ist ein Bestandteil meiner Onlinekurse, der allen Teilnehmern immer sehr viel Spaß macht.

Es gibt immer einen Weg, dass ein Hund mit uns Menschen Pfotenkontakt haben kann, egal, wie groß oder wie alt er ist.

Wie ist es bei dir? Darf dein Hund an dir hochspringen? Das wäre sehr schön für euch beide. Dann musst du nur noch lernen, sein Anspringen zu kontrollieren. Wann darf es dein Hund und wann soll er es lassen? Falls du es bis jetzt untersagt hast, freue ich mich, wenn du bereit bist umzudenken. Dann hättest du bereits eine Situation mehr, in der du nicht mehr schimpfen musst. Wie wäre das?

# Dominanztheorie

Ich glaube, im gesamten Hundewesen gibt es bis heute die Auffassung, dass Hunde in einer Dominanzhierarchie leben und eine Rangordnung haben. Der Hund mit dem höheren Rang dominiert die Hunde mit dem niedrigeren Rang, die sich ihm bedingungslos unterwerfen. Dank Dr. David Mech wissen wir aber inzwischen, dass nicht einmal Wölfe in einer Dominanzhierarchie leben. Das würde nämlich erfordern, dass Tiere vergleichen und bewerten können. Was nicht der Fall ist, da ihre Gehirnstruktur nicht für rationales Denken geschaffen ist.

Hunde werden seit Jahrhunderten vom Menschen unterdrückt bzw. wurden früher als wertlos abgestempelt. Machtgehabe, Unterdrückung und Wertesysteme entsprachen aber von jeher dem Weltbild der Menschen. Dem Hund gefährliche Eigenschaften anzuheften, war bisher ein willkommenes Alibi, um zu verschleiern, dass wir selber die Ursache für sein Verhalten sein könnten. Es erlöste die Menschen von der Pflicht, sich selber zu korrigieren und dem Hund zu helfen, statt ihn zu bestrafen. Weder Machtausübung noch Hierarchien entsprechen dem Lebensschema von Hunden. Gott sei Dank gibt es inzwischen immer mehr Hundebesitzer, die nicht mehr militant mit ihrem Liebling umgehen wollen. Ich hoffe, dass auch Kommandos, Stachelhalsband oder Disziplin im modernen Hundewesen bald durch Verständnis und Teamgeist ersetzt werden.

Hunde sind Gruppentiere. Aber diese Gruppen sind variabel und bestehen nicht zwingend ein Leben lang. Hunde brauchen auch nicht unbedingt eine Gruppe zum Überleben. Sagen wir lieber, Hunde sind hochsoziale, kontaktfreudige Tiere, die gerne in Gesellschaft leben. Die aber keine Rudel bilden wie Wölfe. Je nach Lebensumstand bilden sie Gruppen. Dann nutzen sie die Kraft und den Schutz aller Gruppenmitglieder. Entscheidungen werden immer zum Wohl aller Beteiligten getroffen. Hunde in Gruppen lösen ihre Lebensprobleme gemeinsam – als Team. Nicht einer gibt Befehle und ein anderer soll sie – auf Gedeih und Verderb – unterwürfig ausführen.

## WAS IST EIN LEITTIER?

Bei Wölfen und ihren kleinen Familienverbänden gibt es die sogenannten Leittiere. Aber auch die sind niemals tyrannisch. Das sind die zwei Elterntiere, die vorausgehen und im Stress die richtigen Lösungen parat haben. Sie wissen, wo sich die fetteste Beute versteckt, wo ein Fluss am einfachsten zu überqueren ist und welche Gegner unbedingt zu meiden sind. Sie sind Leittiere auf-

*Im Gegensatz zum Gruppentier Hund lebt der Wolf nur mit seinen Eltern als Leittieren sowie mit engsten Familienmitgliedern zusammen.*

### Verhaltensbeispiel: Mein höflicher Poppi

Poppi war mein Herzenshund, mein Baby. Er war der Sohn meiner Dalmatinerhündin Dana und bei mir im Wohnzimmer geboren. Poppi kannte mich und meinen Geruch seit seinem ersten Atemzug. Er wuchs behütet von seinen zwei Müttern in ein glückliches Leben hinein. Er musste niemals einen negativen oder beängstigenden Moment erleben. Dementsprechend sanft und geduldig war sein ganzes Wesen – im Gegensatz zu Mini. Die Kleine hatte bereits in jüngster Kindheit grauenvolle Ängste zu durchleben. Das prägt sie bis heute.

Jetzt stell dir vor, Poppi liegt friedlich schlummernd auf seinem Bett, nichts Böses ahnend. Da kommt Mini heran und macht es sich auf Poppis Liegeplatz gemütlich, als wäre er gar nicht da. Sie hat ihn einfach nicht ernst genommen. Na ja, es war etwas eng, aber der Platz reichte für beide. Poppi hat es nicht gestört, diesen Hund konnte nie etwas aus der Ruhe bringen.

Trotzdem war Minis Verhalten die Krönung an Unhöflichkeit und Respektlosigkeit ihm gegenüber. Sie selber hat so was niemals geduldet. Als Poppi einmal versuchte, sich zu ihr zu legen, hat sie ihm die Zähne gezeigt und ihn wie eine Giftnatter angefaucht. Was auch normal ist. Mini war ein unsicherer Hund und hat ihre Eigentümer bewacht. Poppi war ein selbstbewusster, tiefenentspannter Hund. Er hat super reagiert und ihre Zickereien einfach nicht beachtet. Er hat sich schweigend auf ein anderes der Hundebetten gelegt.

Faszinierend ist, dass beide Hunde sich richtig benommen haben. Sehr sozial, aus den Augen eines Hundes. Mini hat mit ihren drohenden Gebärden um Abstand gebeten und Poppi hat ihn ihr gewährt, indem er kommentarlos weitergegangen ist. Hunde sind einfach großartig.

grund ihrer Lebenserfahrung, die sie an die nächsten Generationen weitergeben, damit diese später alleine überleben können. Leittiere sind umsichtig, entschlossen und vor allem total entspannt.

Leittiere sind die Helden des Rudels, Vorbilder für alle Gruppenmitglieder. Sie sind proaktiv und tun, was erforderlich ist, damit alle sicher sind und überleben können. Der Rest des Rudels schließt sich ihnen an. Aus purem Vertrauen, nicht aus Gehorsam.

Wer sich nicht anschließen will, bleibt zurück. Jungtiere wandern von den Eltern ab, um eigene Rudel zu gründen. Kranke oder schwache Tiere bleiben zurück, um zu sterben. Das ist der Lauf des Lebens.

## HUNDE KENNEN KEINE DOMINANZ

Weil Hunde nicht in geschlossenen Rudeln leben, können sie sich in jede beliebige offene Gruppe integrieren, egal, wie diese zusammengesetzt ist. Ähnlich einer WG bei uns Menschen. Hunde können auch mit artfremden Lebewesen eine Gruppe bilden. Wir erleben das täglich überall. Hunde leben mit

Menschen, Katzen oder Hühnern eng zusammen, als Teil einer Gemeinschaft.
Oder sie leben alleine, wie die Straßenhunde in den südlichen Ländern. Nur nachts formieren sich diese Streuner, um gemeinsam stärker zu sein. Tagsüber gehen sie sich aus dem Weg und respektieren das Revier des anderen.
Ganz deutlich wird die flexible Fähigkeit zur Gruppenbildung bei Tierschutzhunden oder bei Besitzerwechsel. Nach anfänglicher Eingewöhnungsphase sind selbst ältere Hunde in der Lage, sich an eine neue Gruppe anzugliedern und hineinzuwachsen.
Alle Besitzer von mehreren Hunden werden mir das bestätigen. Hunde verschiedenster Herkunft können ganz friedlich miteinander leben. Sie haben lediglich eine Individualdistanz, die von allen anderen Gruppenmitgliedern respektiert werden muss. Was in unmittelbarer Nähe eines Hundes liegt, ist seins. Punkt. Sobald er sich davon entfernt, gehören Hundebett, Kauknochen oder Spielzeug dann der Allgemeinheit. Ich konnte dieses Verhalten jahrelang bei meinen eigenen Hunden beobachten.

*Straßenhunde bilden nachts gerne Gruppen zum Schutz vor Gefahren. Tagsüber leben sie allein, jeder in seinem Revier.*

## KLEINER AUSFLUG IN VERGANGENE ZEITEN

Hunde kennen weder Zwang, Gehorsam noch Unterordnung. Das hat absolut gar nichts mit den Bedürfnissen oder der Kommunikation von Hunden zu tun. Es ist eine menschliche Erfindung und Auslegung. Typisch auch für Hundebesitzer vor ein paar Hundert Jahren. Damals hielten Könige und Fürsten Hunde in ihren Schlössern. Meist große Hunde wie Doggen oder Dobermänner zur Abschreckung und zum eigenen Schutz.
Damals, zur Zeit der Könige und Fürsten, war das Verhalten von Tieren noch lange nicht erforscht. Um diese großen Hunde zu beherrschen, gab es wohl nur Gewalt und Schärfe. Es war ein Machtkampf, den der Mensch unbedingt gewinnen wollte. Einen solchen Sieg über die Bestie brauchten hauptsächlich Schwächlinge, Duckmäuser und Versager – um wenigstens einmal im Leben Applaus zu bekommen. »Der Hund ist mein Untertan, er gehorcht mir aufs Wort.« Was für eine erbärmliche Lebenseinstellung. Diese Herrscher früher mussten alles um sich herum erniedrigen, um sich selber groß zu fühlen.
Sicher hatten sie auch selber Angst vor den Hunden, vor deren großen Zähnen oder den schnellen Reaktionen. Da war es einfach, den Hund als gefährlich und unberechenbar hin-

zustellen. Wohl auch oft genug, um eine Rechtfertigung für die eigene Brutalität und Grausamkeit zu haben.

Das Schlimme ist, dass sich diese Auffassung über das Leben mit Hunden bis heute erhalten hat. Es wurde sogar mit der Dominanztheorie von Konrad Lorenz noch mal so richtig vertieft. Diese Theorie entstand in den 1940er-Jahren, also während der NS-Zeit. Und genauso war sie auch geprägt.

Die Dominanztheorie besagt, dass Hunde in einer Hierarchie leben, die sie exakt einhalten. Dass es einen männlichen Anführer gibt, dem sich jedes Rudelmitglied gerne unterwirft. Dass alle anderen im Rudel diesem Anführer stets den Vortritt lassen: Er frisst zuerst, er läuft immer vorne und er hat den besten Schlafplatz. Außerdem darf der Anführer dominant und aggressiv mit allen Rudelmitgliedern umgehen. Wie wunderbar passte diese Theorie in die damalige Zeit und sie hielt sich über Jahrzehnte. Erst nach dem Tod von Konrad Lorenz, im Jahr 1989, wurde diese Theorie endgültig für ungültig erklärt.

## DIE DOMINANZTHEORIE SOLL ENDLICH EIN ENDE HABEN

Leider, leider klebt sie bis heute in den Köpfen vieler Menschen immer noch fest. Sie scheint dem Machtstreben mancher Menschen entgegenzukommen. Denken wir nur an die Kampfhunde, die auch heute noch bewusst von Menschen gezüchtet werden.

In vielen Hundeschulen werden Zwang, Gewalt und schmerzhafte Hilfsmittel nach wie vor toleriert. Immer mit der Entschuldigung: »Bei dem Hund geht es nicht anders, der braucht das so.« Wie bei den Fürsten im vorletzten Jahrhundert. Der Mensch sieht es bis heute als Machtkampf, den der Hund nicht gewinnen kann.

*Hunde benötigen keine Erziehung oder Dominanz. Sie brauchen ihre Menschen als Vorbild, an denen sie sich orientieren können.*

Denn wenn er es satthat, gedrillt zu werden, wenn er total überfordert und überreizt ist, wenn der Hund seine eigenen Reflexe nicht mehr zulassen darf – dann beißt er auch die Hand, die ihn füttert. Das Resultat ist ein verzweifeltes Tier, das nicht weiß, was der Mensch eigentlich von ihm will.
Diese Hunde werden dann verkauft, ins Tierheim abgeschoben oder eingeschläfert. Der Mensch bestimmt alles, ohne jemals zu fragen, wie es dem Hund dabei geht.
Auch dafür gebe ich dir gleich ein Beispiel. Ich möchte dich auf keinen Fall erschrecken. Aber es gehört dazu, um dir den Unterschied zwischen Mensch und Hund realistisch aufzuzeigen. Damit du künftig guten Gewissens »NEIN« sagen kannst, falls jemand dir zu Härte oder angeblich harmlosen Hilfsmitteln deinem Hund gegenüber rät.
Stell dir mal vor, noch vor zwanzig Jahren gab es Bücher von sogenannten Experten im Buchhandel, die beschrieben, wie man seinen Hund ordnungsgemäß verprügelt! Diese Bücher standen in jedem Buchladen und wurden von seriösen Verlagen veröffentlicht. Ist das nicht unglaublich?
Hunde brauchen keine Strenge, Kommandos oder Vorschriften. Hunde brauchen Vorbilder, die schlaue Entscheidungen treffen können. Die schon wissen, wie das Leben geht und worauf sie selber achten müssen, um lange und sicher überleben zu können. Hunde sind Lerntiere, die ihre Erfahrungen an andere weitergeben. Das habe ich selber erlebt. Die cleversten Straßenhunde in Bali haben sich erst umgesehen, bevor sie eine Straße überquerten. Wow! Viele andere Hunde haben es ihnen irgendwann nachgemacht.
Natürlich beanspruchen die cleversten, erfahrensten und stärksten Tiere einer Gruppe bestimmte Privilegien für sich, die sie sich dann einfach nehmen. Weil sie selbstbewusst und routiniert sind. Das hat nichts mit Dominanz zu tun. Wer zuerst kommt, mahlt zuerst. Jeder Hund in der Gruppe hat Anspruch auf den besten Platz im Schatten oder unter einem geschützten Dach. Sobald er wieder aufsteht und weggeht, nimmt sich ein anderer den Platz. Darüber gibt es keine Diskussion und es hat keiner in der Gruppe einen Nachteil davon.
Die Schlauen laufen, je nach Lebenslage, öfter in der ersten Reihe – ohne die anderen mit Gewalt zurückzuhalten. Sie treffen Entscheidungen und handeln selbstbewusst und motiviert. Die restlichen Gruppenmitglieder machen es ihnen vielleicht nach. Weil sie beeindruckt sind, nicht weil sie gezwungen werden. Jedes Gruppenmitglied entscheidet immer wieder neu, ob es sich anschließt oder nicht. In anderen Situationen ist auch mal ein anderes Gruppenmitglied an der Spitze. Auch bei meinen Hunden war das so. Ich konnte das täglich beobachten.

## Hunde lieben Idole

Hunde passen sich gerne in ihr Team ein, sie wollen ihren Beitrag zum Überleben der Gruppe leisten. Aber bei uns Menschen sind ihre Bedingungen anders als in einer Hundegruppe. Bei uns hätten sie schon gerne ein Idol. Ihr Vorbild, das alle Gefahren kennt, entschlossen vorausgeht und immer die richtige Strategie parat hat. Sie schätzen unsere souveräne Führung, der sie bedingungslos vertrauen und folgen können. Denn unsere Welt ist ihnen fremd und suspekt. Wenn wir führen, passen sich unsere Hunde gerne an. Die täglichen Aktivitäten wollen sie dann wieder gleichberechtigt mit uns zusammen ausüben. Egal, ob das Spielen, Lernen oder Schlafen ist. Einer für alle, alle für einen.

### Verhaltensbeispiel: Wenn Mini die Gruppe führte

Mini war die kleinste, jüngste und unsicherste Hündin meiner Gruppe. Ich habe sie im Alter von drei Wochen am Straßenrand gefunden. Sie war total traumatisiert und verstört, weil sie von der Mutter weggenommen und irgendwo ausgesetzt worden war. Durch diese frühe unangenehme Erfahrung blieb Mini ein Leben lang ein skeptischer Hund, der sich von allem Fremden fernhielt. Sie lässt sich bis heute nicht von unbekannten Menschen anfassen, sie frisst nichts, was sie nicht kennt, und von fremden Hunden will sie auch nichts wissen. Die skeptische Mini hat absolut keine Führungsqualitäten.

Dementsprechend hielt sie sich immer etwas im Windschatten von Bonnie. Er war der älteste, ruhigste und erfahrenste meiner vier Hunde. Bei ihm fühlte sie sich sicher, egal, was passierte. Bonnie war ihr Idol, ihr Leittier. Ihm hat sie vertraut und ihm wäre sie überallhin gefolgt. Meinen zwei anderen Hunden war Mini niemals so treu verbunden.

Aufgrund ihrer Scheu und Skepsis lief Mini bei unseren Spaziergängen immer hinten. Sehr weit hinten, bis zu 100 Meter. Sie trödelte ein Leben lang nur hinterher. Aber Mini hatte eine klare Strategie. Ungefähr ab der Hälfte des Spaziergangs, also wenn es Richtung Heimat ging, wurde Mini schneller und übernahm sogar die Führung.

Meine anderen Hunde störte das nicht, mich auch nicht. Aber Mini blieb nicht konstant vorne. Sobald ein Radfahrer, ein Hund oder ein seltsamer Gegenstand auftauchten, blieb sie stehen. Dann begann sie plötzlich extrem an einem Busch oder Baum herumzuschnüffeln oder musste ausgiebig Pipi ... Sie täuschte Beschäftigtsein vor, bis meine anderen Hunde sie überholt hatten und vorne alles regeln konnten, falls nötig. Sobald Mini wieder im Schutz der Gruppe war, lief sie wieder schneller und übernahm dann auch wieder die Führung – bis zum nächsten Hindernis.

Wie ist es bei dir und deinem Hund? Bist du sein schützender Engel, sein Anker, der ihm Halt gibt? Gehst du vorn? Bist du ruhig und besonnen? Triffst du die Entscheidungen? Holst du die Kastanien aus dem Feuer, wenn es für ihn brenzlig wird und er in Stress gerät? Bist du sein Idol, sein Beschützer, sein Held? Ich wünsche es dir, denn nichts ist schöner, als das bedingungslose Vertrauen eines Tieres geschenkt zu bekommen.

## FALSCHE KOMMUNIKATION UND GUT GEMEINTE LIEBE

Ein Beispiel: Da wird klein Bruno schon mit zehn Wochen an die Spitze der Gruppe geschickt. Je länger die Leine, desto mehr Verantwortung wird auf seine kleinen Schultern geladen. Keine Hundemutter würde das in der Natur zulassen.

Bei seinen Menschen darf Bruno tun, was er will. Er bestimmt die Richtung und das Tem-

po. Wie ein Leittier, nur leider ohne Lebenserfahrung. Er denkt sich seinen Teil, macht aber brav seinen Job als Gruppenoberhaupt und reagiert auch bald dementsprechend.
Er rennt unsicher auf Jogger zu, verbellt andere Hunde oder benimmt sich sonst wie intensiv. Weil er doch viel zu jung und unsicher ist, um an der Spitze zu laufen. Aber das darf keiner mitbekommen. Schon gar nicht die anderen Artgenossen, die er nicht einschätzen kann. Angriff ist immer die beste Verteidigung. Und Bruno sucht verzweifelt nach seiner Führung. Nach seinen Idolen, die ihn aus dem Stress rausführen, die ihm diese schwere Verantwortung abnehmen, die ihm zeigen, was er tun soll. Wo sind die Vorbilder, auf die er sich immer verlassen kann? Und er stellt fest – da ist niemand.
Doch jetzt wird es spannend. Denn jetzt wollen seine Menschen plötzlich mitreden. Nicht mit guten Tipps oder indem sie Bruno genau vormachen, worauf er jetzt achten muss. Nein. Sie schimpfen, sie zerren an ihm herum, sie werden derb. Und das alles in einer Sprache, die Bruno nicht versteht, und mit Handlungen, die er nicht nachvollziehen kann. Willkommen, kleiner Bruno, in der unklaren Welt der Menschen.
Wir Menschen haben bis heute nicht einmal ansatzweise versucht, die Gedanken und Gefühle unserer Hunde nachzuvollziehen. Wir drücken ihnen unseren Willen auf und haben nichts als Forderungen an den Hund: Nicht bellen, nicht anspringen, nichts zerbeißen, nicht an der Leine ziehen, nicht ins Gesicht lecken, nicht die Kinder umrennen, nicht ins Blumenbeet trampeln, nichts aus dem Mülleimer fressen, Menschen nicht im Schritt beschnüffeln, nicht ungeduldig quietschen, nicht aus der Tür preschen und, und, und. Und vor allem: Keinen Stress machen mit den Hunden anderer Menschen!

Falls der Hund das nicht begreift oder sogar überfordert ist, greifen wir eben zu unseren bewährten Erziehungsmethoden: Disziplin und Strenge. Aber das funktioniert nicht beim Hund. Es funktioniert nicht mal bei Menschen. Niemand möchte mit strengen, herrischen Personen Kontakt haben. Strenge verhindert Vertrauen und verursacht Widerstand. Kommandos sind sinnlos. Denn der Hund wird sie im Stress nicht befolgen.
Wenn wir wollen, dass ein Hund uns folgt, müssen wir sein Vorbild sein. Wir müssen vorangehen, die Verantwortung für alle Situationen übernehmen und unseren Hund beschützen. Wir müssen den aktiven Teil übernehmen und ihm alles vormachen, damit er es nachmachen kann. Wir müssen Situationen vorausschauend so schaffen, dass der Hund gar nicht erst in Fehlverhalten hineinrutschen kann.

*Lässt der Mensch seinen Welpen an der langen Leine vor sich laufen, schickt er ihn in die Verantwortung für die Gruppe. So verhält sich der Welpe dann auch.*

*Auch wenn ein Hund auf dem Hundeplatz vorbildlich »funktioniert«, heißt das nicht, dass er seinem Menschen voll vertraut.*

Wir müssen unserem Hund den Weg ebnen, damit er ihn unbeschadet gehen kann. Wir müssen ihm beweisen, dass er bei uns sicher ist und dass er uns in allen Situationen vertrauen kann.

*Wie eine Hundemama mit ihrem Welpen kommuniziert, siehst du hier im Video. Sie agiert ganz anders, als wir Menschen es tun würden.*

Solange wir uns diese Mühe nicht machen, werden die Stressmomente mit unserem Hund nicht enden. Statt zu erwarten und zu fordern, dürfen wir beginnen zu geben. Beenden wir die Zeit der Dominanz, werden wir endlich zu den Idolen, die unsere Hunde so dringend brauchen. Bist du bereit dafür?

## MEIN RAMBO, DER HUNDEPLATZ UND MEINE ERKENNTNIS

Dem einen oder anderen mag das alles übertrieben erscheinen. Weil wir ja im Herzen nicht so denken. Wir sehen uns selber nicht streng oder unfreundlich. Im Gegenteil, wir alle lieben unsere Hunde. Der Hund ist ja normalerweise auch ganz lieb und wir haben viel Freude zusammen. Aber was wir beabsichtigen und wie ein Hund es versteht, sind zwei verschiedene Paar Schuhe. Was ich hier schildere, ist immer nur, wie der Hund uns und unsere Welt empfindet.

Denn mir ging es mit meinem ersten Hund, Rambo, genauso. Er wurde von Welpenzeit an trainiert und war vorbildlich auf dem Hundeplatz. Uns wurde gesagt, Kommandos laut und deutlich auszusprechen und unseren Willen immer durchzusetzen. Denn ein Hund müsse gehorchen. Besonders so ein großer Schäferhund. Auf Deutsch hieß das: Schreien, Leinenruck und im Notfall den Hund zu Boden drücken. Genau so, wie es seit Jahrhunderten praktiziert wurde.

Wir waren Anfänger und hatten alles so befolgt, wie es uns die »alten Hasen« erklärt hatten. Ein fataler Fehler. Denn Rambo wurde zum dressierten Automaten. Im Training perfekt. Aber außerhalb des Hundeplatzes, bei Spaziergängen, in Restaurants war er unbeherrscht, unsozial und intensiv. Ich liebte ihn über alles und verstand nicht, warum er mir das antat. Denn kaum wieder zu Hause, war Rambo ein Lamm.

Damals begann ich, mich für Hundeverhalten zu interessieren, las Bücher und studierte das Hundeverhalten. Ich wollte endlich einen Hund, den ich entspannt überallhin mitnehmen konnte. Rambo und ich haben es dann auch ganz gut gemeistert. Aber erst Jahre später, am Ende der Welt, habe ich begriffen, dass wir Menschen der Schlüssel zum Verhalten unserer Hunde sind. Sie spiegeln mit ihrem Verhalten immer nur, was sie in uns und in ihrem Umfeld wahrnehmen oder durch Lebenserfahrung gelernt haben.

## Verhaltensbeispiel: Mama Gus wusste alles

Ich lebte damals auf Bali und hatte im Tierschutz mit Straßenhunden gearbeitet. Wir hatten sie gefüttert, medizinisch versorgt und sozialisiert, damit wir sie in Familien geben konnten. Ich hatte eine Lieblingshündin, Mama Gus. Sie lebte am Strand beim Kudeta-Restaurant und klaute den Touristen die Kekse aus der Tasche. Die Hündin wurde irgendwann zutraulich. Sie fraß mir aus der Hand, ich konnte sie problemlos streicheln, sie machte gerne bei unseren Trainingsübungen mit. Bis es ernst wurde.
Um Mama Gus vor den Giftpfeilen der Behörden zu schützen, wollte ich ihr ein Halsband anlegen. Dann sah es so aus, als gehörte sie jemandem. Denn in Bali liefen alle Hunde frei herum. Egal, ob mit oder ohne Besitzer.
Mitnehmen konnten wir die Hündin nicht. Sie war damals schon drei bis vier Jahre alt und liebte die Freiheit am Strand. In einem Haus wäre sie nicht geblieben und immer wieder weggerannt.
Also ging ich mit meinen Hunden und dem neuen Halsband zum Strand, um Mama Gus zu treffen. Und soll ich dir was sagen? Sie ließ sich an diesem Tag von mir nicht anfassen. Sie nahm den Futterköder und wich sofort zurück. Ich versuchte, ihr von der Seite das Halsband überzustreifen - nichts zu machen. Sie hatte den Braten gerochen, dass etwas nicht stimmt. Und sie hatte recht.
Denn ICH war verspannt! Mir war es wichtig, dass sie dieses Halsband bekam. Und das zeigte sich in meinem feinstofflichen Körper. Ich dachte, ich sei die Ruhe in Person, so wie immer. Aber das war nicht so. In meinem Kopf kreisten nur diese Gedanken: »Hoffentlich klappt das.« - »Hoffentlich lässt sie es sich umlegen.« - »Hoffentlich vertraut sie mir.«
Und Mama Gus hatte gespürt, dass ich NICHT entspannt, sondern nervös war, und hielt Abstand. Wir gingen dann einfach weiter. Meine Hoffnung war die Balinesin, bei der Mama Gus manchmal etwas Reis bekam. Ihr vertraute sie total. Denn diese Frau war die Liebe in Person, völlig ruhig und zufrieden. Ich bat sie, Mama Gus zu streicheln und dabei kurz zu halten. Und endlich konnte ich der Hündin das Halsband überstreifen.
Ich war baff und fasziniert zugleich, wie intensiv Hunde spüren, was wir denken. Oder besser, wie wir uns fühlen. Ich hatte in den 15 Jahren in Bali noch einige sehr intensive Erlebnisse mit Hunden. Sie haben mir die Augen geöffnet. Denn wenn ICH mich falsch verhalten hatte oder nervös war, zeigten mir die Hunde die entsprechenden Reaktionen. Sie sind weggerannt, haben meine Bemühungen ignoriert oder auch mal gebissen.
Heute weiß ich, das Verhalten unserer Hunde ist immer nur eine Antwort auf das, was wir fühlen. Hunde führst du nicht hinters Licht. Sie spüren alles, was in uns vorgeht.

# HUNDE DÜRFEN HUNDE BLEIBEN

*»Wie schön wäre es doch, wenn ich mit meinem Hund einfach mal im Eiscafé sitzen und chillen könnte.« Es ist der häufigste Wunsch meiner Kunden, ihren Hund überallhin mitnehmen zu können – ohne Angst, dass was passiert oder dass sie sich mit ihm blamieren.*

Viele halten das wirklich nur für Schwärmerei, die mit ihrem Hund nicht realisierbar ist. Aber dieser schöne Traum kann sich für jeden Hundebesitzer erfüllen.

Einfache Menschen in der Dritten Welt schaffen das. Sie gehen auf ihr Feld arbeiten, massieren Touristen am Strand oder verkaufen Souvenirs am Straßenrand. Ihre Hunde sind immer dabei – ohne Halsband und Leine. Die Hunde sind entspannt und scheinen zufrieden zu sein.

Aber wir müssen gar nicht so weit ausholen. Gehe in einer deutschen Großstadt dorthin, wo obdachlose Menschen leben. Ihre Hunde verhalten sich so vorbildlich, wie wir es uns oft wünschen. Sie bellen keine Artgenossen an, jagen keine Fahrradfahrer, belästigen keine Passanten.

Ist das nicht unglaublich? Wie kann das sein? Ich denke, das hat mehrere Gründe. Beide Gruppen haben nämlich Gemeinsamkeiten, die den meisten »zivilisierten« Hundebesitzern fehlen:

- Sie bedrängen ihre Hunde nicht mit Forderungen und Erwartungen.
- Sie machen die Hunde nicht zum Mittelpunkt der Welt.
- Sie sind authentisch und kümmern sich um ihr eigenes Leben.

Dagegen instrumentalisieren wir unsere Hunde immer mehr: Wir überfordern sie mit Reizen und bedrängen sie mit unserem Seelenmüll. Unsere Hunde sind absolut gestresst, weil sie irgendwann ihre eigene Identität aufgeben und nur noch wie angepasste Marionetten reagieren, die alles richtig machen wollen. Denn Ruhe und Harmonie in der Gruppe sind für alle Hunde ein essenzielles Lebensbedürfnis.

Aber weißt du, was das Schönste ist? Hunde können sich sofort ändern, wenn wir es richtig machen. Wenn wir ihnen wieder Luft zum Atmen lassen und wenn sie manchmal einfach wieder Hund sein dürfen.

Jeder Hund kann mit seinem Besitzer durch ein unsichtbares Band verbunden sein. Auch dein Hund kann ein zuverlässiger Begleiter werden, den du überallhin mitnehmen kannst. Sobald du ihm gibst, was er als Hund von dir braucht. Es sind nur drei Bedürfnisse, die jeden Hund lenken.

# Grundbedürfnis Vertrauen

Vertrauen ist das absolute Grundbedürfnis deines Hundes. Vertrauen kannst du nicht einfordern, du musst es dir verdienen. Dein Hund schenkt es dir. Und du musst es tausendprozentig von ihm bekommen, wenn du harmonisch mit ihm leben willst.

Doch bei fast allen Hundebesitzern sieht es ähnlich aus: Sie haben das Vertrauen ihres Hundes zu Hause, bei der Familie oder in ruhigen Momenten. Sie denken, alles ist paletti, und fühlen sich gut.

Doch sobald der Hund in Stress kommt, macht er, was er will. Dann vertraut er seinen Menschen leider überhaupt nicht und regelt alles für sich alleine.

Es reicht nicht, wenn du nur 99,9 Prozent seines Vertrauens hast. Denn dieses klitzekleine 0,1 Prozent wird eure Beziehung vergiften. Es wird dein Kopfkino verursachen, deine Horrorbilder inszenieren und deine Angst am Leben halten. Es überschattet euer Leben und eure Spaziergänge. Du gehst schon mit ungutem Gefühl los, hoffst, dass bestimmte Artgenossen nicht auftauchen oder dein Hund die Jogger nicht anbellt. Tag für Tag, Jahr für Jahr.

Am Ende lädst du keine Besucher mehr ein, bist bereit, in ein einsames Haus am Stadtrand zu ziehen, oder verzichtest auf Urlaubsreisen. Nur weil du dieses winzige 0,1 Prozent Vertrauen deines Hundes nicht bekommst. Weil er dich im Stress immer wieder ausblendet und ohne dich entscheidet.

Dieser minimale Anteil Misstrauen ist stärker als der große Teil bereits vorhandenen Vertrauens. Einfach, weil unser Gehirn und unser Unterbewusstsein stärker auf Hindernisse achten als auf positive Aspekte.

*Ist der Mensch genervt oder in Eile, sind entspannte Gassirunden nicht möglich, denn seine Anspannung überträgt sich auf den Hund.*

Diese ständige Präsenz von Konflikten macht dich selber nervös. Du produzierst Stresshormone, dein Blutdruck steigt, deine Muskeln verkrampfen sich. Du bist angespannt – selbst wenn du glaubst, ganz ruhig zu sein. Und genau das nimmt dein Hund an dir wahr. Er kann es sich nicht erklären, wird aufmerksam und verspannt selber auch. Die Folge ist, dass er verstärkt auf Signale im Umfeld achtet, weil er nach der Ursache deiner inneren Unruhe sucht.
An entspannte Spaziergänge ist nun nicht mehr zu denken. Beim kleinsten Anlass geht dein Hund dann in die Luft. Denn seine Anspannung muss sich irgendwann auch wieder entladen können.
Es braucht viel Einfühlungsvermögen und gute Kenntnisse, um deinen Hund jetzt abzulenken oder ihn von aufkommenden Stressreaktionen abzubringen. Nur dann kann er runterfahren. Wenn dir das nicht gelingt, dauert sein Drama noch an, obwohl der Trigger längst nicht mehr sichtbar ist. Wenn du selber jetzt falsch reagierst und deinem Hund nicht gekonnt aus diesem emotionalen Dilemma heraushilfst, wird es stufenweise immer öfter und immer heftiger passieren.
Die Folge ist, dass SEIN Vertrauen in dich immer geringer wird, weil er dir aufgrund deiner falschen Reaktionen einfach nicht zutraut, dass du ihn sicher durchs Leben führen kannst. Kannst du ja auch nicht, solange du in bestimmten Situationen unsicher, nervös oder ängstlich reagierst.

»An deiner bodenständigen Ausstrahlung und an deinem sicheren Auftreten spürt dein Hund, dass er dir vertrauen kann.«

Aber auch DEIN Vertrauen in deinen Hund sackt immer mehr in den Keller. Deine eigenen Zweifel und Ängste begrenzen euren Alltag. Dein Hund darf nicht ohne Leine laufen, er darf nicht zu Kindern hin, er darf nicht an Menschen schnüffeln. Wie soll er da ins Leben wachsen? Das ist fatal.
Denn für euer entspanntes Zusammenleben braucht ihr ein hundertprozentiges gegenseitiges Vertrauen. Dieses bedingungslose Urvertrauen, das jedes Lebewesen in seinen ersten Lebenstagen zur Mutter hat. Erst wenn dein Hund bereit ist, dir sein Leben anzuvertrauen, bist du sein Idol. Dann folgt er dir blind, egal, was du ihm abverlangst.

## VERTRAUT IHR EUCH SCHON?

Die meisten Menschen sind überzeugt, dass ihr Hund ihnen vertraut. Das ist leider nicht richtig. Hunde vertrauen uns Menschen in vielerlei Hinsicht, aber ganz selten total. Und umgedreht das Gleiche. Die wenigsten Menschen vertrauen ihren Hunden. Sonst gäbe es heute nicht so viele Unklarheiten, Fragen und Zweifel im Zusammenleben mit Hunden. Denn es gibt ein drittes Phänomen, das unsere Bindung zum Hund extrem belasten kann. Noch weniger als dem Hund vertrauen die Menschen sich selber. Aber darauf kommen wir noch zurück.

Falls du dir nicht sicher bist, ob dir dein Hund komplett vertraut, dann überdenke mal kurz sein Verhalten.

- Kommt er immer sofort, wenn du ihn rufst?
- Bleibt er, auch im Freilauf, regelmäßig in deiner Nähe?
- Bleibt dein Hund selber stehen, sobald du stehen bleibst, egal, wo er gerade läuft?
- Setzt er sich gemütlich von selber hin, wenn du an einem Schaufenster stehen bleibst oder beim Italiener einen Cappuccino trinken willst?
- Beschnuppert dein Hund andere Artgenossen nur kurz und geht dann mit dir weiter?
- Lässt ihn sein Umfeld ziemlich kalt?
- Akzeptiert er deine Entscheidungen ohne Protest oder Verzögerung?

**Und wie ist es mit dir selber?**

- Lässt du deinen Hund im Gelände frei laufen oder ist er immer angeleint? Oder schaust du ständig nach ihm?

---

### Verhaltensbeispiel: Bella dreht durch

Das ist ein schönes Beispiel, wie sehr unser eigenes Verhalten unsere Hunde beeinflusst. Wir liefen in der Stadt mit Bella, einer Jack-Russell-Hündin, um ihre Leinenführigkeit zu verbessern. Aus einer Einfahrt tauchte unerwartet eine Dame mit ihrem Boxerrüden auf und kam uns entgegen. Wir konnten nicht ausweichen, aber die Lage schien entspannt.

Als die beiden Hunde sich begegneten und beschnüffeln wollten, zog meine Kundin ihre Bella hektisch zurück. Die begann genau in dem Moment ein Mordsgezeter und gebärdete sich wie wild. Bella wollte immer wieder nach vorne, fletschte die Zähne und wurde ziemlich unfreundlich. Der Boxer war davon nicht beeindruckt, eher etwas enttäuscht. Er hatte überhaupt nicht reagiert. Ihm war Bella wohl sympathisch.

Die Essenz: Ich bin sicher, beide Hunde hätten sich kurz beschnüffelt und wären dann cool jeder seiner Wege gegangen. Keiner der Hunde zeigte Stresssignale, bevor Bella von ihrer Besitzerin nervös weggezogen wurde. Die Besitzerin selber hat das Chaos in den Hunden ungewollt verursacht. Sie hatte Angst um ihre Bella und hat einfach überreagiert.

---

- Kannst du auf Kommandos verzichten, ihr versteht euch aber trotzdem?
- Könntest du ihn ohne Leine überallhin mitnehmen: in die Innenstadt, an den Baggersee, in den Wald ...?
- Kannst du deinem Hund absolut alles aus dem Maul nehmen, ohne Protest von ihm?
- Würdest du im Freilauf einfach die Richtung wechseln, ohne ihn zu rufen?

Wenn du all diese Fragen mit Ja beantwortest, teilst du ganz sicher ein tiefes gegenseitiges Vertrauen mit deinem Hund. Wenn nicht, findest du hier hilfreiche Infos und Anregungen für deinen Weg zu einer wirklich innigen Bindung mit ihm.
Was viele Menschen nicht sehen wollen, ist, dass ihr Hund ihnen nur zu Hause vertraut oder solange nichts Spannendes passiert. Die meisten Hundebesitzer sind damit zufrieden. Sie glauben, ihr Hund vertraut ihnen total, nur weil er zu Hause immer zum Schmusen bereit ist. Falls er dann einen Besucher anknurrt oder Artgenossen attackiert, wird es banalisiert und entschuldigt – bis sein grimmiges Verhalten eskaliert.
Sobald der Hund dann als Hund reagiert, soll er wieder auf Spur gebracht werden. Da seine Ausraster aber keine Unarten sind, wird er auf Erziehung auch nicht reagieren. Bei deinem Hund ist es das Gleiche. Solange du nicht das volle Vertrauen deines Hundes hast, wird sich an seinem Verhalten nichts ändern. Vertrauen ist das Wichtigste in jeder Gemeinschaft. Jeder muss sich blind auf den anderen verlassen können, denn das eigene Leben hängt davon ab.
Und an diesen Urinstinkten hat sich bis heute nichts geändert. Nicht bei unseren Hunden und auch nicht bei uns selber. Unser aller Stammhirn reagiert heute noch genauso wie vor Millionen Jahren. Du bist der Schlüssel zum Verhalten deines Hundes. Verdiene dir erst sein Vertrauen, danach kann sich sein Verhalten ändern.

## SO GEWINNST DU DAS VERTRAUEN DEINES HUNDES

Ich glaube, das ist die schwerste Lektion, die wir beim Zusammenleben mit unserem Hund zu lernen haben. Ja, wir müssen lernen und uns richtig Mühe geben. Denn Vertrauen können wir nicht trainieren und schon gar nicht einfordern.
Für mich ist es bis heute das größte Geschenk, das das Leben mir machen kann: wenn ein Lebewesen einer anderen Spezies bereit ist, sich mir zu nähern, meinen Körperkontakt zulässt und meine Entscheidungen annimmt. Dabei spielt es keine Rolle, mit welchem Tier wir diese innigen Augenblicke erleben. Es ist immer ein Wunder und ich bin unendlich dankbar, dass ich solche Momente mit Hunden teilen darf.
Denke einmal an dich selber und dein eigenes Leben. Wem vertraust du wirklich? Wer war oder ist dein Idol? Wen bewunderst du, wer beeindruckt dich? Das kann ein Familienmitglied sein, ein Lehrer, ein Kollege, ein Medienstar oder einfach nur ein Nachbar. Nimm dir die Zeit, schließe deine Augen und gehe alle Menschen durch, die dir sehr sympathisch sind. Welcher davon ist dein Favorit? Notiere dir gerne seinen Namen.
Jetzt frage dich, warum du diese Person bewunderst, warum dir ihre Meinung wichtig ist. Was hat diese Person, das dich so fasziniert? Warum wirkt sie vertrauenerweckend? Vielleicht wünschst du dir sogar manchmal, so zu sein oder zu reagieren wie diese Person. Warum? Beantworte dir dieses »Warum« und du weißt, was dein Hund in dir finden will.

### Was braucht dein Hund als Hund?

Lass mich dir ein paar Ideen geben. Dein Hund sucht bei dir Ruhe, Besonnenheit, inneren Frieden, Entscheidungsfreude, Treue, Klarheit, Verständnis, Hilfe, Lebenserfahrung, Charakterstärke, Zuverlässigkeit, Ehrlichkeit, Mitgefühl, Sorgfalt und vor allem, dass du ihm vertraust. Nur dann kann er auch dir vertrauen. Es ist ein beiderseitiges Geben und Nehmen, wie eine Symbiose.

So paradox das jetzt auch klingt: Die größte Chance, das Vertrauen deines Hundes zu gewinnen, hast du, sobald du aufhörst, ihn erziehen zu wollen. Sobald er Luft zum Atmen hat und auch wieder einmal selber entscheiden darf, ob er sich im Restaurant neben deinem Tisch setzen oder legen will.

Denk mal an deine Familie. Wenn du deinem Partner, deinen Kindern ständig auf die Pelle rückst, weil du es soooo gut mit ihnen meinst, was tun sie? Sie flüchten, richtig? Wenn du deine Freunde oder Kollegen im Gespräch unentwegt betatschst, ihnen den Kopf streichelst oder sie abküssen willst, wie reagieren die? Na klar, mit Abneigung und Abwehr!

Wir alle brauchen zwar die Sicherheit der Gemeinschaft, aber wir brauchen auch unsere Individualdistanz, unseren Freiraum. Wir wollen unsere eigenen Erfahrungen machen und auch mal hinfallen. Nur aus Erfahrungen lernen wir.

Das beste Beispiel sind Kinder, wenn sie beginnen, die Welt zu entdecken. Wenn Mama ihnen dann alles abnehmen will und es mit »Komm, ich helfe dir« nur gut meint, finden sie das ziemlich störend. Was sagen die Kinder dann? »Lass mich!« oder »Ich kann das selber!«

Genauso braucht es dein Hund. Er will, unter deinem Schutz, seine eigenen Erfahrungen sammeln. Hunde lernen durch Versuch und Irrtum. Was ihnen Erfolg bringt, wiederholen sie. Du bist nur da und kannst vorausschauend alles so inszenieren, damit der Hund keinen Schaden nimmt. Aber lass deinen Hund das Leben selber erkunden. Ich gebe dir ein paar Beispiele:

- Springe nicht ständig auf, um deinen Hund zu bedienen. Lass ihn ruhig mal warten.
- Überhäufe ihn nicht mit unsinnigen Kommandos, die er sowieso nicht befolgt.
- Verlange nichts von deinem Hund, was er nicht leisten kann.
- Schreie nicht, diszipliniere ihn nicht, verliere nicht die Fassung.
- Beschütze ihn, wenn er Angst zeigt. Hunde müssen überhaupt nichts selber regeln!
- Nimm seine Ausraster als Reflexe, die er nicht steuern kann, und hilf ihm.
- Kommuniziere in seiner Sprache, nämlich wortlos.
- Respektiere seine Bedürfnisse. Lass ihn auch mal buddeln oder bellen.

Vereinfacht gesagt: Sei da, wenn dein Hund dich braucht. Enge ihn nicht ein, aber lass auch nicht alles mit dir machen. Erwarte bestimmte Dinge einfach von ihm, aber gib ihnen keine große Bedeutung. Bausche harmlose Situationen nicht künstlich auf. Dazu gehört das Alleinbleiben oder das Entspannt-auf-sein-Futter-Warten. Solche Kleinigkeiten lernt jede Fellnase ganz mühelos. Mach dir selber klar, was dir wichtig ist, und gewöhne deinen Hund schrittweise daran. Ohne Selbstzweifel zu haben.

Wenn du deine eigene klare Linie in eurem Zusammenleben hast, wird dein Hund dich respektieren und vergöttern. Dann bist du sein Idol, dem er immer vertraut.

*Gibt es etwas Schöneres als einen Hund, der sich vertrauensvoll an uns schmiegt und sich bei uns absolut geborgen fühlt?*

Es ist wie bei der Partnerwahl. Die, die für uns alles machen, sind doch langweilig. Wir wollen immer die, die es uns etwas schwerer machen, ihr Herz zu erobern. Stimmt's?
Bei Hunden ist es genauso. Sobald dein Hund merkt, dass du klare Strukturen hast, wirst du für ihn wirklich interessant. Es wird ihn beeindrucken, wenn du dein Leben ganz normal weiterlebst und er vertrauensvoll dabei sein darf. Kommuniziere völlig normal mit ihm, nicht in Babysprache, nicht im Befehlston. Du musst ihn auch nicht unentwegt mit »Feeiiiin« in den Himmel loben. Setze entspanntes Benehmen und zuverlässiges Verhalten als normal voraus. Dafür kannst du Strukturen entwickeln. Denn Hunde fühlen sich am wohlsten, wenn sie Situationen genau einschätzen können und wissen, was als Nächstes passieren wird: Jetzt bekomme ich Futter, hier ist mein Schlafplatz oder die Küche ist für Hunde tabu. Verstehst du?

## VERTRAUEN ERFORDERT EHRLICHKEIT

Ich sagte bereits, Hunde spüren genau, wie wir uns fühlen. Das ist sehr tröstlich, wenn wir krank oder traurig sind. In solchen Momenten tut es gut, wenn der Hund sich geduldig an uns schmiegt und nichts für sich einfordert. Es hat aber auch den Nachteil, dass wir unserem Hund nichts vormachen können. Lass mich das kurz erklären.
Jeder von uns hat Schwächen oder Eigenarten, die er anderen nicht gleich auf einem Silbertablett servieren möchte. Ich selber bin extrem faul in puncto Sport, koche nicht gerne und kann Gartenarbeit absolut nichts abgewinnen. Bitte nicht falsch verstehen: Ich liebe gutes Essen und döse gerne in einer Hängematte im gepflegten Garten meiner Großeltern vor mich hin. Nur selber dafür arbeiten will ich nicht. Aber solche Eigenschaften sind Lappalien.

Viel schlimmer wird es bei unseren emotionalen Blockaden. Genauer gesagt, bei unseren Ängsten und Selbstzweifeln. Hier kommen wir an Punkte, die wir unter allen Umständen verbergen und bekämpfen wollen. Wir tun alles dafür, dass wirklich niemand etwas davon bemerkt. Jeder von uns hat sie.

Es beginnt in den ersten Lebensjahren, sobald ein Kind sich selber und die Welt entdeckt. Dabei fällt schon mal das Milchglas um, das Kind trödelt herum oder wirft aus Übermut Mamas Doktorarbeit in den brennenden Kamin. Zu dieser Zeit beginnt das, was wir »Erziehung« nennen. Der kleine Mensch wird unbequem, raubt Zeit und kostet Nerven. Um ihn manipulierbar und kontrollierbar zu machen, wird er ermahnt. Besser gesagt, kleingehalten.

Dann kommen Sätze wie: »Du bist zu nix zu gebrauchen«, »Auf dich ist nie Verlass«, »Immer machst du alles kaputt« und so weiter. Diese Sätze der Erwachsenen hinterlassen in Kindern sehr negative Gefühle. Sie fühlen sich alleingelassen, unverstanden und verzweifelt. Denn wenn Eltern zu ihrem Kind sagen »So ein freches Kind wollten wir nicht«, hört das Kind immer auch:

- Du bist nicht gut genug.
- Du gehörst nicht zu uns.
- Du bist nicht liebenswert.

Und jetzt steht das Kind an einem Wendepunkt. Es entwickelt Selbstzweifel, die bis ins hohe Alter sein Leben und Handeln dominieren können. Sobald ein Kind denkt, mit ihm stimmt was nicht, versucht es, seine Persönlichkeit zu ändern und sich den Bedürfnissen der »Großen« anzupassen. Es will den Eltern und anderen Erwachsenen gefallen, ihren Anforderungen entsprechen. Das Kind unterdrückt ab sofort sein Temperament, sei-

*Missverständnisse und Enttäuschungen in der Kindheit können zu emotionalen Blockaden und Selbstzweifeln führen, die der Hund später noch in uns spürt.*

ne Neugier oder seine Sensibilität, weil es von den Eltern abhängig ist.
Aber wir passen uns auch an, weil wir starke soziale Bedürfnisse haben. Das sind Bedürfnisse nach Zusammengehörigkeit, Sicherheit und Vertrauen. Es sind die gleichen Bedürfnisse wie in jeder natürlichen Gruppe. Unsere Hunde haben ebenfalls diese Bedürfnisse. Wir Menschen umschreiben es nur mit einem ganz besonderen Wort – Liebe.
Um von den Eltern geliebt zu werden, Anerkennung zu bekommen und dazuzugehören, vernachlässigen wir uns selbst. Wir werden so, wie wir glauben, dass wir unseren Eltern gefallen. Weil es uns mit den Jahren in Fleisch und Blut übergegangen ist und wir es gar nicht bewusst wahrnehmen, behalten wir dieses »Verbiegen« ein Leben lang bei. Später im Berufsleben, in der Partnerschaft, im Verein oder mit unseren eigenen Kindern. Niemandem fällt es auf, wir können uns meisterhaft hinter unserer perfekten Fassade verstecken. Nur nicht vor einem: Unser Hund nimmt uns das Versteckspiel nicht ab. Er ist ein Herdentier wie wir, nur mit viel feineren Antennen. Kannst du das nachvollziehen?
Dein Hund bringt dich an eine Grenze, die du auf keinen Fall jemals wieder überschreiten willst. Sobald er Stress macht, weißt du nicht mehr weiter. Genau jetzt fühlst du dich hilflos, bloßgestellt und ausgeliefert – wie damals, als die Erwachsenen zu dir sagten: »Du taugst nix« oder »Was bist du für ein schreckliches Kind«.
Sobald sich dein Hund danebenbenimmt, wie du selber damals, als du aus Versehen bei der Geburtstagsfeier das Milchglas umgestoßen hast, weißt du vor Schreck nicht, was du tun sollst. Du möchtest in den Boden versinken und wirst in Gedanken immer kleiner. Du hast das Gefühl, wieder einmal versagt zu haben, jemanden enttäuscht zu haben oder

*Ein Hund hat sehr feine Antennen, mit denen er sogar die innersten Gefühle erkennt, die wir vor allen Menschen verstecken möchten.*

egoistisch zu sein. Du erwartest jetzt Kritik von deinen Mitmenschen – wie damals von deinen Eltern.
Heute fällst du wieder in dieses Loch, wenn dein Hund dir Ärger verursacht, und hörst jeden sagen: »Was bist du nur für ein Hundebesitzer« oder »Zu dumm, um einen Hund zu erziehen«.
Genau jetzt tauchen alle deine Selbstzweifel aus der Kindheit wieder auf: »Du schaffst das nie«, »Du bist nicht gut genug«, »Was sollen die Leute nur denken«.
In dem Moment steigen die schweren Schatten wieder in dir hoch: Ängste, Schuldgefühle, Scham, Hass, Neid, Eifersucht. All das, wie du dich damals bei der Erziehung, beim Ausgelachtwerden oder bei der Strafpredigt gefühlt hast. Alle Gefühle, die du seit Jahren oder Jahrzehnten versuchst zu verbergen.
Das ist gemeint, wenn ich sage, der Hund spiegelt uns. Er reflektiert unser Inneres. Vor ihm kannst du dich nicht verstellen. Deswegen ist Ehrlichkeit so wichtig, um sein Vertrauen zu gewinnen. Steh zu deinen Blockaden, decke sie auf und beende sie. Denn sie

verkörpern die Denkweise anderer Menschen, und zwar aus Zeiten, die längst vorbei sind. Heute interessiert es niemanden mehr, wie viel Milch du verschüttet hast. Deinen Hund am allerwenigsten. Er liebt dich so, wie du bist. Aber öffne dich ihm auch.
Überlege einfach mal, wofür du als Kind am meisten kritisiert wurdest. Oder was andere an dir am meisten gestört hat. Was hat ständig zu Konflikten geführt? Bedrückt es dich heute noch? Sei ganz ehrlich zu dir selber, denn dein Hund spürt es sowieso.

»Du hast deinen besten Hund bereits bei dir. Aber sein Vertrauen gewinnst du erst, wenn du auch dir selber vertraust.«

Sobald du da hineinhorchst und deine inneren Konflikte anschaust, frage dich: Stimmt das heute noch? Bin ich wirklich »zu dumm«? Und dann halte dir vor Augen, was du schon alles geleistet und erreicht hast im Leben.
Ich gehe mal davon aus, dass du einen Schulabschluss, einen Führerschein, eine Ausbildung oder ein Studium abgeschlossen hast, dass du Kinder gezeugt oder zur Welt gebracht hast, deine Familie versorgst, den Haushalt organisierst, vielleicht sogar noch deine Eltern pflegst. Vielleicht warst du schon sehr früh für jüngere Geschwister verantwortlich. Das sind doch grandiose Leistungen, auf die du stolz sein kannst. Halte dir das immer wieder vor Augen. Du bist wichtig und wunderbar – und dein Hund weiß das.
Ich habe Kundinnen, die haben ohne Partner drei Kinder großgezogen, leiten ein Unternehmen und fahren in den Alpen die schwarzen Pisten runter. Wow! Aber sie alle denken sich heute noch klein, nur weil sie als Kind ausgelacht, gemobbt oder unfair behandelt wurden. Spring nicht mehr in diese Falle der Selbstzweifel und des Selbstmitleids, nur weil dein Hund mal etwas heftiger reagiert. Hol tief Luft, sag dir »Ich kann ihn führen« und dann finde Lösungen.
Wenn du willst, zeige ich dir, wie das geht. In meinen Kursen erfährst du, was dein Hund von dir braucht, damit er dir hundertprozentig vertrauen kann.
Falls du mir nicht glaubst, dann überlege bitte, wie dein Hund bei verschiedenen Menschen reagiert. Du wirst feststellen, dass er sich bei dir anders benimmt als bei deinem Partner oder bei deinen Kindern. Noch deutlicher hast du es wahrscheinlich in der Hundeschule erlebt. Mit dem Trainer funktioniert dein Hund bestens. Wobei ich von gewaltfreien Trainern ausgehe. Aber sobald du selber die Leine wieder in die Hand nimmst, reagiert dein Hund wie ausgewechselt.
Ganz besonders deutlich ist dies zu spüren, wenn Hunde mit Menschen mit Behinderung zusammentreffen. Dann werden die Hunde fast alle total sanft. Weil sie spüren, dass dieser Mensch authentisch ist, dass er ihnen nichts vorspielt und dass von ihm keine Gefahr ausgeht. Der Hund vertraut einem solchen Menschen total, deswegen kann er sich auch voll auf ihn einlassen und selber entspannen.

## WAS ERWARTET DEIN HUND VON DIR?

Lass uns zuerst noch mal auf das vorherige Kapitel zurückkommen. Wer war dein Idol? Du hast dir den Namen notiert und siehst diese Person jetzt genau vor dir? Hast du auch dein Warum gefunden? Was hat diese Person, das dich so fasziniert?

*In der Gegenwart von Menschen mit Behinderung sind Hunde oft viel ruhiger, weil sie spüren, dass diese Menschen keine Gefahr darstellen.*

Oft können wir solche Fragen gar nicht konkret beantworten. In vielen Fällen ist es einfach so ein Gefühl, eine Sympathie. Wir fühlen uns wohl in der Nähe dieser Menschen, können aber nicht analysieren, warum. Vielleicht fällt es dir leichter, wenn ich dir einmal aufzeige, was dein Hund an dir ganz besonders vertrauensfördernd finden würde.

## Sei ganz bei dir

Das heißt, kümmere dich um deine eigenen Angelegenheiten, nicht um die deines Hundes. Schau nicht ständig zu ihm hin und mach ihn nicht zum Mittelpunkt der Welt. Für deinen Hund ist es erdrückend, wenn du wie eine besorgte Glucke über ihn wachst. Wenn du mit deiner Aufmerksamkeit ständig bei ihm bist. Schimpfe nicht ständig, höre auf damit, ihm immer wieder Vorschriften zu machen.

Achte darauf, wie viele Menschen du heute schon angelächelt hast oder wie viel Freude du selber hattest. Sei mal kritisch mit deinem eigenen Verhalten. Hast du heute jemanden angemotzt, obwohl du es auch freundlich hättest sagen können? Hängst du wieder am TV oder in den sozialen Medium rum, statt wirklich Wichtiges zu erledigen, deine Steuererklärung zu machen oder Wäsche zu bügeln? Grüßt du andere Menschen, die dir auf euren Spaziergängen begegnen?

Ich könnte hier noch tausend andere Beispiele bringen. Wir alle haben genügend Gründe, erst mal vor unserer eigenen Tür zu kehren. Sei öfter ganz bei dir statt ständig beim Verhalten deines Hundes.

## Entspann dich

Das ist ziemlich schwierig für uns Menschen. Weil wir ja, sobald etwas Unerwartetes passiert, in eine emotionale Falle geraten. Dann können wir nicht mehr logisch denken. Aber nicht nur im Stress geraten wir aus unserem mentalen Gleichgewicht. Auch im Alltag mit Hund machen wir es uns selber schwer. Wir überlassen unserem Verstand alle Entscheidungen. Bist du auch so ein Kopfmensch, so ein Perfektionist oder eher einer dieser Pessimisten?

Willst du deinen Hund beschützen und alle Situationen im Griff haben? Witterst du überall Gefahren, wo gar keine sind?

Es wäre gut, wenn du das ändern und mehr auf deinen Bauch hören könntest. Dann wirst du automatisch ruhiger, weil du dir weniger Sorgen machst.

Dann denkst du nicht die ganze Zeit nach, ob du jetzt das richtige Kommando gibst oder konsequent genug bist. Du fragst dich auch nicht mehr ständig, ob du bei deinem Hund

*Die vier Hunde der Autorin – ehemalige Straßenhunde auf Bali, ließen sie erfahren, was es bedeutet, von Herz zu Herz verbunden zu sein.*

alles richtig machst. Denn was dein Bauch dir rät, ist immer richtig. Das merkst du sehr schnell und wirst zufriedener mit dir selber. Das wiederum hilft dir, runterzufahren und auch im Stress entspannter zu reagieren. Dein Körper produziert Wohlfühlhormone, du kommst in deine Mitte. Das fühlt dein Hund und er wird auch ruhiger. Alle meine Kursteilnehmer können dir das bestätigen.

## Weg mit deinem Seelenmüll

Was ist das? Na, dein emotionaler Rucksack, den du seit deiner Kindheit mit dir rumschleppst. All die schlechten Glaubenssätze, wie »Ich schaffe das nie« oder »Ich habe eben immer Pech«. Wirf diesen Seelenmüll über Bord. Glaube mir, es geht. Jeder Mensch kann das. Neurowissenschaftler haben nachgewiesen, dass wir unser gesamtes Gehirn neu programmieren und alte Denkmuster löschen können. Wir können tatsächlich wie bei einem Computer die Resettaste drücken und noch einmal ganz von vorn beginnen.

Niemand sagt, dass das einfach ist. Aber es funktioniert. Ich erlebe es bei mir selber immer wieder. Auch ich war früher pessimistisch und vor allem ängstlich. Ich war nicht in der Lage, allein durch ein Restaurant zu gehen oder fremde Menschen anzusprechen. Ich hatte überhaupt kein Selbstvertrauen und steckte total in meiner Opferrolle fest.

Menschen waren mir unheimlich, machten mich unsicher. Deswegen bin ich wohl auf die Hunde gekommen. Bei ihnen konnte ich sein, wie ich bin. In der Nähe eines Hundes habe ich mich einfach immer besser gefühlt als zwischen Menschen. Ich wollte nie aus meinem Mauseloch herauskommen.

Aber irgendwann sagte eine Freundin: »Du musst dein Wissen an alle Menschen weitergeben.« Sie hatte ja recht. Ich hatte mit den Jahren enorme Erfahrungen und Kenntnisse

über Hunde gesammelt. Was sollte ich mit all dem Wissen tun? Außerdem musste ich mein Versprechen halten, das ich den Straßenhunden in Bali gegeben hatte: »Ich werde allen Menschen erzählen, wie ihr Hunde wirklich seid. Wie ihr fühlt und was euch treibt. Damit Menschen und Hunde künftig entspannt und partnerschaftlich zusammenleben können. Ohne Stress und Konflikte.«
Ich hatte keine Wahl mehr, ich musste raus ins Leben. Heute verstecke ich mich nicht mehr, sondern spreche vor Hunderten Menschen. Ich mache ihnen Mut, nicht aufzugeben. Denn jeder Mensch hat es verdient, eine innige Partnerschaft mit seiner geliebten Fellnase aufzubauen. Und jeder Hund hat das Recht auf ein glückliches Leben bei uns Menschen.
Heute bin ich nicht mehr demütiges Opfer, sondern mutige Kämpferin. Denn es ist noch ein weiter Weg, bis alle Menschen begreifen, dass Hunde keine Erziehung brauchen, sondern unsere Hilfe.

## Grundbedürfnis Führung

Hunde sind Herdentiere, wie wir. Sie wollen sich anpassen, wie wir. Die meisten wollen nicht Leittier sein, sondern lieber Mitläufer, wie wir. Hunde wollen Harmonie in ihrer Gruppe, wie wir. Stellt sich nur noch die Frage: Wer übernimmt die Führung? Im Tierreich sind das immer die mit der meisten Lebenserfahrung, mit guter gesundheitlicher Kondition und bester körperlicher Verfassung. Oder die Elterntiere.
Aber wenn ein Hund mit Menschen lebt, sollte immer der Mensch führen. Tut er das nicht, übernimmt automatisch der Hund diese Aufgabe. Ich schätze, bei dir ist das auch der Fall. Sonst würdest du dieses Buch nicht lesen. Leider assoziieren wir Menschen das Wort »Führung« mit Macht und Dominanz – und genauso leben wir es auch.
Wir sagen dem Hund nicht nur, was er zu tun hat. Wir verlangen es von ihm. Nur leider sagt das dem Hund nichts, er versteht es nicht. Ja, ich weiß, Hunde können lernen, auf einen bestimmten Laut eine bestimmte Handlung auszuführen. Das ist aber keine Führung, sondern Dressur. Wie bei den Zirkustieren. Mir geht es aber nicht darum, dass ein Hund bestimmte Kommandos kennt, sondern dass er deren Sinn begreift. Dass er begreifen kann, warum, wann und welche seiner Aktionen für die Gruppe sinnvoll sind. Unsere Hunde können nicht nachvollziehen, warum sie genau jetzt eine bestimmte Handlung ausführen sollen. Solange alles entspannt ist, tun sie es ja. Aber sobald Emotionen ins Spiel kommen, tun sie es nicht. Dann brauchen sie keine unsinnigen Forderungen, sondern Führung. Jemanden, der sie aus der Stresssituation herausführt und die Harmonie in der Gruppe wiederherstellen kann.
Wenn dein Hund sich erschreckt oder verunsichert reagiert, kannst du ihn mit »Nein« oder »Sitz« nicht mehr beeindrucken. Weil er eben jetzt nicht tun kann, was du gerne hättest. Bevormundung oder Disziplin ist in diesen Momenten fehl am Platz. In Erregung folgt dein Hund nur seinen Instinkten – oder einem, der diese Instinkte genau versteht und lenken kann.
Aber es geht nicht nur um Stressmomente. Um dir im Ernstfall zu folgen, muss dein Hund im Alltag viele Male erlebt haben, dass du erfahren und klug bist. Dass du alle Situationen einschätzen und alle Probleme lösen kannst. Vergleiche es mit dir selber unter völlig fremden Menschen.

## Erfahrungsbeispiel: Als ich mein Leben in fremde Hände legte

Als ich das erste Mal in Bali war, lernte ich direkt nach meiner Ankunft einen jungen Indonesier am Strand kennen. Wayan erzählte mir, dass er am nächsten Tag auf die Nachbarinsel Lombok reise. Es gäbe endlich die große Beerdigung für seinen Vater, der vor fünf Jahren verstorben sei. Er fragte mich gleich, ob ich mitwolle ... »Huhh, niemals«, dachte ich.

Aber im Laufe unserer Unterhaltung sagte dieser wildfremde Wayan einen entscheidenden Satz: »... mein Vater fehlt mir, ich vermisse ihn so sehr.« Diese Worte kamen so tief aus seinem Herzen, dass es mir heute noch beim Schreiben Tränen in die Augen treibt. In diesem Moment wusste ich: Dem kannst du vertrauen. Wayan trägt so viel Liebe für seinen verstorbenen Vater in sich, der wird dir nichts tun. Am nächsten Morgen holte er mich vom Hotel ab und wir starteten die abenteuerlichste Reise meines Lebens.

Klar kamen mir immer wieder Zweifel. Die Fahrt in Minibussen, auf der Fähre oder per Anhalter schien nie zu enden. Aber ich hatte keine Wahl, ich kannte mich nicht aus und sprach damals noch nicht indonesisch. Zurück konnte ich nicht, ich musste Wayan folgen.

Irgendwann erreichten wir sein Dorf mitten im Dschungel. Ich saß auf der Terrasse, wo mir Wayans Mutter Essen servierte. Innerhalb weniger Minuten wurde ich von Einheimischen umringt und bestaunt, weil sie noch nicht oft weiße Menschen gesehen hatten. Wo war ich gelandet? Ob die mich heute Nacht vergiften oder mir die Kehle aufschneiden und mich ausrauben wollten? Niemand würde mich jemals finden ...

Ich habe dann erst einmal gegessen, was mir vertraut vorkam. Anschließend wurde ich durchs Dorf geführt und stolz allen Nachbarn und Verwandten vorgestellt. Ich ließ alles über mich ergehen, blieb aber wachsam. Und dann kam der Lichtblick! Jackie, eine Engländerin, die schon zwei Jahre hier im Dorf Lamper lebte, versicherte mir, dass alles okay sei. Alle Menschen seien total lieb, ich könne beruhigt schlafen und auch alles essen. In dem Moment fiel aller Stress von mir ab und ich erlebte die emotionalsten und gleichzeitig bewegendsten zwei Wochen meines Lebens. Ich ließ mich in die Gemeinschaft der Balinesen integrieren.

Es wurde eine große Beerdigung, die über zwei Wochen andauerte. Zwei Wochen inmitten balinesischer Zeremonien, bei Menschen voller Herzenswärme, Freude und Zufriedenheit. Als ich wieder in Deutschland ankam, wusste ich: Da will ich wieder hin. Ich will mehr von diesem inneren Frieden, dieser Verbundenheit und menschlichen Wärme erleben. Sechs Monate später flog ich erneut los. Diesmal wurde ich bereits von »meiner« balinesischen Familie erwartet. Zwei Jahre später bin ich ganz nach Bali übergesiedelt.

## EIN PRÄGENDES ERLEBNIS

Stell dir mal folgende Situation vor: Du bist mit einem Fallschirm im falschen Moment aus dem Flugzeug gesprungen und landest irrtümlich in der Mongolei bei Nomaden. Das gibt es nicht? Aber hallo! Mir selber ist es fast so passiert (siehe Erfahrungsbeispiel links).

### Warum erzähle ich dir das?

Diese Erlebnisse haben genau verkörpert, was für ein Zusammenleben in einer Gemeinschaft nötig ist. Ich musste Wayan zuerst vertrauen. Ohne seinen entscheidenden Satz hätte ich mich nicht auf ihn eingelassen. Danach habe ich ihm die Führung überlassen. Denn ER kannte sich aus. Ich allein wäre nie heil in Lombok angekommen. Ich wusste damals ja nicht mal, wo das liegt.

Am Ziel konnte ich meine letzten Zweifel abbauen und wurde dann vollwertiges Mitglied der Gruppe. Ich habe mich am Basteln der Opfergestecke beteiligt, die Frauen geschminkt und etwas Geld beigesteuert. Ich habe mich sicher und behütet gefühlt. Meine Welt war perfekt. Das war Gruppendynamik pur. Wir Menschen haben die gleichen Bedürfnisse wie unsere Hunde und wie alle Gruppentiere.

Wenn dir das alles zu exotisch ist, frage dich selber, was für ein Typ Mensch du im Urlaub bist. Wen fragst du im Ausland um Rat? Mitten in der Mongolei wirst du sicher froh sein, wenn plötzlich ein Mensch auftaucht, der vielleicht in Deutschland studiert hat und deine Frage versteht.

In Griechenland im Urlaub fragst du einen Reiseleiter. Oder du achtest genau darauf, wo du ein paar deutsche Laute hörst. Diese Menschen fragst du dann sicher eher als einen Einheimischen mitten auf der Straße.

Wir vertrauen dem Vertrauten. Und wenn dann jemand sagt: »Ich weiß, wo diese Kirche oder dieses Café ist, ich führe dich hin«, dann gehst du mit und gibst ihm die Führung. Weil er dir selbstbewusst vermittelt hat: Ich kenne mich aus, folge mir, ich helfe dir.

*Führt der Mensch seinen Hund selbstsicher, entschlossen und entspannt, dann ist die Leine nur eine Sicherheitsvorkehrung für alle Fälle.*

Genauso geht es deinem Hund. Er will in dir spüren, dass du dich auskennst, dass du alles im Griff hast. Dass er ans Ziel kommt, wenn er dir folgt. Unter Hunden heißt das, du weißt, wo es Wasser gibt oder wo ein sicheres Versteck für die Jungtiere zu finden ist.

In unserer Welt heißt das, du führst ihn sicher über die Straße, achtest darauf, dass er nicht in einer Tür stecken bleibt, und hältst ihm unangenehme Zeitgenossen vom Hals.

Aber tust du das auch? Oder lässt du deinen Hund vorne laufen, den Gartenzaun bewachen und andere Hunde erschrecken? Führst du oder läufst du nur mit? Bist du sein Reiseleiter durch dieses Leben? Oder bist du sein Wächter, der nur meckert, wenn etwas schiefgeht? Führen heißt anführen, so wie Robin Hood oder Pippi Langstrumpf. Führen heißt: Ich weiß, was für mein Team gut ist, und das setze ich auch durch. Ich versuche, es dir mal etwas klarer zu definieren.

## FÜHRE DURCH PRÄSENZ UND AUSSTRAHLUNG

Wir Menschen haben ja ein paar Sachen, die unsere Hunde nicht haben. Außer unserer verbalen Sprache haben wir auch Daumen, um Gegenstände festzuhalten. Diese Daumen nutzen wir natürlich – vor allem, um die Hundeleine zu greifen und unseren Hund quasi im Griff zu haben. Daraus hat sich dann irgendwann auch die Angewohnheit entwickelt, unsere Hunde über die Leine zu steuern. Manchmal werden Hunde an der Leine regelrecht herumgezerrt und fast stranguliert. Das ist keine Führung, sondern Gewalt aufgrund von Hilflosigkeit. Oder hast du jemals eine Entenmutter gesehen, die ihre Küken mit Gewalt mit sich zerrt? Tiere brauchen keine Leine. Unsere Hunde brauchen sie auch nicht.

Denn wenn wir authentisch sind, im Hier und Jetzt, dann führen wir automatisch, mit unserer Präsenz. Wie die Entenmama, wie Robin Hood oder wie Michael Jackson bei seinem legendären Tanz in »Thriller«. Wir konzentrieren uns auf unser Ziel und gehen darauf zu. Selbstsicher, entschlossen und entspannt.

Wir kennen unser Umfeld und wissen, dass wir sicher sind. Es gibt keinen Grund, Angst zu haben. Auf uns lauern keine wirklichen Gefahren. Wir müssen nicht durch Flüsse schwimmen, in denen wir von Krokodilen umringt sind.

Führen heißt »Geh hin, wo du hingehen musst, und mach einfach dein Ding im Interesse der Gruppe«. Übernimm die Verantwortung und werde dir klar, dass dein Hund von dir abhängig ist. Unsere Welt ist nicht seine Welt, auch wenn Hunde sich seit Tausenden von Jahren den Menschen angeschlossen haben. Unsere Welt mit ihren vielen Reizen, Lichtern und Geräuschen macht Hunden

*Nur bei vollem gegenseitigen Vertrauen lässt der Hund seinen Menschen entscheiden, passt sich gerne an und macht geduldig alles mit.*

Angst. Deshalb, geh voran, mach deinem Hund vor, was du von ihm erwartest, zeig ihm, wie alles geht. Damit er es dir nachmachen kann und ihr als Team durchs Leben geht. Das ist Führung.

Mein meistgesagter Satz im Hundetraining ist nach wie vor: »Wenn du nicht führst, kann dein Hund dir nicht folgen.«

Führen heißt, aktiv voranzugehen. Wenn du mit deinem Hund beim Spaziergang an einem Sumpf ankommst, musst DU ihn da durchführen. DU musst ihm zeigen, wie er sicher ans andere Ufer gelangt. DU musst vorausgehen, nicht dein Hund!

Nur wenn du mutig und aktiv vorgehst, kann dein Hund dir folgen. Wenn du deinen Hund vorschickst und selber unentschlossen hinten läufst, überlässt du ihm die Führung. Dein Hund wird seinen Job gewissenhaft machen. Aber wundere dich nicht, wenn er am Abend auf dein »Komm her« nicht reagiert. Hunde folgen keinem Untergebenen. Sie folgen nur entschlossenen und selbstbewussten »Auskennern«.

## BIST DU GLAUBWÜRDIG UND AUTHENTISCH?

Ich versuche mal, dir zu erklären, was nicht authentisch ist. Es ist ein Phänomen, das auf ganz viele Hundebesitzer zutrifft.

Vor einer Zusammenarbeit stelle ich Hundebesitzern immer ein paar spezifische Fragen zum Hund. Eine Frage ist: Verlangst du oft Kommandos und Disziplin von deinem Hund? 80 Prozent der Menschen sagen JA.

Meine zweite Frage ist: »Wie oft streichelst du deinen Hund?« Die gleichen 80 Prozent antworten: mehr als 10-mal pro Tag.

Was soll ein Hund davon halten? Einerseits ist der Mensch streng, andererseits unterwürfig. Ein Leittier ist nicht so unklar, sondern immer stabil und ausgeglichen. Wie soll

*Trotz Ablenkung geht der linke Hund entspannt mit seinem Menschen weiter. Die Hunde rechts orientieren sich an ihrem Menschen. Perfekt.*

der Hund einen solchen Menschen einschätzen? Ist das seine Vertrauensperson, seine Führung? Warum wird der Mensch dann manchmal streng und sogar böse? Und warum unterwirft er sich im nächsten Moment? Warum tut der Mensch alles, was sein Hund von ihm will? Er springt auf, sobald der Hund »wuff« macht, krault ihn, wenn er es einfordert, aber will bestimmen, wer einen Besucher zuerst begrüßen darf. Das passt nicht zusammen!

Ich gebe dir jetzt einmal ein paar der Antworten, die ich von Hundebesitzern bekomme auf die Frage: »Wie reagierst du, wenn dein Hund Stress macht, Menschen anbellt oder Artgenossen attackieren will?«

Lies dir die Antworten bitte sehr langsam und gründlich durch. Lasse sie auf dich einwirken. Stell dir vor, du bist der Hund, von dem diese Menschen reden:

- Ich werde schroffer oder schimpfe, was aber meistens nicht hilft.
- Ich werde unsicher und schäme mich, meinen Hund nicht führen zu können,

und vermeide deshalb Konfliktsituationen so gut wie möglich.

- Mittlerweile schreie ich ihn an. Verliere die Beherrschung, werfe Gegenstände nach ihm.
- Ermahnen, in den Korb schicken und eine Zeit lang ignorieren zwischen zwei bis drei Stunden.
- Ich bin mir sehr unsicher, nervös, ängstlich und schreie bei Attacken der Hunde. Bei reinem Ungehorsam werde ich sehr streng.
- Ich zerre am Halsband, ermahne ihn laut mit »Aus« und »Nein«. Wenn das nicht hilft, gibt es einen Klaps!!!
- Ich weiß mittlerweile nicht mehr, wie ich mich verhalten soll oder wie ich sein Verhalten ändern kann. Ich weiß einfach nicht, warum er so reagiert und so aggressiv wird.
- Ich versuche, ruhig zu bleiben und sie aus der Situation zu nehmen (durch Bogen laufen oder Schutz mit meinem Körper geben).
- Ich werde laut und zwinge ihn, sich hinzusetzen. Ich drücke ihn runter und wiederhole das Kommando lauter.
- Ich flippe manchmal aus, wenn ich sie korrigiere, korrigiere, korrigiere und sie trotzdem macht, was sie will. Also null hört. Dann werde ich lauter und schimpfe sie aus.
- Ich schimpfe, habe aber das Gefühl, dass Lady nicht wirklich bei uns sein möchte.

Was schließt du aus diesen Antworten? Würdest du sagen, diese Hunde vertrauen ihren Menschen und stellen sich auf sie ein? Sind sie glücklich und machen gerne, was diese Menschen von ihnen verlangen? Ich denke, die letzte Aussage spricht Bände …

**Und wie ist es umgekehrt?** Kannst du diese Menschen verstehen? Kannst du es nachvollziehen? Fühlst du dich manchmal genauso verzweifelt und hilflos?
Ich kann es nicht nur verstehen, ich kann diesen Menschen sogar helfen. Denn wenn wir das Vertrauen unserer Hunde erlangen und ihnen klare Führung geben, hat die Verzweiflung auf beiden Seiten ein Ende. Dann finden wir zusammen. Schimpfen und laut werden ist immer ein Zeichen der eigenen Schwäche. Sei entschlossen und werde vertrauenswürdig. Dein Hund braucht dich ganz stark als Schutz vor dieser hektischen Welt, in der er sich total verloren fühlt.

## FÜHREN ODER FOLGEN

Ein typisches Bild auf unseren Straßen: Der Hund läuft vorne, der Mensch hinterher. Der Hund schnüffelt, kontrolliert das Umfeld, tut, was ihm gerade Spaß macht. Er achtet nicht die Bohne auf seinen Besitzer. Der Mensch tut … nichts. Wenn der Hund das Umfeld kontrolliert und die Gruppe anführt, wird er auch selber entscheiden, was zu tun ist, sobald Stressmomente entstehen. Nämlich auf seine hündische Art.
Dann bellt er Jogger an, attackiert Artgenossen oder will unsere Besucher in die Flucht schlagen.
Erst jetzt wird der Mensch wach. Er versucht mit Schimpfen und Einschreiten die Situation noch zu retten. Viel zu spät! Wer selber immer nur passiv mitläuft, am Handy spielt oder mit anderen Hundebesitzern quatscht, darf sich nicht wundern, wenn sein Hund aktiv wird und die Führung übernimmt.
Deswegen: Komm raus aus deiner Passivität! Werde proaktiv, mach dich interessant und nutze den Gruppentrieb deines Hundes. Warte nicht untätig, bis Situationen eskalieren, sondern sei darauf vorbereitet. Falls du

dir nicht so recht vorstellen kannst, was ich meine, erkläre ich es dir kurz.
Du weißt ja, aktiv sein heißt handeln, tätig werden, in Aktion sein. Proaktiv ist noch mal eine Steigerung dazu. Die Vorsilbe »pro« bedeutet »für«. Proaktiv sein beim Hundespaziergang heißt also, dass du die volle Verantwortung für dich, für deinen Hund und für deine eigenen Reaktionen übernimmst.
Deinen Hund proaktiv zu führen bedeutet, Situationen vorher zu analysieren, dir eine Strategie zurechtzulegen und im Ernstfall tatsächlich die Initiative zu ergreifen. Damit dein Hund nicht selber loslegt. Proaktiv bedeutet nicht, die Stresssituation zu meiden oder weiter den Kopf in den Sand zu stecken. Du kannst nicht vor dem Leben davonlaufen.
Bei deinen Kindern bist du bereits proaktiv. Du würdest alles dafür tun, dass es ihnen gut geht und sie sicher sind. Du würdest für sie kämpfen auf Teufel komm raus. Dein Hund braucht das genauso.
Du bist der Schöpfer deiner Mensch-Hund-Beziehung. Du entscheidest, ob du deinen Hund weiterhin vorschickst ... und schimpfst, wenn er ausrastet, weil er überfordert ist. Oder ob du selber endlich das Steuer in die Hand nimmst, um euch sicher durch alle Stürme dieses Lebens zu segeln.
Jetzt stelle dir selbst die Frage: Mit welchen Gedanken gehst du mit deinem Hund spazieren? Siehst du schon vorher die Probleme wieder auftauchen und wirst nervös? Beginnt deine eigene Unruhe bereits an der Haustür?
Dann gehe ab morgen den proaktiven Weg. Analysiere alle Störfaktoren und suche nach Lösungen, um sie künftig auszuschalten. Suche dir die entsprechenden Hundeexperten, lerne deinen Hund wirklich kennen und mach dich selber interessant für ihn beim Spaziergang.
Lass deinen Hund mal Slalom durch deine Beine gehen, deine Schlüsseltasche ab und zu aufheben oder renne mal vor ihm davon. Aber mach was, statt dir ständig selber leid zu tun, weil deine Spaziergänge noch nicht perfekt entspannt ablaufen. Komm raus aus deinem Schneckenhaus der Passivität.

## BIST DU IM HIER UND JETZT?

Jeder sagt, Hunde leben im Hier und Jetzt ... und wir sollen das auch tun. Aber was bedeutet das genau? Wieso sind wir Menschen nicht im Hier und Jetzt? Wir sind doch genau jetzt genau hier. Ja, stimmt. Aber leider in den meisten Fällen sind wir nur körperlich hier. Mit unseren Gedanken und unserer Seele sind wir meistens in der Vergangenheit. Erlebnisse von früher bedrücken uns. Negative Erfahrungen verunsichern uns und die Meinungen anderer Menschen rauben uns

*Hunde orientieren sich nur an entspannten, authentischen Partnern. Ist der Mensch im »Hier und Jetzt«, passt sich der Hund gerne an.*

unsere Motivation. Das Vergangene beherrscht unser Hier und Jetzt.
Wenn wir immer wieder in diesen vergangenen Mustern leben, erzeugen sie permanent Stress in uns und werden zu unserer Persönlichkeit. Sobald wir aber einen Hund haben, befinden wir uns vom ersten Tag an meistens in der Zukunft ...
Hoffentlich rennt er nicht weg, hoffentlich stellt er bei der Familienfeier nichts an, hoffentlich ist er morgen im Restaurant ganz ruhig, hoffentlich jagt er dem Jogger nicht hinterher, hoffentlich ..., hoffentlich ...
Unser Kopfkino läuft auf vollen Touren und lässt uns keinen Platz für das, was jetzt gerade um uns herum geschieht. Stimmt's? Wenn dann plötzlich ein freilaufender Hund auf dich zukommt, verlierst du die Fassung. Du weißt nicht, was du jetzt tun sollst, und verlierst die Kontrolle.
Wärst du im Hier und Jetzt gewesen, hättest du den Hund beobachtet, seine Körpersprache eingeschätzt und in Bruchteilen von Sekunden gewusst, was zu tun ist.
Dein Hund sieht nur, dass du jetzt nervös wirst und hilflos bist. Also erledigt ER die Aufgabe. Eventuell geht er auf den anderen Hund los und macht den Job für dich. Er übernimmt, sobald du die Führung aus der Hand legst. Dein Hund ist der perfekte Teamplayer. Er will dir helfen. Warst du dir dessen schon jemals bewusst? Oder hast du auch nur kopflos geschimpft, ihn zurückgezogen und vielleicht sogar ein »Sitz« von ihm verlangt? Ausgerechnet jetzt, im Moment größter Aufregung, im Angesicht eines vermeintlichen Feindes?
Dann hat dein Kopfkino dich beherrscht und du bist emotional weggebrochen. Hast dich von der Aufregung deines Hundes anstecken und runterziehen lassen. Denn da war er dann wieder: dieser Mikromoment aus der Kindheit, in dem du dich genauso hilflos und ausgeliefert gefühlt hattest und vor Schreck oder Angst nicht reagieren konntest.
Das sind immer wieder diese gewissen Momente, bei denen uns erst hinterher einfällt, was wir hätten sagen sollen oder wie wir besser hätten reagieren müssen.
Aber hinterher ist es leider zu spät. Dein Hund kennt keine Vergangenheit. Er braucht dich genau dann, wenn er überreizt ist, unsicher wird oder sich überfordert fühlt. Wenn er einen Artgenossen nicht einschätzen kann oder sich von ihm bedroht fühlt. Wenn lärmende Kinder ihn erschrecken oder wenn andere Menschen ihn mit Streicheleinheiten bedrängen. Genau dann braucht er deine Führung, raus aus dieser für ihn bedrohlichen Situation. Aber das musst du tun, bevor seine Angst ihn übermannt und seine Stresshormone explodieren. Nämlich genau hier und jetzt, ohne Angst.
Deinem Hund geht es eigentlich genau wie dir selber. Er sucht inständig nach dieser Bezugsperson, die ihn aus seinem Stress heraushilft, die sagt, wo es langgeht und wo das Leben wieder sicher ist. Sei diese Führung für deinen Hund, sein Fels in der Brandung, sein Robin Hood gegen den Rest der Welt. Biete deinem Hund den Schutz, den er so dringend von dir braucht, statt selber schwach zu werden, sobald die Situation unbequem wird.

## Grundbedürfnis Gruppenbindung

Einer unserer großen Irrtümer ist es zu glauben, dass Hunde lernen und arbeiten, weil sie dafür belohnt werden. Was den Hund wirklich befriedigt, ist die Verbundenheit mit sei-

*Für einen Hund ist Lob und Belohnung nicht wichtig. Er will wissen, was seine Aufgaben sind und wo sein Platz in der Gruppe ist.*

ner Gruppe. Mit den anderen Mitgliedern der Gruppe synchron zu fühlen und zu handeln, ist sein Paradies. Gemeinsam eins zu werden. Die größte Belohnung für unsere Hunde ist nicht das Leckerli oder das Stöckchenbringen, sondern die soziale Sicherheit in der Gemeinschaft. Wenn jeder Hund seinen Platz und seine Aufgabe in der Gruppe kennt und weiß, dass er sich auf die anderen hundertprozentig verlassen kann, dann ist die Welt für unsere Hunde in Ordnung. Hunde bekommen all ihre Kraft, ihre Motivation und Energie aus ihrer Gruppe, nicht aus sich selber. Das macht sie zu Gruppentieren.

Uns Menschen geht es ja ähnlich. Unser Halt ist auch die Familie. Selbst wenn es nicht überall harmonisch läuft. Aber im Normalfall ist die Familie der Platz, an dem wir uns sicher und vertraut fühlen. Jeder, der bereits ein Elternteil verloren hat, weiß, was ich meine. Wenn Vater oder Mutter gehen, bricht plötzlich der Halt weg. Egal, wie alt wir dann schon sind, es gibt keinen Zufluchtsort mehr. Niemanden mehr, der uns auffängt, uns tröstet oder weiterhilft. Ab diesem Moment sind wir komplett auf uns selber gestellt.

Wenn wir Glück haben, konnten wir schon unsere eigene Familie mit einem Partner und unseren Kindern aufbauen. Dann finden wir unsere Sicherheit in unserer Folgefamilie. Doch viele Menschen haben dieses Glück nicht. Um trotzdem diese Vertrautheit und Zugehörigkeit zu spüren, nehmen sie sich ein Haustier in ihr Leben. Sehr oft fällt diese Wahl dann auf einen Hund.

Wir wissen natürlich alle, dass Hunde und Menschen verschieden sind. Selbst unseren Hunden ist klar, dass wir Menschen anders sind. Trotzdem passen Mensch und Hund bestens zusammen.

Für ein friedliches Zusammenleben ist es aber wichtig, dass dein Hund sich bei dir genauso sicher und behütet fühlt wie in seiner natürlichen Gruppe. Aber ihm das zu gewähren, erfordert viel Klarheit, Verständnis und Rücksicht von dir. Es kostet Überwindung, den süßen Vierbeiner als Tier zu sehen, als Raubjäger. Seinen flehenden Blicken zu widerstehen, seine Triebe zu akzeptieren und seine Ausraster als Stressreflexe anzunehmen.

Aber es geht. Jeder kann es lernen. Wenn du möchtest, helfe ich dir gerne dabei. Denn es ist so wunderschön, mit einem Tier auf gleicher Wellenlänge zu sein. Wenn du das einmal erreicht hast, weißt du, du hast bei deinem Hund alles richtig gemacht.

Noch mal zur Erinnerung: Dein Hund muss dir vertrauen können, um deine Entscheidungen ernst zu nehmen und zu befolgen.

Dann überlässt er dir die Führung und nimmt dich wahr, du wirst sein Idol. Dein Hund achtet dann auf alles, was du tust, und macht es dir nach. Er hat dann das Gefühl, für sein (Über-)Leben wird gesorgt und alles ist in der richtigen Ordnung. Das macht ihn gelassen und zufrieden.

Der Haken ist: Um das zu erreichen, musst du dich auch benehmen wie jemand, den er ernst nehmen kann. Mit Disziplin oder Erziehung ist da nicht viel zu machen. Aber das erkläre ich dir weiter hinten noch genauer.

## GLÜCKLICHE HUNDE SPIELEN

Nur ein entspannter Hund ist in der Lage zu spielen. Die Spielfähigkeit ist entscheidend für sein gesamtes Verhalten. Denn nur im Spiel lockern sich seine Muskeln, er gibt die Kontrolle ab und lässt sich voll auf die Situation ein. Das Umfeld wird uninteressant. Im Spiel ist der Hund im Hier und Jetzt. Lymphe, Blut- und Sauerstoffversorgung sind im Fluss. Dann fühlt er sich komplett und ist ganz bei sich, im Flow.

Du hast das sicher schon beobachtet: Wenn Hunde spielen, läuft das alles sehr flüssig und in ständigem Wechsel ab. Mal ist der eine oben, dann wieder der andere. Dann rennt der eine voraus, im nächsten Moment wechseln die Positionen und der andere rennt an der Spitze. Wenn Hunde spielen, fühlen und leben sie die Polarität des Universums. Wie Yin und Yang, Tag und Nacht, Sonne und Regen, immer im Wechsel. Sobald diese Polarität nicht mehr gegeben ist, kippt alles aus der Balance. So etwas passiert, wenn einer der Hunde zu viel Dampf ablässt oder nicht angemessen auf die Signale des anderen reagiert. Dann kann das Spiel eskalieren und in Kampf ausarten. Ein Gewitter schiebt sich zwischen Sonne und Regen und wir Menschen können nicht verstehen, warum das passiert.

*Hunde, die in einer entspannten Mensch-Hund-Beziehung leben, spielen freudig und meistern Situationen mit Artgenossen immer gelassen.*

Falls dein Hund nicht mehr zum Spielen zu motivieren ist, aber körperlich fit und gesund ist, könnte das ein Zeichen von Verspanntheit und jeder Menge angestautem Stress sein. Solche Hunde sind auch sonst im Leben eher passiv und in sich gekehrt, können aber völlig unerwartet explodieren.
Freu dich, wenn dein Hund lebhaft ist und spielt. Dann produziert sein Körper weniger Stresshormone, er fühlt sich verbunden und glückselig. Kannst du das nachvollziehen?

## WELCHE REGELN UND NO-GOS HABT IHR?

Dann lass uns doch jetzt einmal schauen, an welchen Dingen dein Hund erkennt, dass er bei dir im richtigen Team angekommen ist.
Kommst du jetzt direkt ins Grübeln? Dann geht es dir wie vielen anderen Hundebesitzern auch. Sie haben keine No-Gos. Der Hund darf alles, ohne Grenzen. Na ja, er soll nicht aggressiv sein oder nerven oder seine Besitzer blamieren. Aber ansonsten darf er alles. Wie ist es bei dir, ganz ehrlich? Darf dein Hund mit ins Bett, ins Kinderzimmer, in die Küche? Darf er als Erster deine Besucher begrüßen? Teilst du wohlerzogen dein Essen mit ihm? Springt er hektisch aus dem Auto, kaum dass die Tür aufgeht? Lässt du dich von ihm über Pfützen und Grünstreifen durch die Stadt ziehen? Dann solltest du vielleicht mal ansatzweise über Tabus nachdenken.
Was willst du? Wo setzt du Grenzen, was lässt du dir ab sofort nicht mehr von Wauzi bieten? Mach dir Gedanken darüber, schreibe alles auf – und: Halte es auch ein. Deinem Hund wird das gefallen, denn Hunde lieben Strukturen. Sie brauchen Klarheit. Am wohlsten fühlt sich dein Hund, wenn er immer genau weiß, was in der nächsten Sekunde passieren wird. Innerhalb dieser Grenzen kannst du dann gerne variieren.

*Damit die Fütterung nicht in Stress ausartet, können wir ein paar Regeln nutzen und zum Beispiel den Hund nicht jeden Tag zur gleichen Zeit füttern.*

**Beispiel Fütterungsgewohnheiten:** Füttere deinen Hund täglich innerhalb einer bestimmten Zeitspanne, aber nicht auf die Minute genau. Sagen wir, zwischen 10.00 und 12.00 Uhr. Falls du zweimal fütterst, dann noch mal zwischen 18.00 und 20.00 Uhr, je nachdem, wie es in deinen Zeitplan passt. Somit ahnt dein Hund zwar, dass es bald etwas zu fressen gibt, weiß aber nie genau, wann. Damit hast du viel mehr Ruhe und machst dich nicht von ihm abhängig. Dein Hund wird dich dann nicht täglich um 11.00 Uhr zur Eile mahnen, weil er sein Futter will. Leuchtet dir das ein? Was du deinem Hund fütterst, ist deiner Fantasie überlassen. Meine Hunde lieben Fisch, Kartoffeln oder auch Quark. Mehr zu gesunder Ernährung, Pflege und Wellness deines Hundes siehe Seite 203.
**Beispiel Spaziergänge:** Gehe immer ungefähr zur gleichen Zeit, aber laufe nicht ständig denselben Weg. DU legst die Regeln fest nach DEINEN Bedürfnissen und setzt sie auch durch. Bei mir kommt zum Beispiel kein Hund in die Wohnung, bevor ich nicht seine Pfoten abgeputzt habe. Ich hatte vier

Hunde und alle haben brav gewartet, bis sie an der Reihe waren. Das hat selbst mich beeindruckt.

Bei solchen Regeln geht es nicht um Verbote für deinen Hund. So etwas wie »Mein Hund soll keine Artgenossen mehr anpöbeln« ist keine Regel, sondern ein Wunsch. Mir geht es hier vor allem darum, was DU selber in Zukunft anders machen willst, damit dein Hund sich besser entspannen kann. Schreibe dir jetzt bitte zehn Regeln auf. Jede einzelne muss mit den Worten beginnen: »ICH werde künftig …« oder »ICH werde künftig nicht mehr …«

Diese Ich-Sätze sind starke Motivatoren, die dich deinen Zielen näher bringen. Wenn du sagst: »Ich werde meinen Hund nicht mehr mit ins Badezimmer lassen«, dann brauchst du es nur noch zu tun. Fertig. Wenn du aber sagen würdest: »Er darf nicht mehr ins Badezimmer«, dann kommst du in einen Konflikt, weil du dich dann schlecht fühlst. Du denkst, du würdest ihn bestrafen oder ihm etwas vorenthalten. Das hältst du nicht durch und würdest auch nie eine Änderung erreichen. Habe ich recht? Also fange an, lege deine No-Gos fest und notiere dir, wie dein Hund darauf reagiert.

## AKZEPTIERE SEINE SCHWÄCHEN, SEI VERSTÄNDNISVOLL

Du kannst deinen Hund nicht ändern. Finde dich damit ab. Seine Genetik oder sein Temperament sind festgeschrieben. Aus einer Couch-Potato machst du keinen Agility-Weltmeister. Aber eigentlich willst du ja auch gar nicht sein Wesen ändern, sondern das Verhalten deines Hundes. Sehe ich das richtig?

Doch sein Verhalten ist das Resultat seines Umfelds und seiner Lebensumstände – also das Resultat von dem, was du deinem Hund bietest. Deine Wohnung, deine Nachbarn, deine Zeit. Hier sollten wir ansetzen. Nun kannst du sicher nicht deinen Job wechseln oder in eine andere Gegend ziehen, um deinem Hund mehr Abwechslung oder ein besseres Umfeld zu bieten. Aber du kannst beginnen, ihn und eure Situation mit anderen Augen zu sehen. Mit seinen Augen. Sobald du klar erkennst, warum er etwas tut, kannst du die Situationen beeinflussen bzw. deine eigenen Reaktionen darauf ändern.

Der erste Schritt zu einer Verbesserung erfolgt in deinem Kopf. Akzeptiere deinen Hund so, wie er ist. Schließlich warst du am ersten Tag von genau diesen Eigenheiten begeistert. Du hast dich genau wegen seiner Charaktereigenschaften für genau diesen Hund entschieden. Oder auch umgekehrt: Dein Hund hat sich für dich entschieden und du konntest nicht Nein sagen.

Was ist seitdem passiert? Wann hast du begonnen, ihn verändern zu wollen? Warum willst du deinem Hund jetzt Vorschriften machen, streng mit ihm sein, ihm etwas abgewöhnen? Willst du das selber so oder verlangen andere Menschen das von dir? Schämst du dich vor anderen Hundebesitzern wegen ihm? Lachen sie dich in der Hundeschule aus? Nörgelt deine Familie ständig: »Der Hund braucht mehr Training und Konsequenz«? So ein Quatsch. Lass dich nicht länger von Außenstehenden verrückt machen.

Mach immer nur das, was du wirklich selber machen willst. Wenn dir strengsein missfällt, dann lass es sein. Wenn du dich in der Hundeschule nicht wohlfühlst, geh nicht mehr hin. Denn all diese Maßnahmen werden deinen Hund sowieso nicht ändern.

Klar soll dein Hund kommen, wenn du ihn rufst. Das Thema Training ist aber eine andere Baustelle. Dazu kommen wir später noch. Bleiben wir erst mal beim Verhalten deines

*Beispiel einer guten Bindung und Wunschtraum vieler Hundebesitzer: ein Hund, der entspannt an lockerer Leine neben seinem Menschen geht.*

Hundes und wie du darauf reagierst. Denn deine Reaktionen sind der Schlüssel für ihn.
Frage dich bitte einmal selber, wie oft am Tag du der Spaßverderber deines Hundes bist. Wie oft sagst du »Nein«, »Pfui«, »Lass das« oder sprichst andere Verbote aus? Wenn du Mut hast, mach jedes Mal einen Strich in eine Liste. Manche meiner Kunden sind total erschüttert, wenn sie die vielen Striche sehen. Als Nächstes überlege bitte, wie oft dein »Nein« wirklich wirkungsvoll war. Wie oft hat dein Hund dein Verbot akzeptiert und seine Untat wirklich für immer sein gelassen? Ich wette, noch nie, oder?
Wundert dich das nicht? Also ich rede hier nicht von kurzen Unterbrechungen, weil du die Stimme erhebst, ihn mit Wasser attackierst oder andere sinnlose »Erziehungsmethoden« benutzt. Da hört jeder Hund erst einmal auf zu tun, was er gerade gemacht hat. Diese kurzfristigen Schockerfolge nützen dir nichts. Ich rede von effektiven, wirklichen Langzeitänderungen.
**Beispiel:** Ich vermute, du sagst, sobald dich dein Hund durch die Stadt schleift, »Nein« oder ein hoffnungsvolles »Fuß« oder du ziehst ihn dabei noch an der Leine zurück … Begreift dein Hund für alle Zeiten, was du willst? Hört er ab diesem Moment für immer auf, nach vorne zu preschen, und tut es dann auch niemals wieder?
Wenn deine Ermahnungen nach spätestens drei Versuchen keinen nachhaltigen Effekt auf sein Verhalten haben, hat dein Hund nicht begriffen, was du willst – und wird es immer wieder tun. Es ist phänomenal, dass auch wir Menschen nicht müde werden, immer wieder das Falsche zu tun. Falls du zu den leineruckenden, Halti-, Wasserflaschen- oder Disc-Scheiben nutzenden Hundebesitzern gehörst, die seit Jahren keine dauerhafte Änderung an ihrem Hund bewirken – dann hör einfach auf mit diesen Methoden.
Begreife doch: Wenn dein Hund nicht zuverlässig auf dich reagiert, machst DU etwas falsch. Hunde sind doch nicht blöd. Sie brauchen maximal drei Versuche, um etwas zu begreifen. Wenn ein Hund jahrelang mit Leinenruck, Anschreien oder Zu-Boden-Drücken traktiert wird und trotzdem weiter an der Leine zerrt oder Artgenossen attackiert, dann macht er das doch nicht, weil ihm die Foltermethoden seiner Besitzer Spaß machen. Er benimmt sich immer wieder daneben, weil er seine Menschen einfach nicht versteht. Irgendwann sollte der Mensch endlich mal neue Wege gehen und erst mal sein eigenes Tun hinterfragen. Denn das »Danebenbenehmen« ist nur die Interpretation des Menschen. Der Hund findet sein Verhalten völlig normal. Wenn der Mensch nicht führt,

entscheidet der Hund für sich selber. So ist es eben in der Hundewelt.
Einstein hat das ganz klar definiert, als er sagte: »Wahnsinn ist, immer wieder das Gleiche zu tun und jedes Mal andere Ergebnisse zu erwarten.« Also beginne bei dir, bevor du deinen Hund disziplinierst. Ändere deine eigenen Vorgehensweisen und lass deinen Hund sein, wie er ist. Verstehe seine Macken, gib ihm Sicherheit und Führung, fördere seine Stärken und Talente. Dann kann er der Hund werden, den du dir wünschst.
Jetzt wirst du vielleicht einwenden, dass ich fantasiere oder wie denn das alles funktionieren soll. Ganz einfach: Höre auf, deinen Hund ändern zu wollen. Kämpfe nicht mehr gegen seine Eigenheiten, behandle ihn nicht mehr wie einen dummen August. Nimm ihn, wie er ist, so wie am ersten Tag, als du ihn zu dir genommen hast.

*Die Autorin mit Welpe »Willi«, der im Alter von zwei Wochen in Bali ausgesetzt wurde. Das traumatische Erlebnis hat der Hund nie verwunden.*

Beobachte deinen Hund, schreibe dir auf, was dich stört, und finde Lösungen, die euch beiden guttun. Beginne, mit ihm zusammen an den Herausforderungen zu wachsen, um wirklich mit ihm zusammenzuwachsen. Natürlich nur, wenn dir dein Hund absolut wichtig ist. Wenn du meinst, ein Hund muss gehorchen und hat zu tun, was der Mensch sagt, dann mach einfach weiter wie bisher. Sei streng, schrei deinen Hund an, zerre ihn am Halti herum oder wirf Gegenstände nach ihm. Irgendwann wirst du selber merken, dass diese veraltete Art der Kommunikation euch nicht weiterbringt. Denn Kommandos, Disziplin und Unterordnung haben nichts mit Vertrauen oder Teamarbeit zu tun.
Akzeptiere ab heute deinen Hund, wie er ist. Erwarte nichts von ihm und freue dich über jede Kleinigkeit, die er gut macht. Nur dann kann sich dein Hund ändern. Erst wenn du dir und ihm keinen Druck mehr machst, kann alles gut werden. Vor allem, wenn du nur streng zu ihm bist, weil andere Menschen es von dir verlangen. Dann bist du nicht mehr authentisch, das merkt dein Hund und wird nervös. Sobald du neue Denkprozesse in dir selber auslöst und wieder mehr auf deinen Bauch hörst statt auf deine Zweifel, werdet ihr euch im Herzen näher kommen als jemals zuvor.
Wer mit einem Hund glücklich leben will, sollte seinen Kopf ausschalten und mit dem Hund auf dessen Level kommunizieren. Denn andersherum wird es nicht funktionieren. Wenn ein Hund unsere Absichten verstehen und vernünftig handeln könnte, wäre er kein Hund, sondern ein Mensch. Leuchtet dir das ein?
Mir ging es ja auch selber schon so (siehe Erfahrungsbeispiel rechts). Das ist normal. Hunde leben seit Tausenden von Jahren sehr eng mit Menschen zusammen. Mittlerweile

leben sie sogar in unserer engsten Nähe, in den gleichen Räumen. Wir reden mit ihnen und manchmal scheint es, als ob sie uns mit ihren Augen antworten. Klar denken wir dann schnell mal, dass sie auch unsere Wünsche verstehen und wissen, was wir von ihnen erwarten. Aber das können sie nicht.

Ich weiß nicht, wie enttäuscht du über das Verhalten deines Hundes bist. Aber Enttäuschung entsteht nur, wenn wir zu große oder falsche Erwartungen haben. Außerdem führt Erwartung dazu, ständig auf irgendwelche negativen Signale zu achten. Weil diese ja die Erfüllung unserer Erwartungen verhindern könnten. Das wollen wir auf keinen Fall. Also stehen wir ständig unter Strom und sind auf das Schlimmste gefasst. Von Entspannung keine Spur.

Wenn du erwartest, dass dein Hund heute ganz ruhig an Artgenossen vorbeigeht, wirst du beim Spaziergang extrem viel auf jeden seiner Blicke und Bewegungen achten. Dann wird genau das Gegenteil passieren. Deine Erwartung wird garantiert enttäuscht. Denn

## Erfahrungsbeispiel: Meine Enttäuschung mit Willi

Das ist die Geschichte meines ersten Welpen, den ich mit der Flasche großgezogen habe. Ich fand ihn im Alter von zwei Wochen zusammen mit seinen Geschwistern in einer Plastiktüte am Straßenrand und nannte ihn Willi. Damals lebte ich in Lombok, Indonesien. Die gesamte Geschichte kannst du auf meinem Blog nachlesen (siehe Seite 203).

Das war so ein typischer Fall von falschen Erwartungen. Ich hatte Willi das Leben gerettet und dachte tatsächlich, ihm wäre das auch klar. Ich dachte in meiner menschlichen Naivität, Willi würde sich riesig darüber freuen und unheimlich glücklich bei mir sein. In mir schlummerte damals so eine gewisse Sehnsucht, dass er aufgrund meiner Mühen, die ich für ihn auf mich nahm, ein ganz braver und guter Hund werden würde. Pustekuchen.

Im Alter von acht Wochen hat der kleine Willi mich das erste Mal gnadenlos gebissen. Ich wollte einfach nur mehr Futter in seine Schüssel füllen. Dieser Biss hat mich aus meinen Fantasien der heilen Welt wieder auf den Boden der Realitäten gebracht. Gleichzeitig war ich maßlos traurig, dass dieser kleine Hosenscheißer mir so was antut. Aber es hat gesessen. Ich habe nie wieder vergessen, dass Willi kein süßes vierbeiniges Baby ist, sondern ein Tier, das einfach nur überleben will. Nicht mehr und nicht weniger. Meine Gefühle und meine Liebe interessierten Willi nicht.

Ich liebte ihn natürlich weiterhin, aber ich hatte keine Erwartungen mehr an ihn. Ich genoss die Zeit mit Willi und habe eine Woche lang geheult, als er mit vier Jahren an einem Giftköder gestorben ist. Unsere gemeinsame Zeit war kurz, aber umso heftiger. Willi war einer meiner großen Lehrmeister, der in meinem Herzen für immer bei mir bleiben wird.

dein Hund spürt nicht nur deine Anspannung, sondern auch, dass du ihn ständig beobachtest. Das baut einen enormen Druck in ihm auf, den er unbedingt wieder loswerden will. Der nächste Artgenosse kommt dann gerade recht ... Der muss es dann ausbaden.

Sobald wir akzeptieren, was ist, achten wir weniger auf negative Zeichen. Wir kommen in einen neutralen Gemütszustand und können uns auch auf positive Aspekte einlassen, uns sogar über kleine Dinge freuen. Unser Kopf ist frei, das spürt unser Hund und wie durch Zauberhand läuft auch er plötzlich sorglos mit uns durch den Wald.

Wenn du jetzt denkst »Das kann ich nicht« oder »Was mache ich, wenn mein Hund dann doch bellt?« oder »Mein Hund wurde schon gebissen, ich habe Angst und kann nicht so einfach umschalten«, dann findest du ab Seite 187 noch Tipps und Übungen, die dir helfen können, selber ruhig zu bleiben.

Habe Verständnis für die Schwächen deines Hundes. Fehlverhalten ist immer nur ein unbewusster Reflex seines Nervensystems, den er nicht steuern kann. Es ist immer nur sein Ruf nach Hilfe. Dein Hund hat nur dich. Also finde Lösungen, um ihm zu helfen, statt ihn zu bestrafen oder ihn verändern zu wollen.

Nimm deinen Hund, wie er ist, glaube an ihn und vertraue ihm. Nur dann kann er auch dir vertrauen und dir zeigen, wie viel Gutes in ihm steckt. Einen Hund zu lieben, heißt nicht, ihn mit Liebe und Küssen zu erdrücken. Auch nicht, ihn ständig zu maßregeln. Wahre Liebe zum Hund zeigt sich in einem ausgewogenen Verhältnis von Verstehen, Führen und Fördern.

## KENNST DU DEINE EIGENEN STÄRKEN?

Auch wenn es dir lästig ist, ich muss immer wieder auf dich selber zu sprechen kommen.

*Aggressionen gegenüber Artgenossen entstehen auch, weil der Hund die Unsicherheit seines Menschen spürt und dann die Situation regeln will.*

Mich interessiert nämlich jetzt, wie du dich selber und deine eigenen Fähigkeiten einschätzt. Wer bist du, wie nimmt dein Hund dich wahr? Bist du mutig oder eher unsicher? Bist du ausgeglichen oder oft nervös? Bist du fürsorglich oder lieber zielstrebig? Wie wirkst du auf deinen Hund?

Wenn er dich beschreiben könnte, was würde er sagen? Nun wissen wir, dass dein Hund uns leider nicht weiterhelfen kann. Deswegen meine Bitte an dich: Antworte du für ihn. Notiere mindestens zehn gute Eigenschaften, die dein Hund uns jetzt nennen würde. Wenn dir das mühelos gelingt, ist das super. Aber falls nicht, hast du selber eine Baustelle. Jeder Mensch ist einzigartig und wunderbar. Für deinen Hund bist du das auch. Deswegen ist er auch bereit, dir zu folgen. Aber er braucht dich stark und entschlossen. Ihr zwei gegen den Rest der Welt.

Wenn du willst, dass dein Hund dich ernst nimmt und deinen Entscheidungen vertraut, musst du dir selber vertrauen. Kannst du dich an das vorherige Kapitel erinnern? Wer ist dein Vorbild und warum? Nun bist du selber an der Reihe, ein Vorbild zu werden – für deinen Hund.

Wenn dir nicht gleich so viele gute Eigenschaften einfallen, dann nimm deine Talente. Was kannst du besonders gut? Vielleicht Auto fahren, Kuchen backen oder Gedichte schreiben? Was macht dir besonders viel Spaß? Ski fahren, singen, heimwerken? Oder überlege, was du schon alles gemeistert hast im Leben: Schulabschluss, Ausbildung, Studium, Führerschein, Beruf, Kinder großgezogen, Haushalt und Familie organisiert. Wow! Schreibe alles, was dir einfällt, in deine Liste. Frage auch gerne Freunde oder Kollegen, was sie gut an dir finden. Nur zu! Sie werden dich nicht beißen. Vielleicht wirst du dich wundern, wie gut andere über dich denken.

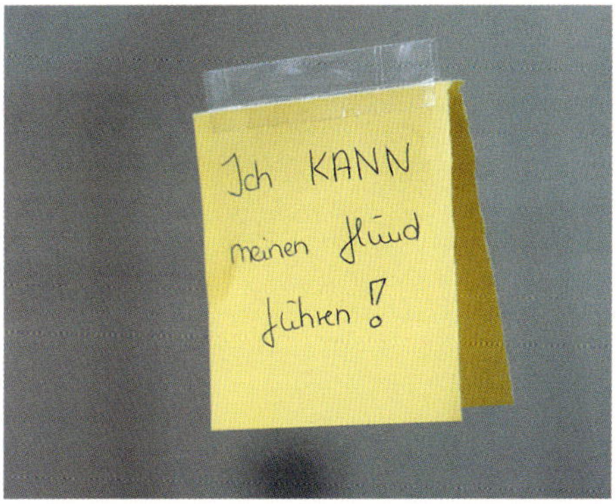


*Positives Denken trainieren: Dadurch steigt das Vertrauen in die eigenen Stärken und der Hund nimmt seinen Menschen ernst.*

Denke mal an Pippi Langstrumpf, das war doch eine Granate, oder? Die strotzte nur so von Selbstvertrauen. Alle Kinder haben sie bewundert und ihr vertraut. Und das, obwohl Pippi weder hübsch war noch besonders hip gekleidet. Geflunkert hat sie auch gerne. Alles keine Eigenschaften, die wir einem Idol zuschreiben würden. Aber sie hatte das Herz am rechten Fleck und hat getan, was zu tun war. Pippi hat immer auf ihren Bauch gehört, nie auf andere Menschen. Sie war in jeder Sekunde authentisch und im Hier und Jetzt. Das macht sie bis heute für Generationen von Menschen zur Heldin.

Finde auch du deine Stärken. Such dir die fünf besten heraus und hefte sie gut sichtbar überall hin. An deinen Spiegelschrank, an den Kühlschrank und vor allem als Screen in dein Smartphone. Schau immer wieder drauf und sage dir regelmäßig selber: »Ich bin ..., ..., ..., ... und ... für meinen (hier der Name deines Hundes).

Werde wie Pippi, glaub an dich. Mach dich nicht klein. Denn dein Hund braucht dich stark wie einen Fels in der Brandung.

# WANN IST DIE HUNDESCHULE DER RICHTIGE WEG?

*Hundeschulen und Hundetraining sind eine wunderbare Bereicherung für den Alltag mit unserem Hund. Aber sind sie immer hilfreich? Was kann Hundetraining leisten und wo liegen die Grenzen bei einem impulsiven Hund?*

In diesem Kapitel versuche ich aufzuzeigen, wo die Unterschiede im Denken und Handeln von Mensch und Hund liegen. Wie gehen wir vor, wenn unser Hund auffälliges Verhalten entwickelt? Wie fühlt sich der Hund, wenn er explodiert? Was braucht er von uns und wie löst er seinen Stress wieder auf? Dabei kommen die Unterschiede zwischen Mensch und Tier klar zum Vorschein. Interessant ist, dass wir dem Hund meist geben, was wir brauchen, nicht, was er braucht.

## Wie sich Mensch und Hund unterscheiden

Es gibt wenige, aber wesentliche Punkte, die uns Menschen von Hunden unterscheiden.

### WIR BESITZEN EINEN DAUMEN

Primaten, wie wir Menschen, besitzen diesen fünften Finger so an den Händen platziert, dass wir Gegenstände besser greifen können. Das ist eine tolle Sache. Nur leider befähigt uns dieser Daumen auch zu unangenehmen Handlungen wie dem Leinenruck. Also ein Vorteil zum Leid vieler Hunde.

### HUNDE TRAGEN IMMER »WAFFEN«

Hunde stammen vom Wolf, einem Raubtier, ab und leben unter anderem von Beutetieren. Um diese zu fassen, brauchen sie die nötigen Werkzeuge, ihre vier Fangzähne. Selbst bei kleinen Hunden haben diese Fangzähne eine beeindruckende Größe.

Ich vermute, dass die Angst mancher Menschen vor diesen Fangzähnen immer wieder dazu beitrug, dass sie dominant und rücksichtslos mit Hunden umgingen. Leider ist die Unterdrückung dieser sensiblen Tiere immer noch gang und gäbe. Das zeigen diverse Methoden in Hundeschulen, schmerzhafte Hilfsmittel wie Elektrohalsbänder, die von den Herstellern verharmlost werden, und nicht zuletzt die immer noch gängigen Erziehungsbegriffe wie Unterordnung, Kommando oder Gehorsam.

Bis heute wissen Menschen nicht, dass Hunde zwar ihre Waffen immer bei sich tragen, dass sie diese aber nur zuallerletzt auch wirklich einsetzen. Hunde haben nicht die leiseste Absicht, ein anderes Lebewesen oder ihre Artgenossen mit diesen Zähnen zu verletzen.

*Im Gegensatz zur Hundepfote hat die Hand des Menschen einen Daumen. Er befähigt zum Greifen, aber leider auch zum schmerzhaften Leinenruck.*

Im Gegenteil: Es gehört zur sozialen Hundeetikette, Aggressionen zu vermeiden. Nur bei wirklicher Gefahr, also zur Selbstverteidigung, sind Hunde bereit, ihre Waffen auch einzusetzen.

## WIR BESITZEN EIN GROSSHIRN

Ein Teil dieser Gehirnregion, der Neocortex, steuert unter anderem unsere Sprachfähigkeit, unser logisches Denken sowie unser klares Bewusstsein. Das alles können Hunde nicht. Sie reagieren über einen anderen Gehirnteil, das Stammhirn. Bei uns Menschen ist das Stammhirn ebenfalls aktiv, aber wir achten kaum noch auf dessen Signale. Wir warten stets auf Impulse, die uns unser Verstand sendet, also das Großhirn.
Dieser gravierendste Unterschied ist die Ursache, dass wir uns bis heute schwertun, die Spielregeln und Strategien unserer Hunde zu verstehen. Obwohl sie so einfach sind. Wir Menschen wollen für alles eine logische Erklärung, eine Begründung oder Beweise. Aber Hunde reagieren einfach. Reflexartig und emotional aus dem Bauch heraus.

»Jeder Hund hat seine Probleme. Aber wenn wir mit der richtigen Haltung herangehen, können wir ihm helfen, sie zu überwinden.«

Es kommt immer wieder vor, dass Menschen ihren Hunden böse Absichten, ja sogar Rachegelüste oder bewusst falsche Handlungen unterstellen. Ein gängiger Satz dazu ist immer noch: »Der weiß genau, dass er etwas falsch gemacht hat!« Nein! Hunde tun nichts aus Berechnung. Es ist wichtig, dass wir Menschen das verstehen.

*Die »Waffen« der Hunde sind starke Reißzähne zum Erlegen ihrer Beute. Uns Menschen flößen diese Zähne oft Angst ein.*

Gleichzeitig hat das Verhalten unseres Hundes immer etwas mit uns selber zu tun. Ist ein Hund intensiv, aufgedreht oder sogar aggressiv, spiegelt er damit immer auch unser Unterbewusstsein wider. Sobald wir Angst oder Wut verspüren, unausgeglichen oder traurig sind, überträgt sich das auf den Hund. Wenn wir das verstehen, dann können wir auch das Verhalten unseres Hundes verstehen und in eine positive Richtung umlenken.
Ich habe das erfreuliche Gefühl, dass es mittlerweile immer mehr Hundebesitzer gibt, die das Verhalten ihrer Hunde wirklich verstehen wollen. Die wissen wollen, warum Hunde tun, was sie tun, und wie sie das Verhalten ihres Lieblings besser nachvollziehen können. Menschen, die bereit sind, für ihren Hund neue Wege zu gehen und mit ihm zusammenzuwachsen, um endlich als beste Freunde durchs Leben zu gehen. Für diese Menschen habe ich dieses Buch geschrieben. Ich freue mich, dass du auch zu diesen ganz besonderen Menschen gehörst.

## Verhaltensbeispiel: Warum Bonnie aggressiv wurde

Ich war voller Freude und Enthusiasmus nach Bali übergesiedelt. Ich liebte die Insel, die Menschen und die Hindukultur. Es war natürlich nicht alles paradiesisch, doch ich war bereit für diese Herausforderungen. Bis nach vier Jahren mein geliebter Hund Willi an einem Giftköder starb. Das traf mich mitten ins Herz, denn ich hatte Willi mit der Hand aufgezogen. Ich fand ihn im Alter von zwei Wochen zusammen mit seinen Geschwistern in einer Plastiktüte im Straßengraben. Er war mein Baby, meine Freude. Auf dieser Insel zu leben, wurde durch seinen Tod erstmals von negativen Gedanken getrübt. Immer öfter stiegen sogar Aggressionen in mir hoch.
Mich nervte die nicht endende Regenzeit, die fehlende Infrastruktur und das Leck im Dach meines Hauses, das der Vermieter einfach nicht reparierte. Aber ich hatte keine Wahl und wollte auch nicht einfach wieder aufgeben. Ich habe lange Zeit alles runtergeschluckt und gedacht: »Mach das Beste draus.«
Das funktionierte auch, aber nicht mit Bonnie. Er war der sensibelste meiner Hunde und hat meinen Unmut nicht nur gespürt, sondern auch übernommen. Innerhalb weniger Monate benahm er sich anderen Hunden gegenüber immer intensiver und rabiater. Als er dann am Strand einen anderen Hund völlig grundlos verletzt hat, wachte ich auf. Da wurde mir klar, wie sehr mein versteckter innerer Groll bereits auf Bonnie übergegangen war.
Ich begann erneut, meine eigenen Probleme anzuschauen und aufzuarbeiten. Das fiel mir nicht schwer, denn mein Leben hier verlief ruhig und ohne Ablenkungen. Kein Handy, kein Fernseher, keine sozialen Medien. Bali ist voller Mystik und Spiritualität – ein idealer Platz, um sich selber zu finden.
Als Bonnie mir die Augen öffnete, musste ich meinen inneren Konflikt endlich lösen. Ich beschloss, zu bleiben und das Gute an Bali wiederzufinden. Es kostete mich aber eine Menge Mut und viel Überwindung, mich ehrlich selbst zu analysieren. Meine Schwächen, Ausreden und die Vergangenheit aufzudecken und anzunehmen, war mein schwerster Schritt. Aber es hat sich gelohnt. Damit kam auch Bonnie endlich zur Ruhe und wurde wieder der liebenswerte Artgenosse, der er vorher bereits war.
Mein Unmut über so manche Situationen in Bali ist längst verflogen. Heute kann ich darüber schmunzeln. Willis Tod, die ständigen Stromausfälle, die unlogischen Einwanderungsbestimmungen und vieles mehr. Ich weiß heute, dass all das passieren musste, damit ich meinen Weg finden konnte. Ich bin dankbar, dass ich Bali erleben durfte. Es hat mich zu der Frau gemacht, die ich wirklich bin … So ist das Leben. Der Weg zum Positiven geht immer über das Negative. Du weißt ja: Wir alle müssen erst den glitschigen Frosch küssen, bevor er zum strahlenden Prinzen werden kann.

# Lass den Kopf zu Hause

Bevor wir jetzt tiefer in die Materie Mensch-Hund eintauchen, möchte ich dir versichern, dass alles, was ich hier über uns Menschen sage, weder Kritik noch Schuldzuweisung ist. Ich mache niemandem Vorwürfe über bisherige Vorgehensweisen. Ich möchte Menschen helfen zu erkennen, wie viele Denkfehler über Hunde immer noch in unseren Köpfen herumschwirren, damit alle es künftig besser machen können.

Ich bin sicher, du tust dein Bestes, um deinem Hund ein glückliches Leben zu bieten. Du liebst ihn über alles, gehst bei Wind und Wetter mit ihm spazieren und gibst viel Geld für Hundetrainer oder Zubehör aus. Trotzdem blamiert er dich mit seinem intensiven Verhalten vor allen Leuten. Dein Hund bringt dich an die Grenze des Wahnsinns, weil du einfach nicht weiterkommst und bereits an dir selber zweifelst. Vielleicht hast du sogar schon überlegt, ihn wegzugeben.

Ich gebe dir keine Schuld. Dir wurden entweder falsche Infos gegeben oder die Ansätze passten nicht für deinen Hund oder das ganze Programm war lückenhaft. Kein Wunder. Jeder darf in Deutschland als Hundetrainer arbeiten und jeder darf sich Verhaltensexperte nennen. Es ist sehr traurig. So mancher Hundebesitzer ist aufgrund falscher Versprechungen schon ein Vermögen losgeworden, ohne einen Erfolg bei seinem Hund zu sehen.

Es gibt ganz wunderbare Hundeschulen und Hundetrainer, denen es wirklich um das Wohl des Hundes geht. Aber es gibt leider immer noch Hundetrainer, die verlangen, den Hund an der Leine herumzureißen, physisch zu bestrafen oder anzuschreien. Wenn der Hund nicht spurt, kommen sogar Stachelhalsband, Pfefferspray oder die Wasserspritzflasche zum Einsatz.

Die Auswirkungen, die solche aversiven Erziehungsmethoden auf einen Hund haben können, sind schwerwiegend. Vor allem verliert der Hund das Vertrauen in seinen Besitzer. Dieser tut dann oft Sachen, die er gar nicht machen will. Er denkt nur: Wenn der Trainer das sagt, muss es ja stimmen – fühlt sich aber selber nicht wohl dabei. Das führt zu Frust. Die Menschen zweifeln an sich und verlieren das Vertrauen in ihre eigenen Fähigkeiten. Mensch und Hund leiden, sind unzufrieden, aber wissen keinen Ausweg.

*Ein Garten ist in den Augen vieler Menschen ein Paradies für ihren Hund – bis dieser beginnt, den Garten bellend zu verteidigen.*

Besonders Hundeanfänger sind davon betroffen. Sie vertrauen jedem Trainer – auch dem mit dominanten Trainingsmethoden. Ihnen ist oft gar nicht bewusst, was einen guten Hundetrainer ausmacht.
Dann gibt es noch die andere Seite: die sogenannten Wattebauschwerfer. Da ist dann alles immer »Feeeiiin«, was der Hund zufällig gut macht. Sein falsches Verhalten wird ignoriert oder mit freundlicher Stimme kommentiert: »Ach Fredo, das sollst du doch nicht machen. Sei lieb.« Sobald er schön »Sitz« macht, wird er überschwänglich gelobt. Auch dieses Vorgehen ist in Stressmomenten nicht wirklich hilfreich. Weil viel zu oft und viel zu viel kommentiert wird. Die Hundebesitzer lernen damit nicht das gesunde Mittelmaß zwischen lobenswertem, normalem und verbotenem Verhalten. Aus Unsicherheit wird der Hund ständig gelobt und weiß oft gar nicht, warum und wofür. Er lernt nichts daraus.
Du siehst, Härte ist auf keinen Fall der richtige Ansatz, aber zu viel Lob ist auch nicht nützlich für einen Hund. Besser wäre zu wissen: Was muss ich loben, was setze ich als normal voraus, was darf ich korrigieren? Und falls Korrektur nötig ist, wie muss die aussehen, ohne den Hund zu verschrecken oder sein Vertrauen zu verlieren? Ideal wäre, proaktiv die Situationen so zu gestalten, dass der Hund gar nicht erst in falsches Verhalten reinrutschen kann. Dann brauchen wir auch keine Korrektur.
Natürlich bin ich für positives Training und Lob. Ich nutze auch Futter, besonders bei sehr verspannten Hunden. Aber wir müssen ein normales Verhalten des Hundes nicht überbewerten und jeden richtigen Blick mit »Feeiin« kommentieren. Oft reicht auch ein freundlicher, aufmunternder Blick, um sein Tun zu bestätigen. Hunde kommunizieren sowieso lieber ohne Worte.

## SO GEHE ICH VOR

Ich setze voraus, dass mein Hund herankommt, wenn ich ihn rufe. Da muss ich nicht ein Leben lang großes Tamtam drum machen. Nur zu Beginn, beim Trainingsaufbau, belohne ich einen Hund mit Futter, sobald er bei mir ankommt. Ein zusätzliches »Fein« ist am Anfang oder bei Welpen okay, aber für den Hund selber nicht nötig. Ja, das Loben lockert die Stimmung. Aber das Fleisch ist dem Hund als Bestärkung viel wichtiger als unser »Fein«. Mit der Zeit reduziere ich das Fleisch und ersetze es durch andere Belohnungen: ein freies Spiel, einen gemeinsamen Wettlauf oder ein anerkennendes Schulterklopfen. Passt. Das sind Signale, die der Hund versteht. Ein »Fein« wird da überflüssig. Hunde arbeiten nicht für Lob oder Belohnung, sie tun es, um sich zugehörig zu fühlen. Reden ist Silber, Schweigen ist Gold.
Weniger zu reden ist bei Hunden immer besser. Denn alles, was wir von uns geben, versucht der Hund zu interpretieren. Jedes Wort ist auch eine Ablenkung, die ihn vom eigentlichen Verhalten abbringen kann. Denn er konzentriert sich dann auf das, was er hört – statt auf das, was er gerade tut. Kannst du das nachvollziehen?

## TYPISCHES BEISPIEL UNGLEICHER KOMMUNIKATION

Lass uns jetzt einmal analysieren, wie wir Menschen normalerweise vorgehen und wie unser eigenes Verhalten auf die Hunde wirkt. Denn wir Menschen denken – aber unsere Hunde fühlen.
Um alle diese Behauptungen einmal zu bestätigen, möchte ich dir anhand einer typischen Szene beschreiben, wie sehr Hunde und Menschen aneinander vorbeifühlen.
Hier eine Situation, wie sie so oder ähnlich in fast allen Familien einmal vorkommt. Sie

*Will der Mensch seinem Hund etwas wegnehmen, sollte er ihm einen Ersatz anbieten, um das gegenseitige Vertrauen zu bewahren.*

zeigt deutlich, dass der Mensch nur mit dem Verstand reagiert, der Hund dagegen nur aus dem Gefühl heraus. Nehmen wir das Thema Kauknochen. Der Mensch will seinem Hund den Kauknochen aus Vernunftgründen wegnehmen. Vielleicht, weil der Hund ihn im Flur knabbern soll statt auf dem Wohnzimmerteppich. Oder weil gleich Besuch kommt und der Hund keinen Grund zur Ressourcenverteidigung haben soll.
Die folgende Szene könnte aber genauso ablaufen bei einem Hundespielzeug, mit einem stürmischen Kind oder wenn ein Hund aus dem Schlaf aufgeschreckt wird.

### So sieht es der Mensch

Der Hund knabbert friedlich an seinem Kauknochen ➜ Der Mensch nähert sich, um den Kauknochen wegzunehmen ➜ Hund knurrt den Menschen an ➜ Mensch sieht das Knurren als Angriff, der Hund wird diszipliniert, angeschrien oder bestraft ➜ Hund schnappt nach dem Menschen ➜ Mensch reagiert mit Gewalt.

### So sieht es der Hund

Der Hund knabbert friedlich an seinem Kauknochen ➜ Der Mensch nähert sich, um den Kauknochen wegzunehmen. Das ist absolut unsozial in den Augen von Hunden ➜ Hund fühlt sich bedrängt, ist aber höflich und knurrt den Menschen an, damit der sich wieder entfernen kann ➜ Mensch ignoriert die Unsicherheit des Hundes, kommt trotzdem näher, droht, nimmt den Knochen gewaltsam weg oder greift den Hund tätlich an ➜ Der Hund sieht jetzt im Menschen einen Feind, fühlt sich bedroht oder bekommt Angst und schnappt zu ➜ Der Mensch wird noch wütender ...
Das Vertrauen auf beiden Seiten ist für immer dahin.

## WARUM KNURRT EIN HUND SEINEN BESITZER AN?

Wenn ein Hund uns anknurrt oder nach uns schnappt, heißt das nur, dass er nicht sicher ist, ob er uns in diesem Moment vertrauen kann. Für den Hund ist es nur ein höflicher Hinweis, dass er uns gerade nicht einschätzen kann und von uns mehr beschwichtigende Signale braucht. Vielleicht wurde er mit viel Strenge und Disziplin erzogen, vielleicht sogar schon mit Gewalt von Menschen gezüchtigt.

Wir beobachten solche Drohgebärden wie Zähnezeigen oft bei Tierschutzhunden oder Auslandshunden, die schon schlimmste Erfahrungen mit Menschen machen mussten.

Knurren oder Schnappen heißt nur, der Hund ist unsicher. Wenn der Mensch jetzt einfach ruhig stehen bleibt oder etwas zurückgeht, Blickkontakt vermeidet und gar nichts tut, wird das den unsicheren Hund beruhigen.

Sobald wir menschlich handeln, das Knurren persönlich nehmen und den Hund jetzt dafür bestrafen, haben wir verloren. Härte und Strafe bestätigen dem unsicheren Hund lediglich, dass er den Menschen, oder einem bestimmten Menschen, nicht vertrauen kann. Er wird irgendwann ohne höfliches Knurren einfach zubeißen, um sich selber zu schützen.

Das führt dann zu mehr Aggression im Menschen und noch mehr Angst im Hund. Es ist ein Teufelskreis.

### Wie wäre es richtig?

Bei Hunden, egal, ob sie drohen oder nicht, hat es Priorität, deren Vertrauen zu erringen. Am besten, wir benehmen uns unauffällig, vermeiden Blickkontakt und verzichten auf Reden und Streicheln. Der Hund ist in unserer Nähe, darf aber selber bestimmen, ob, wann und wie er sich dem Menschen nähert.

*Knurrt ein Hund einen Menschen an oder fletscht die Zähne, dann fühlt er sich meist nicht wohl, oder er hat Angst. Er ist aber nicht aggressiv.*

Aber Achtung! Auch wenn der Hund sich vertrauensvoll nähert und uns beschnuppert, heißt das noch lange nicht, dass wir ihn berühren dürfen!!! Also Finger weg vom Hund! Immer wenn der Hund ruhig und entspannt ist, kommt ein Stück Fleisch geflogen, als Bestätigung. Sonst nichts. Kein Loben, kein Reden. Irgendwann kann der Mensch das Fleisch auf seiner offenen Handfläche hinhalten, damit der Hund es sich nehmen kann. Sobald er dann nicht nur das Fleisch nimmt, sondern auch unsere Hand genüsslich und ausgiebig abschleckt, wächst sein Vertrauen in uns. Und früher oder später darf der Mensch den Hund vorsichtig unter dem Kinn kraulen, während der ihm das Fleisch aus der Hand frisst.

Du siehst, unsere Interpretation des Hundeverhaltens ist oft weit entfernt von dem, was Hunde uns wirklich sagen wollen. Hunde haben keinerlei dominante, berechnende oder aggressive Züge an sich. Ihr Hauptbedürfnis im Leben ist Harmonie und inneres Gleichgewicht mit sich und der Welt um sie herum.

*In einer harmonischen Mensch-Hund-Beziehung kommt der Hund gern zu seinem Menschen, wenn er gerufen wird.*

## Darum hat dir die Hundeschule nicht geholfen

Spätestens wenn ein Hund immer wieder ein ungewolltes Verhalten zeigt, gehen seine Besitzer hoffnungsvoll mit ihm in die Hundeschule. Aber dieser Ansatz ist nicht passend, wenn extreme Ängste, Aggressionen, Hyperaktivität oder schlimme Lebenserfahrungen das Verhalten des Hundes bestimmen. Denn diese intensiven Verhaltensformen sind nicht erlernt. Es sind Reflexe, die ein Hund nicht bewusst steuern kann.

Also werden wir sie auch nicht mit Training in den Griff bekommen. In Hundeschulen wird Hunden beigebracht, auf ein Signal hin eine bestimmte Handlung auszuführen – was absolut in Ordnung ist. Oder ein falsch verknüpftes Signal (Fehlverhalten) wird aufgelöst. Das geht mit Verboten wie »Nein«, mit Gegenkonditionierung oder Aufbau eines Alternativverhaltens. Hundetraining ist also rationales Vorgehen nach menschlichen Kriterien. Sollte der Hund Fehler machen, wird vorwiegend am Symptom gearbeitet. ER soll seinen Fehler wiedergutmachen. ER soll lassen, was er gerade falsch gemacht hat – in unseren Augen.

Ein intensiver Hund hat aber aus seiner eigenen Sicht nichts falsch gemacht. Also kann er unseren Unmut oder unser Schimpfen in keiner Weise nachempfinden. Hunde können nicht rational schlussfolgern. Sie beenden ein aus unserer Sicht falsches Verhalten nur, weil sie unterbrochen oder zurückgehalten werden. Oder aus Angst vor Strafe. Auf lange Sicht bringt das aber wenig Erfolg. Denn der Hund versteht die Zusammenhänge nicht.

Was mit Training korrigiert werden kann, sind angelernte Gewohnheiten. Damit der

Hund beim Krallenschneiden ruhig bleibt, unsere Socken liegen lässt oder beim Spaziergang nichts vom Boden frisst. Gute Hundetrainer haben für alle Unarten eine positive Lösung parat.

Hundeschulen haben ihre Berechtigung für alle Hunde ohne emotionale Belastung oder intensive Vorgeschichte. Je spezieller die zusätzlich angebotenen Aktivitäten wie Treibball, Agility oder Mantrailing sind, umso besser. Das sind wirkliche Bereicherungen für Mensch und Hund. Aber all das kann ein Hund nur lernen und genießen, wenn er im Herzen stressfrei und entspannt ist. Die Basis dafür ist ein bedingungsloses Vertrauen in seine Menschen und in sein Umfeld.

Angst, Aggressionen oder Verzweiflung können wir nicht wegtrainieren. Auch nicht mit Desensibilisierung oder Gegenkonditionierung. Viele meiner Kunden waren bereits in einer Hundeschule und haben diese Erfahrungen gemacht. Es nützt nichts; erst müssen wir dem Hund helfen, seinen Seelenmüll loszuwerden und schlimme Lebenserfahrungen in seinem Zellgedächtnis zu löschen. Danach können wir gemeinsame Aktivitäten und Freizeitsport beginnen. Bei uns Menschen ist es ja ähnlich. Wir haben auch keinen Spaß am Kinobesuch mit der Freundin, solange wir Liebeskummer haben und dem Ex nachtrauern.

## DER HUND WIRD VERMENSCHLICHT

Keine Angst, jetzt kommt keine Strafpredigt darüber, dass dein Hund nicht mehr aufs Sofa darf. Das Sofakuscheln ist für mich absolut notwendig und gehört bei mir zum Leben mit Hund dazu. Ich will es bequem und gemütlich haben, wenn ich neben meinem Hund entspanne. Ich habe allerdings keine Lust, mich zu ihm auf den kalten oder harten Boden zu legen. Also hole ich ihn mit zu mir auf das Sofa herauf.

Du kannst das machen, wie du es für richtig hältst. Allerdings: Sobald dein Hund dich nicht mehr auf das Sofa lassen will, solltest du es wirklich für dich alleine beanspruchen. Er sollte dann besser unten bleiben. Aber lass dich bloß nicht auf Diskussionen ein, die verlierst du. Hunde sind schlau und ausdauernd. Stell deinem Hund als Ersatz ein eigenes kleines Sofa bereit. Damit meine ich, einen eigenen etwas erhöhten Liegeplatz. Denn auf erhöhten Plätzen fühlen sich Hunde sicherer und verhalten sich viel entspannter. Ich mache inzwischen ruhige Übungen wie Sitzen, Legen oder das Bleib nur noch auf erhöhten Plätzen. Weil der Hund dann viel schneller und besser mitmacht und ruhig bleibt.

*Wie du deinem Hund das Sofa ganz diskret abgewöhnen kannst, lernst du in diesem Video.*

Das Sofa ist harmlos gegen die Vermenschlichung in Form von Gedanken, Erwartungen und Strafen. Das ist viel rücksichtsloser für unsere Hunde. Vermenschlichung passiert, wenn wir menschliches Denken und Handeln von einem Hund erwarten. Wenn wir voraussetzen, dass er uns versteht, es doch endlich begreifen muss. Wenn wir erwarten, dass er endlich vernünftig wird. Nein, das alles kann er eben nicht. Vermenschlichung ist auch, wenn wir sein Verhalten immer nur aus unserer eigenen Sicht interpretieren.

So etwas passiert täglich und überall. In den Familien, in Tierheimen oder in Hundevereinen. Wo wir erwarten, dass Hunde unsere Gedanken lesen und unsere menschliche Sprache verstehen können. Bei Hundeprü-

fungen ist bis heute die Verwendung von Handsignalen verboten. Obwohl wir alle wissen, dass Hunde Körpersprache viel einfacher deuten können. Nein, laute verbale Kommandos müssen es sein. Und sollte der Hund etwas falsch interpretieren, wird er auch mal gezwickt, getreten oder bestraft.
Hauptsache, es ist leicht für den Menschen. Wie sich der Hund dabei fühlt, interessiert niemanden. Das ist für mich die übelste Form von Vermenschlichung unserer Hunde.
Ist es nicht traurig, dass ich die intensivsten Aggressionen gerade bei Hunden festgestellt habe, die extrem früh, extrem viel und extrem diszipliniert erzogen wurden? Und ist es nicht noch erstaunlicher, dass, wie auf Seite 26 beschrieben, die Hunde von Obdachlosen oft die besten Verhaltensweisen zeigen?
Hunde können unsere Intentionen nicht verstehen, unsere Logik nicht nachvollziehen. Sie wissen auch nicht, ob sie etwas falsch gemacht haben. Hunde sind Tiere und werden immer wie Tiere reagieren. In größter Verzweiflung setzen sie auch ihre Waffen ein, ihre Zähne. Wir müssen uns klarmachen: Hunde sind keine vierbeinigen Menschen. Aber sie haben die gleichen Emotionen wie wir. Sie können unsere Verzweiflung, unsere Freude und auch unsere Liebe genau spüren. Wären diese Gemeinsamkeiten nicht eine viel bessere Basis für ein gemeinsames Leben mit dem Hund?

## ES IST DER FALSCHE ZEITPUNKT

Wie so oft im Leben spielt auch bei unseren Hunden das richtige Timing eine große Rolle. Einen verhaltensauffälligen Hund mit Trainingsübungen beruhigen zu wollen, ist für mich reine Zeitverschwendung. Solange wir sein komplettes Vertrauen noch nicht haben, macht ein Hund nur halbherzig mit. Er will ja ein guter Hund sein oder vielleicht lockt ihn auch das Leckerli. Doch sehr gestresste Hunde nehmen kein Futter. Sie spucken dir selbst das saftigste Steak wieder vor deine Füße. Was dann?
Das gleiche Drama wirst du mit einem instabilen Auslandshund erleben. Hundetraining? Was soll der denn jetzt lernen? Du wirst schnell feststellen, dass so ein Hund gar nicht richtig im Hier und Jetzt anwesend ist. Diese Hunde suchen in erster Linie Sicherheit, Ruhe und eine Seele, bei der sie endlich ankommen können.
Ob der Zeitpunkt für Training bei deinem Hund falsch ist, erkennst du an seinem Desinteresse, an seiner Unfähigkeit, sich zu konzentrieren, und daran, dass er sich ständig nur umschaut oder sich versteckt. Dein Hund ist dann mit seinem Herzen überhaupt nicht bei dir. In diesem Fall musst du den richtigen

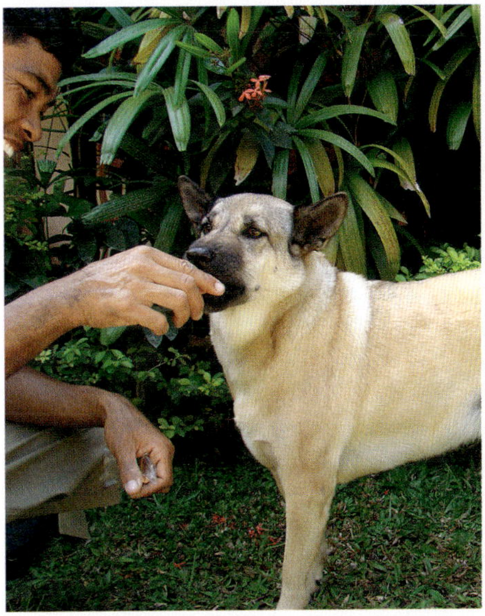

*Training oder Futterbelohnung: Gestresste Hunde verweigern oft beides, weil ihnen das Vertrauen in die Situation fehlt.*

Weg gehen und von Null beginnen: Gewinne das Vertrauen deines Hundes, bis er dir die Führung überlässt und mit dir zusammen zu Gruppenaktivitäten bereit ist.
Auf diese Weise regst du seine normalen Gruppeninstinkte an. Du lässt ihn entscheiden, wann er so weit ist. Das fördert seine Neugier und beruhigt sein Gemüt. Erst danach kannst du beginnen, ihn zu trainieren. Aber bleibe nicht bei »Sitz« und »Platz« stecken. Finde heraus, was deinem Hund besonders gut liegt, und macht Clickertraining, Canicross oder Dogdancing zusammen. Das wird eure Bindung stärken und ein richtiges Team aus euch machen.

## WAS IST EIN GUTER VERHALTENSTHERAPEUT?

Scheue dich nicht, einen Therapeuten zu suchen. Das bedeutet nicht, dass dein Hund verrückt oder krank ist. Aber die Reizüberflutung unserer menschlichen Welt kann Hunde ganz schön überfordern. Besonders sensibel sind Hunde aus dem Tierschutz oder aus dem Ausland. Dein Hund braucht dann jemanden, der dir seine Signale analysieren und übersetzen kann. Du liebst doch deinen Hund und willst, dass es ihm gut geht? Dann gib ihm bitte auch, was er braucht.
**Aber sogar bei Hundetherapeuten gilt:** Achte genau darauf, wie dein Hund auf diesen Menschen reagiert. Er muss ihn nicht vor Freude von oben bis unten abschlecken. Aber er sollte in der Nähe dieses Menschen zur Ruhe kommen und freiwillig dessen Kontakt suchen.
Wenn du dich an einen Therapeuten wendest, achte darauf, dass er dir sehr viele Fragen stellt. Dass er alles wissen will, vor allem zu dir selber, zum Umfeld und eurem gemeinsamen Alltag. Solche Fragen sollte dir ein Hundepsychologe stellen:

- Wie ist die Reaktion deines Hundes im Stress, wie ist deine eigene Stimmung dabei?
- Wie reagiert dein Hund auf dich und jedes einzelne Familienmitglied?
- Wie fühlst du dich, wenn dein Hund dich ignoriert oder ausrastet?
- Wie reagierst du selber, wenn dein Hund intensiv wird?
- Was sind die Stärken und Schwächen deines Hundes, wie lastest du ihn aus?
- Hat dein Hund Ruhezonen und Pausen von der Familie?
- Wie oft und wie lange ist dein Hund alleine, vor allem im Garten? Denn ein großer Garten ist mehr Fluch als Freude für Hunde.
- Was fütterst du deinem Hund? Denn falsche Nährstoffe beeinflussen die Hormonproduktion und damit auch die Schilddrüse und das Verhalten deines Hundes.

Ein guter Therapeut sucht nach den genauen Ursachen des Verhaltens deines Hundes, wie ein Kriminalist.
Habe keine Angst, auch ihm deine Fragen zu stellen:

- Wie viel und woher hat der Hundetherapeut seine Erfahrungen?
- Welche öffentlichen Referenzen kann er nachweisen? Wird er von Tierärzten empfohlen, hat er ein Buch geschrieben, arbeitet er im Tierschutz?
- Was sagen andere Kunden über ihn?
- Wie verhalten sich seine eigenen Hunde? Sind sie tiefenentspannt?
- Was tut er, wenn dein Hund die Mitarbeit verweigert oder sich sträubt?
- Was passiert, falls dein Hund nach ihm schnappt?

*In die Jacke zu beißen kann stressbasiert sein, oder eine Aufforderung des Hundes darstellen, mehr auf seine Bedürfnisse einzugehen.*

- Wie wird er vorgehen, wenn dein Hund vor Angst unter sich macht oder ununterbrochen bellt?
- Welche Möglichkeiten hat er, um deinem Hund zu helfen?
- Wo ist DEIN Platz in diesem Programm?

Sobald irgendeine Standardantwort kommt, werde skeptisch! Floskeln wie: »Das bekommen wir schon hin« oder »Die Rasse ist nicht einfach« oder »Der Hund ist schon recht alt« oder »Er wird das sicher begreifen« oder »Na ja, schaun wir mal« oder »Ich weiß schon, was der braucht« sind absolute No-Gos. Tabu ist auch jede Form von Unterdrücken, Bedrängen oder Bestrafen des Hundes, ebenso jegliche Hilfsmittel, Zwang oder Anschreien.

Ein guter Therapeut braucht weder ein Halti noch Stachelhalsband oder einen Leinenruck. Er vermeidet alles, um deinem Hund noch mehr Stress aufzubürden. Aber er wird alles dafür tun, DIR zu erklären, was DU tun kannst, um das Vertrauen deines Hundes zu bekommen.

Bei einer Therapie bekommt dein Hund alle Zeit, die er braucht, um aus seiner Verspannung herauszukommen. Dein Hund entscheidet, wie lange das Programm dauern wird. Dein Hund bestimmt das Tempo, nicht die Menschen. Ziel der Therapie ist immer, den Hund positiv zu unterstützen. Seine Talente zu fördern und es ihm so einfach wie möglich zu machen, sich in unserer Welt zurechtzufinden.

**Wichtig:** Wenn die Therapie zu dir und deinem Hund passt, wirst du innerhalb von wenigen Tagen die ersten positiven Änderungen an deinem Hund wahrnehmen. Sollte das nicht der Fall sein, schau genauer hin. Eventuell passt das Programm nicht für deinen Hund. Dann habe den Mut und suche dir einen anderen Therapeuten. Denn Hunde ändern sich sofort, wenn wir es richtig machen. Dann können sie uns verstehen, geben uns ihr Vertrauen und lassen uns an ihrem Leben teilhaben.

## Was sind unsere häufigsten Denkfehler?

Ich glaube, irgendwie denken wir alle einmal, dass unsere Hunde uns verstehen. Ich selber bin dabei keine Ausnahme. Sobald sie uns treuherzig anschauen, uns mit einem »Wuff« antworten oder nach einer Schandtat versöhnlich ihre Pfote auf unser Bein legen. In solchen Momenten steht für jeden Hunde-

besitzer fest, dieser Hund kann mir direkt ins Herz schauen. Garantiert war er im früheren Leben ein Mensch …
Das sind sehr emotionale Momente, in denen wir wirklich von Herz zu Herz mit unserem Hund kommunizieren. Die sollten wir uns erhalten, statt sie von unserem Verstand wieder zerstören zu lassen.
Jeder von uns darf seine eigene Sprache mit seinem Hund finden. Falls du mehrere Hunde hast, hast du ja sicher schon bemerkt, dass jeder Hund anders zu nehmen ist. Meine vier Hunde hatten völlig unterschiedliche Eigenheiten in den verschiedenen Lebenssituationen. Nur nasse Füße waren allen ein Gräuel. Bei Regen vor die Tür zu gehen, war für alle meine Hunde ein Grund zum Streiken.
Aber eine Besonderheit habe ich festgestellt: Dana und ihr Sohn Poppi waren ein Leben lang viel enger miteinander verbunden als mit den anderen Hunden. Sie hat ihn bis ins hohe Alter sauber geschleckt oder auch mal korrigiert. Und er hat alle ihre Marotten ein Leben lang geduldig mitgemacht, als wäre er immer noch im Welpenalter. Diese soziale Verbundenheit zu erleben, die gegenseitige

---

## Verhaltensbeispiel: Was aus Mexx und Angela wurde

Erinnerst du dich an Angela (siehe Seite 8)? Nachdem mehrere Hundetrainer ihr nicht helfen konnten, ist Angela den richtigen Weg zusammen mit ihrem Mexx gegangen. Sie hat gelernt, wie sie sein Vertrauen gewinnt und wie sie vor allem ihre eigenen Zweifel loswerden kann. Das kostete sie eine extreme Überwindung. Denn Mexx hat nicht nur Hunde attackiert, sondern auch Menschen. Um ihr klarzumachen, dass Mexx kein hoffnungsloser Fall ist, habe ich selber das Opfer gespielt.
Wir gingen ins Gelände und hielten Abstand. Angela musste ihn freilassen und er raste prompt auf mich und meine Hunde zu. Aber Mexx stoppte zwei Meter vor uns ab und bellte uns nur kurz an. Mehr Courage hatte er nicht. Er ignorierte uns erst einmal und blieb auf Sicherheitsabstand. Nach dreißig Minuten hat er mich und meine Hunde akzeptiert. Der Spuk war vorbei.
Wir hatten das alles in einem Video festgehalten, weil Angela mit eigenen Augen sehen musste, dass Mexx nicht aggressiv war, sondern nur unsicher und erregt. Das Video hat sie überzeugt. Jetzt war sie bereit, ihm zu vertrauen.
Von da an haben wir Mexx mit Spielen und vermehrten Gruppenaktivitäten wieder in seine natürliche Balance gebracht. Heute gewinnen die beiden Preise bei Agility-Meisterschaften. Sie sind ein unschlagbares Team geworden. Unser Trainingsvideo zeige ich sogar in meinen Seminaren und Onlinekursen, weil es so eindeutig zeigt, dass Hunde oft viel milder sind, als wir sie einschätzen. Aber um das zu sehen, müssen wir unseren Kopf ausschalten und aufhören, alles kaputt zu denken. Sobald wir einen Hund mit unserem Herzen sehen, können wir den Diamanten in ihm finden.

---

Rücksicht und das tiefe Vertrauen meiner Hunde zueinander war das Wertvollste, was sie mir geben konnten.

Wenn wir wie in vergangenen Zeiten nur über »Sitz« und »Bleib« mit unseren Hunden kommunizieren, berauben wir uns solcher innigen Momente. Denn dann wird es schwer, ihr volles Vertrauen zu erringen. Dein Hund wird doch nicht ruhiger, nur weil du ihn in eine »Platz«-Position drängst. Er befolgt dein Kommando entweder gar nicht oder nur halbherzig und auch dann nur für zwei Sekunden. Danach ist er sofort wieder auf dem Sprung oder tobt weiter herum.

Du kannst das Nervensystem deines Hundes nicht mit Disziplinübungen beruhigen. Das ist, als ob du ein ADHS-Kind zum Ballett oder Fußball schickst, damit es ruhiger wird.

Trainingsübungen, Kommandos oder Gehorsam beeindrucken deinen Hund nicht mehr, sobald sein Körper Stresshormone ausstößt. In diesen Momenten hört er nur noch auf die Stimme der Natur. Er folgt seinen Instinkten oder tut, was er sich durch seine eigene Lebenserfahrung angeeignet hat. Du kommst dabei nicht vor, solange du nicht weißt, was dein Hund jetzt fühlt und von dir wirklich braucht.

Da helfen keine guten Worte oder Ablenkung mit Leckerlis. Dein Hund braucht im Stress eine hundgerechte Lösung, die seine emotionalen Blockaden auflöst und seine Energien wieder fließen lässt.

Unser menschliches Vorgehen mit Vernunft, Ablenken oder Disziplin ist einfach falsch. So läuft es in der Natur nicht. Glaube mir, solange wir Menschen nur das Verhalten des Hundes im Fokus haben, ihn nach menschlichen Maßstäben erziehen oder ändern wollen, werden wir keine Besserung seines Verhaltens erreichen. Nicht der Hund muss sich ändern, sondern WIR Menschen.

- Wir müssen die Spielregeln unserer Hunde lernen.
- Wir müssen beginnen, unserem Hund zu vertrauen.
- Wir müssen uns trauen, ihm unsere Seele zu öffnen. Er hat uns doch sowieso schon lange durchschaut.
- Wir müssen unser Kopfkino ausschalten und nur reagieren, falls wirklich etwas passiert.
- Wir müssen, in passenden Situationen, auch mal unseren Hund entscheiden lassen. Das gibt ihm ein Gefühl von Gebrauchtwerden und für die Gruppe nützlich zu sein.

All das ist nicht schwer. Du kannst es in meinen Onlinekursen (siehe Seite 203) lernen, so wie dies schon Tausende anderer Hundebesitzer mit meiner Hilfe geschafft haben.

*Stressige Situationen bewältigt ein Hund am besten durch Bewegung und Action. Erlaubt ist alles, was einem Hund in solchen Momenten guttut.*

Sobald du die Zusammenhänge verstehst, kannst du deinen Hund gezielt aus Stressmomenten herausführen und weitere Aussetzer künftig reduzieren.
Du führst ihn souverän an Artgenossen vorbei und kannst ihn überallhin mitnehmen. Egal, wer um die nächste Ecke biegt.

## MENSCHEN DENKEN, KOMMANDOS MÜSSEN SEIN

Damit dein Hund friedlich mit dir lebt und du dich immer auf ihn verlassen kannst, braucht er mehr als ein paar menschliche Kommandos. Das ist, als wenn du deinem Kind nur Fahrradfahren, Lesen oder Rechnen beibringst. Aber das reicht nicht.
Für ein erfülltes, zufriedenes Leben müssen Kinder auch soziale Umgangsformen, Höflichkeit und Mitgefühl lernen. Vermittelt bekommen sie das von verständnisvollen Eltern und erfahrenen Lehrern. Und natürlich lernen sie durch ihre eigenen Lebenserfahrungen. Deinem Hund geht es genauso. Das, was wichtig ist für sein Leben, was er von uns wirklich braucht, können wir in drei Gruppen zusammenfassen.

### Lernen und sich Wissen aneignen

Das umfasst unsere Basissignale und andere Formen von Training, aber auch alle Erfahrungen und Fertigkeiten, die sich der Hund selber aneignen muss, wie Treppen zu steigen oder nicht gegen die Glastür zu rennen. Wir Menschen dürfen ihn fördern und lenken, aber nicht dominieren. Seine eigenen Lernerfahrungen tragen dann dazu bei, ob und wie viel ein Hund uns Menschen und seinem Umfeld vertraut.

### Soziale Sicherheit aufbauen

Dazu gehört entspanntes Verhalten im Alltag, höflicher Umgang mit uns und anderen

*Entspannt auf Artgenossen zu reagieren, ist nicht das Ergebnis vieler Hundebegegnungen, sondern basiert auf einer vertrauensvollen Mensch-Hund-Bindung.*

Lebewesen und Respekt vor Artgenossen. Wir Menschen brauchen dazu Geduld, Verständnis und etwas Selbstvertrauen. Seine Mutter und Geschwister können dem Hund nicht mehr zeigen, wie all das geht. Strafe und Disziplin stehen nicht auf dem sozialen Programm. Sobald ein Hund sich bei uns sicher fühlt, wird er uns auch gerne die Führung überlassen.

### Die Gruppendynamik aktivieren

Damit der Hund später nicht im Alleingang reagiert und Situationen regelt, müssen wir sein Gruppengefühl aktiviert halten. Sonst zieht er sich zurück und lebt in seiner eigenen Welt. Dann können wir nicht mehr zu ihm durchdringen. Du erinnerst dich, Hunde können sehr wohl alleine leben. Es ist also wichtig, viele gemeinsame Aktivitäten zu etablieren und ihn bei Spaziergängen ganz spielerisch auf uns zu fokussieren. Nur unbeteiligt nebeneinander herzugehen, reicht dazu leider nicht aus. Also sei kreativ, lass dir was einfallen und werde aktiv.

Was wir gerne vergessen, ist, unseren Hunden Raum zu lassen. Ihnen zu helfen, eigene Lebenserfahrungen zu machen und Entscheidungen zu treffen. Natürlich soll dein Hund nicht machen, was er will. Er soll sich an dir orientieren. Aber er braucht auch Momente, in denen er selber entscheidet, ob er sich auf den Teppich oder aufs Parkett legen will. Du musst ihn nicht hundertmal am Tag auf seinen Platz schicken oder ihm sagen, dass er sich setzen soll.

**Ein typisches Beispiel:** Stell dir vor, du triffst in der Stadt eine Freundin und bleibst stehen, um mit ihr zu reden. Gehörst du zu den Menschen, die jetzt von ihrem Hund ein »Sitz« einfordern, in der Hoffnung, dass er dann ruhig ist? Dann bist du im menschlichen Denken. Du sagst deinem Hund, was er

*Der Hund darf manchmal auch selbst entscheiden, was er tun möchte, wenn sein Mensch beschäftigt ist. Zum Beispiel ob er stehen bleibt oder sich setzt.*

tun soll. Und du glaubst, dass er im Sitzen geduldig wartet. Falsch gedacht. Denn egal, ob dein Hund sitzt oder steht, er bekommt trotzdem alle Umweltreize mit. Er sieht den Mann mit Spazierstock, das Kind auf Rollschuhen und den Artgenossen neben dem Ladeneingang. All das wirkt auf sein Nervensystem und kann seine Erregung fördern.

Es nützt dir also nichts, wenn du den Körper deines Hundes in eine bestimmte Position bringst. Er bleibt sowieso nicht sitzen. Warum das so ist, kannst du dir selber beantworten. Denke einfach an eine Situation, die dich stresst. Vielleicht ein geplantes Gespräch beim Chef, ein Brief mit einer Mieterhöhung oder ein Termin beim Arzt.

Was tust du in solchen Momenten, wenn du nervös bist? Etwas Süßes naschen, einen Kaffee trinken, eine Zigarette rauchen? Egal, was es ist, du setzt dich garantiert nicht hin und machst es dir gemütlich. Nicht mal bei einem wichtigen Telefonat kannst du still sitzen, du musst dabei herumlaufen. Denn Stress wird durch Bewegung abgebaut. Bei uns und bei unseren Hunden.

Wenn dein Hund sich in der Stadt nicht gut fühlt oder deine Freundin unangenehm findet, kann er sich in diesem Moment nicht setzen. Er will fluchtbereit sein. Falls er nach ein paar Minuten entscheidet: »Alles gut, es gibt keine Gefahren«, wird er sich von selber setzen. Und falls er sich dort, wo ihr stehen bleibt, richtig wohlfühlt und in eine Entspannung gehen kann, wird sich dein Hund sogar hinlegen. Ohne dass du es ihm sagen musst.

Beginne, seine Gefühle zu respektieren, und lass ihn selber entscheiden, wann er sitzen oder liegen möchte. Wichtig ist doch nur, dass dein Hund ruhig ist und anhand deiner eigenen ruhigen Ausstrahlung selber auch entspannen kann.

Es macht deinen Hund nicht dominant, wenn er kleine Entscheidungen selber treffen darf. Im Gegenteil: Je weniger du redest, desto mehr achtet dein Hund auf dich. Du hast ihn doch an der Leine, was soll passieren? Du bleibst auch ohne diese üblichen Kommandos in der Führung. Denn du bestimmst, wo ihr anhaltet, wie lange ihr stehen bleibt und wann es weitergeht. Versuche einfach, die Autorität mal etwas zurückzunehmen und mehr im Teammodus zu handeln.

## MENSCHEN DENKEN, KONTAKT ZU ANDEREN HUNDEN IST WICHTIG

Denkst du auch: »Mein Hund muss andere Hunde treffen, um sozialen Umgang zu lernen«? Dann frage ich: »Wozu?« Hunde gehen fremden, hektischen oder undurchsichtigen Artgenossen lieber aus dem Weg. Sie bleiben gerne in der Sicherheit der eigenen Gruppe. Die wenigsten Hunde, denen ihr begegnet, sind entspannt und vertrauenswürdig. Was nützt deinem Hund so ein Artgenosse, der selber nervös oder ängstlich ist? Der ihm nicht helfen kann, den er nie wiedersieht?

Was bei solchen Zusammentreffen meist passiert, ist das gegenseitige Abladen von Stress auf einen anderen Hund. Dein Hund soll seinen Stress, seine Ängste und Unsicherheiten aber mit DEINER Hilfe in den Griff bekommen, nicht durch das aufgedrehte Herumtoben mit fremden Hunden.

Sein Sozialverhalten gegen Artgenossen wird nicht durch den häufigen Umgang mit anderen Hunden verbessert, sondern von DIR. Hundgerechte Sozialisierung und deine innere Haltung bei Hundebegegnungen sind ausschlaggebend für sein Verhalten. Solange du selber ängstlich und unsicher bist, wenn ein anderer Hund euren Weg kreuzt, solange wird auch dein Hund in Stress fallen und den anderen anpöbeln.

Bedenke bitte auch: Hat dein Hund bei dir jemals Frust und Angst erlebt, sobald andere Hunde aufkreuzten? Hast du ihn dann festgehalten, ermahnt oder geschimpft? Dann könnte es sein, dass dein Hund nun alle Artgenossen aggressiv vertreiben will, damit du nicht mehr mit ihm schimpfst. Denn du hast ja sicher schon festgestellt, dass sein Verhalten mit der Zeit immer schlimmer wurde statt besser.

Klar darf dein Hund andere Hunde treffen. Vorausgesetzt, beide sind entspannt und gehen höflich miteinander um. Sobald dein Hund alle Infos des anderen erschnüffelt hat, kommt er von selber wieder zu dir heran. Denn du bist ihm wichtiger als der Rest der Welt.

Den anderen sehen, kurz beschnüffeln, vielleicht ein paar Signale austauschen oder eine Runde zusammen drehen. Danach geht es weiter mit der eigenen Gruppe. So verlaufen normale Begegnungen von entspannten Hunden. Wo immer du mit deinem Hund bist: Sobald einer der Hunde gestresst oder erregt ist, darfst du eine Annäherung der

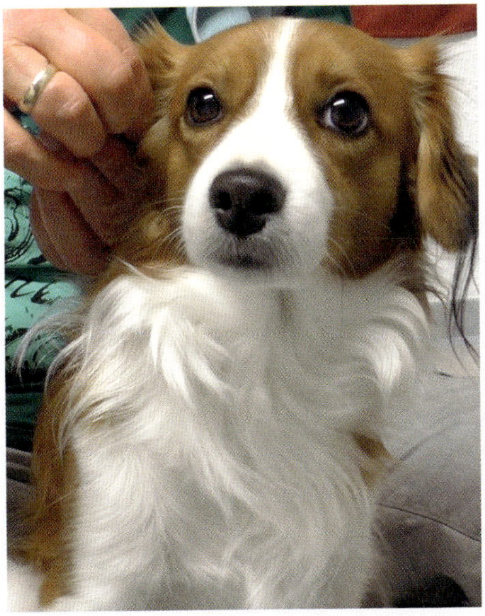

*Entspannende Massagen fördern das Vertrauen und vertiefen die Bindung zwischen Mensch und Hund – besonders bei ängstlichen Hunden.*

Hunde immer vermeiden, ohne ein schlechtes Gewissen zu haben.

## MENSCHEN DENKEN, DER HUND VERTRAUT IHNEN SOWIESO

Hundetraining und Lernerfahrungen sollten immer nur ein Ziel haben: Es sind aktive Freizeitgestaltungen, die zu dir und deinem Hund passen und euch beiden Spaß machen. Aber das klappt nur, wenn dein Hund entspannt ist, dir vertraut und sich auf die Übungen konzentrieren kann. Ich kann Hundetraining jeder Art bei intensiven und auffälligen Hunden immer erst nach einer Verhaltenstherapie empfehlen.
Beginne vorerst damit, das Vertrauen deines Hundes zu bekommen. Und zwar immer und überall. Nicht nur zu Hause oder im eigenen Garten. Da sind alle Hunde ganz lieb. Der Stress im Hund steigt draußen hoch, im richtigen Leben.
Was kannst du tun, damit dein Hund dir restlos vertraut?

* Verzichte auf jede Form von Strafe, Schimpfen und Gewalt.
* Zwinge deinen Hund zu nichts, was ihm widerstrebt.
* Verzichte auf jegliche Kommandos.
* Ignoriere seine sinnlosen Aktionen – wenn er zum Beispiel aus dem Nichts heraus einen Hausschuh anbellt. Sei aber einsatzbereit, auch um Katastrophen zu verhindern.
* Rede möglichst wenig.
* Massiere deinen Hund regelmäßig.
* Animiere ihn zum Spielen.

Spielen ist ein wichtiger Punkt. Im Spiel werden Hunde locker, sie bauen körperliche Verspannungen ab und entwickeln Lebensfreude. Das Angelspiel ist eine gute Therapie. Dabei bindest du ein Dummy an eine einen Meter lange Schnur und bewegst es vom Hund weg. Lass deinen Hund das Dummy ergattern, halte es noch einen Moment fest und lass es ihn gewinnen. Nimm es ihm zum Weiterspielen aber nicht wieder weg, sondern tausche das Dummy gegen ein Stück Fleisch. Dein Hund soll doch Vertrauen zu dir aufbauen, nicht Skepsis. Nach dem Tausch könnt ihr vergnügt weiterspielen.
Lass dir auch andere Spiele einfallen. Alles ist erlaubt, wobei ihr beide gleichzeitig aktiv tätig seid. Vielleicht gemeinsam den Boden abschnüffeln und ein verlorenes Spielzeug finden. Oder auch Clickertraining. Und hier noch meine goldene Regel für das Verhalten eines Hundes: Es gibt keine. Ich wünsche euch beiden Spaß zusammen.

# 25 verrückte Mythen über Hunde

In unserer Zeit der millionenfachen täglichen Informationen sind mittlerweile so viele falsche Interpretationen über Hunde im Umlauf, dass ich die krassesten Irrtümer hier gerne einmal aufklären möchte. Wundere dich nicht: Ich schreibe hier aus den Augen deines Hundes.

## 1.

### Hunde brauchen Spaziergänge

Hunde brauchen artgerechte Beschäftigung, die ihrer Charakteristik entspricht und ihre Stärken fördert. Spaziergänge machen nur müde, können aber keinen Stress abbauen oder das Lernbedürfnis eines Hundes befriedigen. Selbst für lauffreudige Hunde wie den Dalmatiner reichen Spaziergänge alleine für eine mentale Auslastung nicht aus. Klar können Hunde weite Strecken laufen, z. B. wenn sie eine Spur verfolgen. Aber den Rest des Tages verpennen sie dann. Wenn das Futter geliefert wird oder sehr nahe zu finden ist, dann laufen Hunde nicht mehr als nötig. Den Beweis dafür liefern uns alle wild lebenden Straßenhunde überall auf dieser Welt.

Wo sollen sie denn jeden Tag hinlaufen? Sie halten sich immer nur in der Nähe »ihrer« Futterstelle auf. Das kann ein Privatgrundstück sein, ein Restaurant oder ein gut besuchter Strandabschnitt. Hauptsache, sie werden satt ohne großen körperlichen Aufwand. Denn Laufen erfordert Energie. Diese gewinnt der Körper aus der zugeführten Nahrung. Aber davon haben frei lebende Hunde meist nie genug zur Verfügung.

Aktive gemeinsame Beschäftigungen sind für einen Hund viel wichtiger als stundenlange Spaziergänge.

# 2.
## Der Hund frisst erst nach dem Menschen

Dann leidet aber nicht nur mein Hund, sondern ich selber noch viel mehr. Ich habe noch gelernt, immer erst die Tiere oder die Schwachen zu versorgen, danach erst mich selber. Ich könnte keinen Bissen runterbekommen, wenn ich wüsste, mein Hund hat auch Hunger und soll mir beim Essen zusehen. Erst wenn meine Hunde satt und zufrieden sind, kann ich mein Essen genießen. So ähnlich ist es auch bei Hunden. Die fressen sehr wohl zusammen. Sie lassen sogar ihre Welpen zuerst fressen, um deren Wachstum und Überleben zu gewährleisten.

# 3.
## Rohes Fleisch macht aggressiv

Ach echt? Dann hatten meine Hunde wohl einen genetischen Schaden. Denn sie haben trotz rohem Fleisch sehr friedlich und entspannt zusammengelebt. Sogar mit meiner Katze. Draußen beim Spaziergang waren sie auch nie an Artgenossen, an Pferden oder Kindern interessiert. Ob die wohl krank waren? Hunde leben seit Tausenden von Jahren von rohem Fleisch und sehr friedlich in Gruppen zusammen. Ihr gesamter Verdauungstrakt, ihr Speichel und ihre Magensäure sind auf rohes Fleisch ausgelegt. Daran können auch vierzig Jahre Pappfutter nichts ändern.

# 4.
## Hunde müssen »Zeitung lesen«

Frei lebende Hunde aber nicht. Haben die schlechtere Augen? Hunde orientieren sich an ihrer Gruppe oder laufen alleine, aber immer zielgerichtet. Zu einer Wasserstelle, zu einem Geschlechtspartner oder zu einer Futterquelle. Frei lebende Hunde orientieren sich nicht an den Pissflecken auf der Straße. Sie riechen auch ohne Stehenbleiben, wer vor ihnen hier entlanggelaufen ist. Wenn dein Hund viel schnüffelt, dann nur, weil ihm der Spaziergang mit dir einfach zu langweilig ist.

# 5.
## Das muss er selber regeln, da muss er durch

Wie fies ist das denn? Hast du je eine Tiermutter gesehen, die ihr Junges in Konflikte hineinschickt? Oder ein Rudeltier, das von den anderen bei Gefahr alleine gelassen wird? DU bist verantwortlich für die Sicherheit deines Hundes. Nicht er selber. Oder wie siehst du das? Wie denkst du über Leute, die dir mal so richtig in den Rücken gefallen sind, dich haben hängen lassen? Was soll dein Hund von dir halten, wenn du nicht zu ihm stehst?

# 6.
## Zerrspiele machen aggressiv

Ein ganz hartnäckiger Mythos. Dabei sind Beutespiele das Einzige, was Hunde zusammen spielen. Sie fördern die Gruppendynamik und machen allen Hunden einen Riesenspaß.

Hunde, die das Zerren nicht mehr mitspielen, werden oft aggressiv, weil sie ihre physische und mentale Anspannung nicht mehr abbauen können.

# 7.
## Halsbänder verletzen den Hund

Einer Verletzung der Halswirbelsäule könnte man vorbeugen, indem man dem Hund beibringt, schön entspannt an lockerer Leine zu laufen. Das ist die leichteste Übung im Hundetraining und dauert nicht länger als 15 Minuten. Selbst in meinem Onlinekurs sind die Teilnehmer immer wieder erstaunt, wie schnell es tatsächlich funktioniert, wenn der Mensch selber weiß, wie entspanntes Laufen geht. Unser Laufstil bewirkt, ob der Hund zieht oder nicht.

# 8.
## Knurren verboten

Zugegeben, es ist deprimierend, wenn dein eigener Hund dich anknurrt. Aber wie soll er sonst ausdrücken, dass er gerade überfordert ist oder überhaupt nicht weiß, was er tun soll? Jeder, der mehrere Hunde hat, wird mir bestätigen, dass dieses Knurren von allen Hunden der Gruppe respektiert wird. Als wollten sie sagen: »Aha, na okay!« Aber sie machen keine große Aktion draus. Denn Knurren ist immer ein Zeichen von Unsicherheit, nicht von Dominanz oder Aggression! Es ist eine Warnung. Aber eine, die dem anderen Hund sagt: »Ich bin wankelmütig und nervös, ich kann das gerade nicht in den Griff bekommen, also lass mir bitte mehr Raum. Schicke mir mehr klare Signale, dass ich dir vertrauen kann.«

Ich weiß nicht, wie viele Male meine kleine Zicke Mini ihre Rudelkumpels angeknurrt hat. Die Dana ist ihr dann verwundert aus dem Weg gegangen. Meine Rüden haben ihr Knurren einfach überhört und die Zicke ignoriert. Deutlichere Hundekommunikation gibt es ja wohl nicht.

# 9.
## Streicheln verstärkt Angst

Ganz so würde ich es nicht sagen. Aber Streicheln wird die Angst auch nicht lindern. Es ist falsch, dem Hund Aufmerksamkeit zu geben, wenn er erregt oder gestresst ist. Aber Angst ist mehr als Stress. Es ist der schlimmste Gefühlszustand, in dem sich ein Hund befinden kann.

Wenn dein Hund Angst entwickelt, braucht er deinen Schutz und deine Verbundenheit. Dann solltest du alles tun, um ihm Sicherheit zu vermitteln. Vor allem solltest du selber dann sehr entspannt und besonnen sein. Ungefähr so wie ein Rettungssanitäter. Du kannst dich zu deinem Hund setzen oder ihn auch hochnehmen. Aber halte ihn dann nur ganz ruhig und sicher, ohne viel Aufsehen. Streicheln oder Reden würde ihm nur deine eigene Nervosität übermitteln.

# 10.
## Gehorsames Warten auf Futter

Für mich ist das die Paradeübung, um Futteraggressivität zu fördern. Warum soll der Hund Disziplin erweisen, bevor er sein Futter bekommt? Also dieses »Sitz – Bleib – Friss«, das viele Hundebesitzer immer noch verlangen. Wem nützt das? Dein Hund freut sich doch auf sein Futter, dann gib es ihm, sobald du es zusammengemischt hast. Einzige Bedingung auch hier: Der Hund muss ruhig sein und geduldig warten, bis du fertig bist. Dabei wird er automatisch sitzen, weil Hunde nicht lange stehen können.

Dann stellst du die Schüssel hin und freust dich, wenn es ihm schmeckt. Wenn du die Schüssel hinstellst und deinen Hund nicht ranlässt, also das Futter vor ihm beschützt, könnte er irgendwann das Gleiche tun! Andere Menschen, Besucher oder dich selber genauso warnen, sobald jemand seiner Schüssel zu nahe kommt. Kein Wunder! Mit deiner unsinnigen Forderung, das Futter nicht anzurühren, hast du ihm gezeigt, was du von ihm erwartest. Nämlich sein Futter genauso zu verteidigen, wie du es auch tust.

# 11.
## Alpha läuft vorne

Das stimmt nicht mal bei Wölfen. Das hatte ich ja auf Seite 15 schon geschildert. Es läuft immer der vorne, der etwas wittert, der sich gut auskennt oder dem eine Situation besonders wichtig ist. Aber – es gibt einen Unterschied zwischen vorne laufen und die Richtung zu bestimmen.

Wenn dein Hund im Freilauf ein paar Meter vor dir läuft, aber sofort mit dir zusammen abbiegt, stehen bleibt oder zurückläuft, ist das völlig normal. Wenn er aber fünfzig Meter vor dir ist, sein eigenes Ding macht und sich einen Dreck um dich kümmert, dann ist das nicht mehr okay. In dem Fall solltest du dir etwas einfallen lassen, um für deinen Hund interessanter zu werden (siehe Seite 43).

Das Gleiche gilt an der Leine. Locker und entspannt neben oder leicht vor dir zu laufen, ist fein. Aber den Kopf unten zu haben und loszujagen wie gedopt, ohne dich noch wahrzunehmen, ist eurer Partnerschaft nicht förderlich.

# 12.
## Aufreiten ist dominant

Es ist normalerweise eine Art Aktivierung, eine friedliche Herausforderung. Wenn sich Hunde treffen, wollen sie wissen, wie der andere drauf ist. Denn der andere könnte ja zu einer feindlichen Liga gehören.

Nach dem ersten Signalaustausch von Geruch, Körperhaltung, Mimik können Hunde den anderen schon grob einschätzen. Danach wollen Hunde manchmal auch die Persönlichkeit des Artgenossen austesten und ihn näher kennenlernen. Dann gehen sie in die Offensive, wollen sehen, was der draufhat. Sie werden aktiver, rennen zusammen oder reiten auf. Mit Dominanz hat das nichts zu tun, auch nicht mit Sextrieb.

Hunde, die Kissen oder Menschen besteigen, zeigen damit nur ihren Frust. Sie wollen ihre Menschen oder bestimmte Situationen besser einschätzen, emotional verstehen, kommen aber nicht wirklich an sie ran. Sie beide leben aneinander vorbei.

# 13.
## Den Hund zu Boden drücken ist normale Disziplinierung

Da hat sich der Mensch ja was abgeschaut vom Hund ... und wieder mal komplett falsch interpretiert. Ja, es stimmt: Hunde rempeln andere überraschend und heftig an, um sie zu disziplinieren. Der Schwächere geht dann freiwillig zu Boden und schickt ausreichend Beschwichtigungssignale. Der Überlegene bleibt unbeweglich stehen, bis der andere Zeichen von Entspannung sendet und aufgibt. Dann geht der überlegene Hund einfach weg. Die Diskussion ist beendet.

Wir Menschen haben uns diese harmlose Kommunikation zwischen Hunden abgeschaut und ihr unseren Stempel von Macht und Gewalt aufgedrückt.
Wir drücken den Hund brutal zu Boden und halten ihn mit Gewalt unten. Alle seine positiven Signale wie Blicke und Besänftigungsgesten ignorieren wir. Der Hund hat in dieser Umklammerung keine Chance, seine Signale von Demut und Aufgeben in hündischer Weise zu demonstrieren.

Gleichzeitig macht der Hund die fatale Erfahrung, dass Menschen unberechenbar und nicht vertrauenswürdig sind. Er geht in die Defensive.

Aber irgendwann, wenn er den Stress mit diesen ignoranten Menschen nicht mehr ertragen kann, wird er explodieren und zurückschlagen. Denn kein Lebewesen reagiert auf Dauer positiv auf Gewalt.

# 14.

## Der weiß, was ich meine

Schön wär's. Hunde sind Meister im Lesen von Mimik und Verhalten. Außerdem spüren sie genau, wie ihr Gegenüber sich fühlt, welche Stimmung gerade vorherrscht. Nur darauf gehen sie ein. Sie schauen unschuldig drein, machen sich klein oder verstecken sich. Aber nur, weil sie ihre eigene Haut retten wollen. Denn sie spüren den ansteigenden Adrenalinspiegel und die Anspannung im Menschen. Wenn dann noch eine böse Grimasse und eine laute Stimme dazukommen, tun Hunde alles, um uns zu beschwichtigen. Aber ihnen ist in keiner Weise klar, dass sie etwas »falsch« gemacht haben.

Egal, ob dein Hund dir den Teppich zerfetzt oder andere Menschen anbellt: Für ihn hat das seine Richtigkeit. Alles, was Hunde tun, ist immer richtig für sie selber.

Wir sollten uns lieber Gedanken machen, warum diese Reaktionen beim Hund aufkommen, und unliebsame Situationen vermeiden oder selber entspannt reagieren.

# 15.

## Hunde brauchen andere Hunde

»Brauchen« wäre zu viel gesagt. Für junge Hunde können die Begegnungen mit anderen Hunden nützlich sein. Aber nur, wenn alle beteiligten Artgenossen ruhig und entspannt sind. Wenn sie sich respektvoll begrüßen und höflich-interessiert miteinander umgehen. Dann erfolgt eine kurze Kommunikation und jeder geht seiner Wege.

Alles, was in Toben, Bedrängen oder Mobben ausartet, ist für deinen Hund eher schädlich. Mit intensiven Artgenossen brauchst du ihn nicht zusammenzulassen. Falls dein eigener Hund so ein nervöser Störenfried ist, dann musst du ihn besser auslasten. Es ist nicht okay, ihn seine überschüssige Energie an anderen Hunden abbauen zu lassen. Hunde wollen Ruhe und Frieden. Nicht nur zu Hause, auch bei ihren Begegnungen mit Artgenossen.

Die meisten älteren Hunde legen auf Hundebegegnungen kaum noch Wert. Ihnen reicht ein Beschnuppern. Damit wissen sie alles, was sie vom anderen wissen müssen ... und gehen ihrer Wege.

# 16.
## Hunde brauchen einen Garten

Ganz fatal! Ich kenne eine Familie, die haben 10.000 $m^2$ Grundstück und glauben, für ihre zwei Hunde ist es das Paradies. Was für ein Irrtum. Was sollen die Hunde denn tun in diesem Garten? Fußball spielen?

Ein großer Garten bewirkt hauptsächlich eines: Der Hund entdeckt ein paar seiner Naturinstinkte wieder neu. Er beginnt, den Garten zu bewachen und zu kontrollieren.

Meist hat das zur Folge, dass er extrem hippelig wird, weil er auf jedes Geräusch und jeden Passanten am Zaun achtet. Aber schlimmer ist, dass er sich auch sonst viel mehr als der Chef fühlt, Besucher belästigt und kaum noch auf seine Besitzer hört.

Meine Interpretation: Hunde brauchen nicht mehr als 100 $m^2$, zum Pipimachen zwischendurch. Aber sie brauchen dringend aktive gemeinsame Zeit zusammen mit ihren Besitzern. Allerdings ist die stille Gesellschaft beim Fernsehen damit nicht gemeint. Etwas mehr Action beim Menschen darf es schon sein.

# 17.
## Trockenfutter putzt die Zähne

Wie soll das denn gehen? Diese Aussage ist nichts als ein Marketingargument der Tierindustrie.

Hunde sind Schlingfresser. Sie zerreißen große Beute und schlucken sehr große Brocken, fast ohne zu kauen. Du kennst das bestimmt auch von deinem Hund. Du gibst ihm ein Stück Ochsenziemer oder einen Knochen und nach zweimal draufbeißen ist er weg. Das war dann nix mit Zähneputzen.

Ich kenne solche Momente von meinem Poppi. Der war so futtergierig, dass er die Reste eines Knochens immer im Ganzen geschluckt hat. Ich habe dann irgendwann seine Knochen bei ca. acht Zentimeter gegen ein Stück Fleisch getauscht. Poppi war happy und die kleine Mini bekam den Rest des Knochens. Sie hat ihn dann ein paar Tage später fertig gekaut.

Außerdem kauen die Hunde nicht mit den Außenseiten ihrer Zähne. Das ist anatomisch unmöglich. Sie kauen mit den Oberflächen der oberen und unteren Backenzähne. Wobei die vielen Kohlenhydrate im Trockenfutter dann eher Karies fördern als die Zähne zu säubern. Den gewünschten Putzeffekt hast du nur bei echten Knochen, die dein Hund mehr abschaben muss als sie zu zerkauen.

# 18.
## Ein Fastentag ist gesund

Und wofür genau soll es gesund sein? Da wollte wohl ein Schlaumeier sehr schlau wirken und hat den Vergleich zu frei lebenden Wölfen erwähnt. Nur, frei lebende Tiere haben einfach aus Zufall nicht immer Nahrung zur Verfügung. Selbst wenn sie es hätten, würden sie den Hasen nicht entkommen lassen, weil sie einen Diättag brauchen.

Ein anderer Aspekt ist die Futtermenge. Wölfe oder Dingos können sich bis zum Platzen vollstopfen. Sie wissen nie, wann es wieder Futter gibt. Und sie wollen ihre Beute nicht mit Luchsen oder Füchsen teilen. Aber das machen unsere zivilisierten Hunde nicht. Sie müssen nicht auf Vorrat fressen, sondern bekommen von uns nur so viel, wie ihr Stoffwechsel täglich benötigt.

Oder hast du deinem Hund schon mal zehn Kilogramm Fleisch auf einmal gefüttert? In dem Fall wäre morgen ein Fastentag okay. In allen anderen Fällen ist es einfach Blödsinn, einen Hund hungern zu lassen.

Auch zu Diätzwecken ist der Fastentag unsinnig. Wenn dein Hund zu fett ist, dann bewege ihn mehr und stelle seine Ernährung um. Füttere Fleisch, Fisch oder Eier zusammen mit püriertem Gemüse plus Kokosfett. Dann bekommt er alle Nährstoffe und ist in einer Woche wieder schlank. Denn er ist nicht fett von zu viel Futter, sondern von zu vielen Kohlenhydraten und Zuckeranteilen im Fertigfutter.

# 19.
## Hunde brauchen 5000 Wiederholungen

Nein. Hunde sind hochintelligent. Sie begreifen alles spätestens nach drei Wiederholungen. Wir könnten auch sagen, aus dreimal der gleichen Erfahrung. Wenn ein Hund dann immer noch »Fehler« macht, hat er deine Absicht einfach nicht begriffen.

Dann musst DU was ändern. Vielleicht deine Signale, dein Übungstempo oder deine eigene Körperhaltung. Denk mal darüber nach.

Außer du willst deinem Hund etwas abgewöhnen. Jetzt wird es spannend. Denn dann reicht bereits eine einzige unangenehme Erfahrung. Aber diese Erfahrung muss immer von einem Objekt ausgehen, niemals von dir. Sie darf deinen Hund auch nicht verletzen oder ihm wehtun.

Beispiel: Wenn du deinen Hund vom Sofa verbannen willst, diskutiere nicht noch fünf Jahre mit ihm. Lass ihn einmal die Erfahrung machen »Sofa ist blöd«. Dafür beklebst du das Sofa mit doppelseitigem Klebeband. Sobald dein Hund dich austricksen will und sich nachts auf das Sofa mogelt, macht er diese Erfahrung. Falls es nicht reicht, wiederhole es am nächsten Tag noch einmal. Aber das sollte dann genügen. Hunde sind doch nicht blöd.

# 20.

## Hunde, die sich nicht streicheln lassen, sind aggressiv

Nein, sie haben Angst. Eine körperliche Annäherung bedeutet für Tiere immer Gefahr, also weichen sie aus. Erinnere dich an den ersten Rocky-Film, als er versuchte, das Huhn zu greifen … Es hat nicht funktioniert.

Ich habe in Australien meine Mutter gebeten, sich zahmen Kängurus in einem Wildpark zu nähern. Keine Chance. Auch Straßenhunde oder ängstliche Hunde lassen sich oft nicht anfassen. Sei froh, wenn dein Hund so höflich ist und fremden Menschen ausweicht. Wäre er nicht so freundlich, würde er angreifen und sofort beißen.

Aber selbst das müssen wir akzeptieren. Es ist unhöflich, einen anderen einfach körperlich zu berühren, ohne ihm die Chance zum Rückzug zu lassen. Unsere Hunde haben diese Chance zum Weglaufen meistens nicht. Sie sind wie Gefangene durch eine Leine an uns gebunden und können nicht flüchten.

Stell dir vor, in der Bahn, in der Arbeit oder beim Einkaufen würde jemand ständig an dir rumtatschen. Dann würdest du ihm doch auch die Meinung sagen, oder? So etwas nervt uns ja sogar bei Familienmitgliedern.

Oder versuche mal, deine halbwüchsigen Kinder ständig zu knuddeln. Die werden fluchen und flüchten. Sind sie deswegen aggressiv? Wohl kaum. Genauso wenig wie ein Hund, der sich von Fremden nicht streicheln lässt. Leuchtet das ein?

# 21.

## Kleine Hunde sind anspruchslos

Dieser Gedanke ist total unfair. Hund ist Hund. Kleine Hunde haben die gleichen Bedürfnisse, Fähigkeiten und emotionalen Blockaden wie die großen Rassen. Ich selber bin absoluter Fan von Chihuahuas. Für mich sind das die Hunde mit der erstaunlichsten Persönlichkeit. Wer einen kleinen Hund unterfordert und nicht ernst nimmt, der wird bald sein blaues Wunder erleben. Kleine Hunde werden zwar kaum einen Menschen lebensgefährlich verletzen, aber sie können giftiger reagieren als jede Kobra!

# 22.

## Der Mensch muss Spiele gewinnen

Gewinnen bedeutet, besser zu sein und Macht auszuüben. Aber Hunde denken nicht so. Wenn Hunde spielen, dann achten sie immer auf Polarität. Jeder ist mal stark, jeder liegt mal unten. Gönne doch deinem Hund die Siege im Spiel. Deswegen bist du ihm doch nicht unterlegen. Du lenkst doch trotzdem die Situation. Du hast das Spielzeug unter Verschluss, du beginnst das Spiel, du beendest es, du bestimmst die Dauer. Wie viel Macht brauchst du denn noch? Darf dein Hund nicht mal beim Spielen einfach nur Freude haben?

# 23.

## Strafe muss sein

Nein, denn daraus lernt ein Hund nichts. Wenn du verhindern willst, dass dein Hund falsch reagiert, dann musst DU alle Situationen von vornherein so gestalten, dass dein Hund gar nicht erst etwas anstellen kann. Also übernimm selber die Verantwortung und beuge vor.

Sollte es einmal zu spät sein, gewinne seine Aufmerksamkeit durch Pfeifen oder In-die-Hände-Klatschen und lenke ihn damit gekonnt ab – oder führe deinen Hund zu einem gewünschten Alternativverhalten: Renne ihm davon, lass ihn am Boden schnüffeln oder einen Trick vorführen. Auf diese Art bleibst du sein Idol. Strafe verringert nur sein Vertrauen in dich.

# 24.

## Hunde dürfen nicht auf erhöhten Plätzen schlafen

Auch so ein typischer Blödsinn aus vergangenen Zeiten, als man noch dachte, dass Hunde dadurch zu dominant würden. Alle Lebewesen, inklusive uns Menschen, lieben erhöhte Ruheplätze. Denn etwas erhöht fühlen wir uns alle einfach sicherer. Wir erinnern uns, Hunde sind Tiere. Sie wissen instinktiv, dass sie auf erhöhten Plätzen trockener und vor Gefahren geschützter liegen.

Frei lebende Hunde in Entwicklungsländern lieben es, nachts auf herumstehenden Bänken oder Tischen zu schlafen. Tagsüber, bei praller Sonne, suchen sie Zuflucht unter Autos oder Sonnenliegen am Strand. Hunde sind Opportunisten, sonst nichts.

Ich kann nur jedem Hundebesitzer raten, seinem Hund einen etwas erhöhten Schlafplatz zu bieten. Dann wird der Hund im Alltag viel entspannter sein und sogar das Hundetraining funktioniert »auf etwas drauf« viel schneller und zuverlässiger. Probiere es aus mit der »Bleib«-Übung. Ich würde mich freuen über ein Feedback.

# 25.
## Hunde brauchen Lob und Belohnung

Das kommt drauf an, wofür.

★ *Lob, um dem Hund das Lernen zu vereinfachen* – ja. So wie bei »Sitz« oder »Platz«, wenn der Hund mit Fleisch in die gewünschte Position gelockt wird. Sobald er dies begriffen hat, werden die Leckerlis schrittweise wieder reduziert.

★ *Lob als Bestätigung für richtiges Verhalten* – klar. Bei Welpen macht das noch Sinn. Sie freuen sich, wenn sie unsere Begeisterung spüren. Bei erwachsenen Hunden ist es absolut überflüssig, jeden richtigen Schritt mit Futter zu belohnen oder mit »Fein« zu kommentieren. Wenn du deinem Hund alles richtig vermittelt hast, darfst du voraussetzen, dass er entspannt neben dir läuft, ruhig auf dich wartet und Artgenossen in Ruhe lässt. Das ist auch für deinen Hund normal.

★ Und falls er noch nicht so weit ist, wird auch dein »Feeiin« sein Verhalten nicht ändern. Dann solltest du an dir arbeiten und bessere Wege der Kommunikation finden. Nur wenn dein Hund dich versteht, wird sich sein Verhalten dauerhaft bessern. Dann braucht er weder Lob noch Belohnung. Er freut sich aber, wenn er noch ab und zu im richtigen Moment von dir eine Bestätigung erhält. Doch dafür reicht ihm ein Kopfnicken oder ein anerkennendes »Wow, super gemacht«.

* *Belohnung, damit er sich überwindet.* Hm, dann wird das Futter eher zur Strafe. Wenn dein Hund wirklich nur für Futter etwas tut, was ihm sonst zuwider ist, zum Beispiel schwimmen, dann ist es für ihn keine Belohnung. Dann nutzt du seinen Fresstrieb aus, um ihn zu dominieren. Damit er etwas tut, was er von Natur aus nicht tun würde. Bei derart schwierigen Situationen sind andere Hunde viel bessere Motivatoren. Denen folgt dein Hund, ohne zu zögern. Falls das auch nicht hilft, höre auf, ein bestimmtes Verhalten zu erzwingen. Das macht weder dir noch deinem Hund Spaß. Vielleicht springt er irgendwann von selber ins Wasser. Unsere Hunde müssen gar nichts. Freu dich über alles, was dein Hund gerne mitmacht.

* *Futter bei Stressverhalten* – ja, absolut. Denn Fressen hilft dem Hund zu entspannen. Biete ihm Futter und schau, was passiert. Futterverweigerung ist immer ein Zeichen für tiefen Stress. Dann braucht dein Hund dringend Hilfe und Verständnis. Sollte er Futter nehmen, obwohl er gerade einen Artgenossen anpöbelt, dann hat er keinen Stress. Dann ist sein Verhalten einfach Gewohnheit, schlechtes Benehmen oder Langeweile, aber sicher kein ernstes Problemverhalten. Also kein Grund für dich, in Panik zu verfallen. Solange dein Hund Futter nimmt, bekommst du alles in den Griff.

**Merke:** Die größte Belohnung für deinen Hund ist seine aktive Einbindung in eure Gruppe. Wenn seine Bedürfnisse befriedigt werden, wenn sich alle blind vertrauen und er ein nützliches Mitglied eurer Familie ist. Das allein macht ihn glücklich und lässt ihn entspannen.

Das sind noch lange nicht alle Fehlinterpretationen. Es sind Tausende unnütze Mythen über Hunde im Umlauf. Lass dich davon nicht verrückt machen. Mache das, was DU selber für richtig hältst. Jedes Mensch-Hund-Team ist anders und lebt unter anderen Bedingungen zusammen. Wäge die Meinung anderer immer erst ab, es sind alles nur individuelle Erfahrungen. Niemand weiß alles und niemand macht alles richtig. Höre mehr auf deinen eigenen Bauch und etwas weniger darauf, was andere Menschen dir raten.

# Welpenstunden – wie sinnvoll sind sie?

**Stellen wir uns die Situation einmal vor:** Der ahnungslose Welpe wird mit acht oder zehn Wochen plötzlich von seiner Mutter und seinen Geschwistern getrennt. Das versetzt ihn in heftige Panik, denn er spürt instinktiv: Ohne sie kann er nicht überleben.

Der Welpe findet sich nun an einem völlig fremden Ort wieder, umgeben von unbekannten Lebewesen. In seiner Naivität glaubt er, irgendwo unter ihnen wird er seine Mami und die Geschwister wiederfinden.

Er geht auf jedes neue Familienmitglied freudig zu, als wolle er sagen: »Weißt du, wo meine Mami ist?« Gleichzeitig beobachtet er das neue Umfeld und die neuen Menschen und bildet sich langsam ein Urteil über sie. Alle scheinen sehr nett zu sein, es gibt leckeres Futter und er bekommt viel Aufmerksamkeit. Aber auch nach mehreren Tagen weiß er noch nicht, wo seine Mutter und Geschwister geblieben sind. Also macht er erst mal das Beste aus seiner Lage und findet heraus, wie hier wohl alles so läuft.

Er beginnt sich zu fragen:

* Wer ist hier der mit dem meisten Durchblick?
* Wem muss ich folgen, wenn es brenzlig wird?
* Wer hilft mir, wenn ich Angst bekomme?
* Wer zeigt mir, über Hindernisse, durch einen Bach oder aus einem Erdloch wieder herauszukommen?
* Wer weiß, wo Beute und Wasser zu finden sind?
* Wer zeigt mir, welchen Lebewesen ich trauen kann und welchen nicht?

*Ein schockierendes Erlebnis im Leben aller Welpen: Getrennt von Mutter und Geschwistern, allein in neuer Umgebung inmitten fremder Menschen.*

- ★ Wer schützt mich vor aufdringlichen Menschen und unbändigen Kindern?
- ★ Wer führt mich sicher an diesen großen Kästen auf vier Rädern vorbei?
- ★ Und so weiter, und so weiter ...

Und was antwortest du ihm? Mal ganz ehrlich, hast du Ideen? Oder hast du diese kleine Fellnase schon in der Hundeschule angemeldet, bevor sie überhaupt bei dir eingezogen ist? Dein Welpe wird in seiner fatalen Lebenslage wenig anfangen können mit »Sitz«- und »Platz«-Übungen.

Klar macht er mit. Welpen sind neugierig und lernwillig. Außerdem wollen sie das Leckerli, das es zur Belohnung gibt.

Klar rennt er zu den anderen Hunden – in der Hoffnung, unter ihnen seine Geschwister zu finden. Die hätte er gerne bei sich. Denn seine Familie kennt er und hat ihr bedingungslos vertraut.

Aber seine neuen Menschen setzen ihn zu völlig fremden Hunden. Viele von ihnen machen ihm Angst. Wie soll er sich verhalten? Er versteckt sich hinter seinem neuen Menschen, doch der geht zur Seite, weil Hunde angeblich lernen müssen, alleine fertigzuwerden. Nun ist der ahnungslose Welpe dieser großen Welt schutzlos ausgeliefert.

Er bekommt Angst. Stress macht sich in ihm breit. Er hat keine Wahl, er muss raus auf dieses Schlachtfeld. Also los, kleiner Welpe, mach das Beste aus dieser Situation.

Und er macht nun die wichtigste Lektion seines Lebens: Es gibt niemanden, auf den er sich hier verlassen kann. Also wird er von nun an alles für sich alleine regeln. Das Chaos beginnt. Denn seine Mutter würde ihn niemals alleine nach vorne lassen. Sie würde ihn gegen alles und jeden mit ihrem Leben beschützen. Bis er stark und intelligent genug ist, es wirklich selber zu machen ...

*Auch bei einem augenscheinlich freundlichen Kontakt unter Welpen muss der Mensch achtgeben und den Welpen bei Bedarf beschützen.*

Sicher muss nicht jede Welpenstunde immer so negativ ausgehen. Aber in ganz vielen Fällen ist es leider so.

## DAS IST WICHTIG FÜR WELPEN

Deshalb meine große Bitte: Lasst eure Welpen nicht alleine. Ihre leibliche Mutter würde sie gnadenlos beschützen. Ein Welpe muss nicht ins Leben gehen, er muss gar nichts alleine regeln. Welpen brauchen unseren bedingungslosen Schutz. Dazu gehört auch, dass wir sie ruhig einmal hochnehmen. Der Zweck heiligt die Mittel.

Aber Welpen müssen natürlich gefordert und gefördert werden. Sie sollen mutig und positiv ins Leben wachsen. Lass ihn kleine Mutproben bestehen. Über etwas oder unter etwas durchkrabbeln, über Gitterroste und unterschiedliche Untergründe laufen. Fahrstuhl fahren und durch einen Bahnhof gehen. Geräusche hören und verschiedenste Lebewesen treffen. Nicht nur Menschen. Auch Pferde, Ziegen oder Hühner.

Führe ihn gezielt an tiefenentspannte Hunde von Freunden heran, lass ihn Erfahrungen

machen. Sei aber da, um ihm aus der Patsche zu helfen. Das ist es, was dein Welpe von dir braucht. DU bist seine neue Mami.
Fahre ins Gelände und lass ihn frei laufen. Lass ihn mal alleine die Umgebung erkunden, behalte ihn unauffällig im Auge. Der Kleine muss lernen, DIR zu folgen, nicht umgekehrt. Keine Angst, sein Folgetrieb wird ihn am Wegrennen hindern. Außerdem sind seine Beine viel kürzer als deine eigenen. Du hast also auf alle Fälle alle Trümpfe auf deiner Seite.

»Nicht ›Sitz‹ und ›Platz‹ will dein Hund von dir lernen. Sondern wie er unbeschadet in unserer menschlichen Welt zurechtkommen kann.«

Übernimm diese Verantwortung und bereite deinen Welpen auf sein Leben vor. Dazu braucht er weder Kommandos noch Disziplin und auch keine Welpengruppe. Denn dort sind fast alle Welpen immer viel zu aufgedreht.
Hunde sind hochsoziale Gruppentiere. Sie arrangieren sich mit allen Lebewesen. Suche gezielt nach entspannten Hunden, mit denen du deinen Welpen zusammenführen kannst. Frag Freunde, Kollegen oder andere Hundebesitzer beim Spaziergang. Schau dir deren Hunde aber vorher genau an. Sie müssen wirklich freundlich und sozial sein.
Lass deinen Welpen niemals aufgedrehte, wilde oder respektlose Raufbolde treffen! Führe ihn in großem Bogen an denen vorbei. Hab den Mut, anderen Hundebesitzern »Nein« zu sagen, wenn dir deren Hund nicht ganz geheuer ist. Lass deinen Welpen lieber weniger, dafür wirklich gute Hunde treffen. Dann findet er bald seine Sicherheit, seine Lebensfreude und die Kraft für sein neues Leben. Niemand sonst kann ihm das geben, nur du, seine neue Mami.

## WIE WÜRDE EINE IDEALE WELPENGRUPPE AUSSEHEN?

Wenn die Welpenstunde wirklich im Sinne des Welpen abläuft und ihm den Weg ins Leben ebnen soll, dann erfüllt sie folgende Welpenkriterien:

* Nicht mehr als vier Welpen nehmen teil.
* Welpen sollten bereits 12 bis 14 Wochen alt oder mindestens vier Wochen beim neuen Besitzer sein.
* Nur höfliche Welpen dürfen miteinander spielen. Raufbolde sollten lieber individuell ausgepowert werden, je nach Veranlagung.
* Den Erstkontakt zu anderen Welpen macht IMMER der Besitzer, niemals der Welpe selber.
* Die Stunden finden in wechselnder Umgebung statt (Innenstadt, Wald, Restaurant) und bieten unterschiedliche Herausforderungen.
* Priorität haben die Bedürfnisse der einzelnen Welpen (Ängste, Emotionen, Triebe). Es gibt kein Standardprogramm. Jedes Treffen wird vorher mit den Besitzern festgelegt.
* »Sitz«, »Bleib« und »Komm« fließen nur nebenbei, ganz spielerisch mit ein.

Wenn ein Welpe Angst hat, muss er weder spielen noch an die anderen Teilnehmer und Welpen herangehen. Wird einer sehr nervös, bekommt der Besitzer Hilfe, wie er seinen

*Ab einem Alter von sechs bis acht Monaten ist der Junghund fähig, mit seinem Menschen Abenteuer zu bestehen, wenn die Vertrauensbasis stimmt.*

Welpen in die Entspannung führen kann; vielleicht mit gezielten Massagen.

An erster Stelle der Welpenkurse sollte immer der Aufbau eines tiefen Vertrauens des Welpen in die Welt und in seinen Besitzer stehen. Nicht Kommandos, Disziplin und Unterordnung. Alles, was dein Welpe braucht, kannst du ihm getrost selber beibringen. Der Ernst des Lebens beginnt erst nach seiner Geschlechtsreife.

Mit sechs bis acht Monaten werden Welpen von ihrer Gruppe mitgenommen zu ersten weiteren Streifzügen in die Umgebung. Jetzt lernen sie, wo Wasser zu finden ist, wovor sie sich in Acht nehmen müssen oder welche Sachen fressbar sind. Nur so können sie später selbstständig überleben.

Wenn deine Bindung zu deinem Welpen wirklich eng und von gegenseitigem Vertrauen geprägt ist, wäre jetzt die Zeit, mit ihm zusammen zu trainieren. Jetzt kann er sich konzentrieren und hört dir zu. Jetzt fragt er nicht mehr nach seiner Mutter und seinen Geschwistern, sondern ist bereit für eure gemeinsame Abenteuerreise ins Leben.

## Was braucht ein Welpe wirklich?

All diese Entscheidungen sind natürlich dir selber überlassen. Hab keine Angst zu versagen. Welpen großzuziehen ist keine Wissenschaft. Wenn du ein paar Dinge beachtest, wird aus deinem Welpen bald ein zuverlässiger Begleiter.

### HALTE EURE SPAZIERGÄNGE KURZ

Überfordere deinen Welpen nicht mit Spaziergängen. Meist haben sie ziemlich viel

Angst vor unserer großen lauten Welt. Zwinge ihn zu nichts. Falls er sich weigert, nimm ihn kurz mit raus, damit er sein Geschäft machen kann. Lass deinen Welpen gerne etwas rumschnuppern und gehe wieder rein.
Sobald seine Neugier auf sein Umfeld wächst, kannst du dich allmählich immer weiter vom Haus entfernen. Eine Grundregel der Physiotherapie besagt: fünf Minuten flüssiges Laufen pro Tag und Lebensmonat. Lass dir also ruhig Zeit. Der Bewegungsapparat eines Welpen ist nicht von Geburt an für längere Laufstrecken geeignet. Auch bei Welpen müssen Muskeln und Gelenke erst langsam trainiert werden. Seinen Bewegungsapparat sollten wir nicht überlasten.

## SOZIALISIERE DEINEN WELPEN

Viele Menschen glauben, dass mit Sozialisierung möglichst viele Hundebegegnungen gemeint sind. Leider nicht. Sozialisieren bedeutet, den Welpen auf das Leben vorzubereiten. Nimm deinen Welpen mit in möglichst viele neue Situationen. Geht zum Bahnhof, zu einem Kindergarten, zu einem Ententeich, einer Pferdekoppel oder einem großen Parkplatz. Dort angekommen, bleibst du stehen und wartest, wie dein Welpe reagiert.
Bleibe selber ganz ruhig und gib ihm keine Beachtung. Registriere aber seine Reaktionen. Falls er gestresst reagiert, solltest du öfter noch mal wiederkommen, um ihn langsam an die entsprechende Situation zu gewöhnen.
Bleibt dein Welpe ruhig, ist alles in Ordnung. Dann geht ihr nach fünf Minuten entspannt wieder nach Hause.
Noch intensiver wird es, wenn du deinen Welpen kleine Mutproben bestehen lässt. Die erste Herausforderung ist ja meist das Autofahren. Aber es gibt noch mehr zu erkunden. Fahrt gemeinsam Fahrstuhl oder auch Straßenbahn. Lass deinen Welpen unter oder über etwas krabbeln.
Mach ihn mit Küchenmaschine und anderen lärmenden Dingen bekannt. Wobei du aber leise starten solltest. Decke den Staubsauger zu Beginn ruhig erst einmal ab.
Lass deinen Welpen über Sand, Kiesel, Packpapier oder eine aufgeblasene Luftmatratze laufen. Sei erfinderisch und improvisiere. Finde heraus, ob er durch Pfützen läuft oder drum herum geht. Ob er einen großen Ball anstupst oder davor wegrennt. All das gibt dir Aufschluss über seinen Charakter und die Belastbarkeit seines Nervenkostüms.
Teste einfach alles spielerisch aus. Aber vor allem: Lass dir Zeit und erzwinge nie etwas! Höre auf, sobald der Welpe Anzeichen von Angst zeigt. Versuche alle kritischen Situationen eine Woche später noch mal. Aber immer in seinem Tempo.
**Tipp:** Auch wenn du sagst: »Mein Hund wird niemals Straßenbahn fahren, wir leben auf dem Land« – mach die Übung trotzdem. Bei der Sozialisierung geht es nicht darum, was der Hund später braucht, sondern dass er möglichst viele Stimuli positiv und angstfrei meistert. Dass er selber stolz auf sich ist und so viele Situationen wie möglich als belanglos abhaken kann. Das gibt ihm ein gesundes Selbstvertrauen und ein entspanntes, sonniges Gemüt für den Rest seines Lebens.

## ERMÖGLICHE IHM DAS LERNEN VON IMPULSKONTROLLE

Um mit anderen Hunden und Lebewesen in Frieden zu leben, müssen Welpen vor allem grundsätzliche Hunderegeln lernen. Ein wichtiges Basiselement für ihn ist, seine Wut zu zügeln. Eine solche Impulskontrolle ermöglicht ihm, später all seine Aktionen und seine Aggressionen unter Kontrolle zu haben. Ohne Impulskontrolle gibt es keine Beißhem-

*Beutespiele eignen sich hervorragend, um bei einem Welpen das Spielverhalten zu fördern. Er sollte dabei aber oft gewinnen können.*

mung. Beides ermöglicht Hunden eine klare und höfliche Kommunikation, vor allem mit Artgenossen. Einziger Nachteil: Eine Impulskontrolle kann dein Welpe nur von sehr sozialen erwachsenen Hunden lernen. Nicht von anderen Welpen.

Nimm diesen Punkt nicht auf die leichte Schulter. Wenn dein Hund mit anderen Hunden später nicht sozial und respektvoll umgeht, tut er es mit dir auch nicht! Dann nützt dir auch ein jahrelanges Sitz-, Platz-, Pfui-Training nicht weiter.

Deswegen tu dir selber einen Gefallen: Gib deinem Welpen die Chance, sehr entspannte, soziale erwachsene Hunde zu treffen. Sie haben genug Feingefühl, motivieren ihn oder fordern ihn heraus, ohne ihn zu überfordern. Das wird sein eigenes und euer gemeinsames Leben positiv beeinflussen.

## BAUE SEINE BEISSHEMMUNG AUF

Für diese Lektion braucht ein Welpe zunächst seine Geschwister, später auch andere Welpen. Sie sollten seinem Entwicklungsstand und seiner Körpergröße entsprechen, sodass die Begegnungen fair und friedlich ablaufen können.

Du selber kannst auch hohe, quietschende Laute von dir geben, sobald die spitzen Welpenzähnchen deine Haut berühren. Ziehe aber deinen Arm niemals weg, sonst beißt er noch fester. Schimpfe auch nicht, das könnte er nicht verstehen. Diese Phase geht vorüber, sobald dein Welpe seinen Zahnwechsel hinter sich hat. Wenn er den nächsten Beißimpuls hat, quietsche kurz. Biete ihm einen echten Knochen als Ersatz und entferne dich schweigend.

Ein Hund ohne erlernte Beißhemmung wird allen Außenreizen seine Aufmerksamkeit schenken und seinen Impulsen immer freien Lauf lassen. Ohne Rücksicht auf die Konsequenzen, also dass es wehtut oder dabei etwas kaputtgeht. Er beißt dann, auch bei Lappalien, schneller, entschlossener und fester zu. Er kommt nicht, wenn du rufst, beschädigt dein Eigentum oder wehrt sich gegen Ermahnungen.

## FÖRDERE SEIN SPIELVERHALTEN

Wie bereits gesagt: Hunde, die spielen, sind entspannt. Also spielt zusammen. Am besten funktionieren Beutespiele. Denn das ist das Einzige, was Hunde zusammen spielen. Zerre mit deinem Welpen um die Wette, vielleicht mit einem Putzlappen oder einem Stück Seil. Beginne vorsichtig, biete ihm erst mal nur Widerstand, damit du seine Welpenzähne nicht herausreißt. Nach dem Zahnwechsel kannst du in stärkeres Ziehen übergehen. Lass deinen Welpen dieses Spiel so oft wie möglich gewinnen. Nein, es macht nicht dominant (siehe Seite 85), denn du bestimmst über den gesamten Spielablauf. Du beginnst und beendest jedes Spiel und legst alle Spielregeln fest. Du bleibst der Chef. Dein Welpe soll einfach nur Spaß haben.

»Der Hund will sich nicht unterordnen, er will sich an uns orientieren können.«

## GEWINNE SEIN BEDINGUNGSLOSES VERTRAUEN

Das ist nun deine Aufgabe. Denn Vertrauen kannst du deinem Welpen nicht antrainieren. Das bekommst du geschenkt. Es ist das Wertvollste, das dein Hund dir geben kann. Vertrauen bedeutet, dass er alle Hunderegeln verstanden hat und sie auch mit dir respektvoll praktiziert. Das Vertrauen deines Hundes gewinnst du, wenn du selber ein paar Hunderegeln beachtest:

* Respektiere seine Signale, wie Knurren oder Wegrennen, auch wenn sie dir nicht gefallen. Dann bleibe weg, störe ihn nicht im Schlaf oder entferne dich, sobald dein Welpe irritiert oder gestresst auf deine Nähe reagiert.
* Nimm ihm nichts weg. Sollte dein Welpe dein Handy im Maul haben, tausche es einfach mit einem Stück Fleisch. Warte, bis er das Handy selber fallen lässt, um sich das Fleisch zu nehmen.
* Nähere dich höflich, sodass er deine Annäherung früh genug wahrnimmt.

*Der Welpe hat etwas ergattert, das er nicht haben soll. Wegnehmen zerstört sein Vertrauen. Besser ist es, ihm als Tausch etwas Leckeres anzubieten.*

Gehe dabei in die Hocke und signalisiere Harmonie.

* Vermeide hektische Bewegungen, lautes Reden und jede Form von Gewalt.
* Schütze ihn vor den Zugriffen und Tatschereien ihm fremder Menschen. Dazu gehören auch deine Freunde und Besucher.
* Bewache ihn nicht wie einen exotischen Schatz. Lass deinem Welpen genug Freiraum, ohne ständig an ihm dranzuhängen. Er bindet sich viel enger an dich, wenn du ihn öfter mal ignorierst.

## VERZICHTE AUF SCHIMPFEN

Lass es wirklich sein, deinen Welpen derb anzureden, zu disziplinieren oder zu schimpfen. Wenn er etwas nicht tun soll, musst DU die Situation so schaffen, dass er nicht in Versuchung kommt.
Wenn er etwas ergattert, das nicht für ihn bestimmt ist, nimm es ihm nicht weg. Besser ist, du beanspruchst es. Lege deine Hand darauf und schau dem kleinen Welpen tief in die Augen. Warte, bis er den Gegenstand freigibt. Falls es nicht funktioniert, na ja, pass eben das nächste Mal besser auf deine Sachen auf.

*Welpen haben einen starken Folgetrieb. Wenn sie im Gelände frei laufen, lernen sie schneller, sich an ihrem Menschen zu orientieren.*

Mit diesen allgemeinen Tipps solltest du schon ziemlich weit kommen. Mache dich gefasst auf eine stürmische Welpenzeit, habe Geduld und Verständnis. Wenn dein Welpe über die Stränge schlägt, tut er das nicht, um dich zu ärgern. Dann ändere die Situation, lenke sein Verhalten um oder biete ihm Alternativen.
Sagst du jetzt: »Mein Hund ist schon lange erwachsen, für ihn kommen diese Welpentipps zu spät«? Sei nicht albern. Hunde lernen ein Leben lang, sie machen bis ins hohe Alter neue Lebenserfahrungen, auch dein Hund. Klar, bei einem achtjährigen Möchtegernmacho wirst du etwas mehr Zeit und Selbstdisziplin brauchen als bei einem Welpen. Aber es funktioniert trotzdem noch. Was immer du aus diesem Kapitel früher bei deinem Hund versäumt hast, hole es jetzt nach. Es lohnt sich garantiert. Hunde lieben es, neue Lebenserfahrungen zu machen.
Sozialisiere ihn, verzichte auf Strafen, spielt zusammen. Probiere alle Tipps aus diesem Kapitel bei deinem Hund aus. Eure Bindung kann nur besser werden. Du willst ihn doch wohl nicht bis an sein Lebensende mit Sitz und Platz langweilen, oder?

## Hilfe erwarten von außen

Mir werden sehr oft folgende Fragen gestellt:

**Was mache ich, wenn ...**

- ... der Nachbarhund uns am Gartenzaun anbellt?
- ... mein Hund seinen Erzfeind trifft?
- ... mein Hund beim nächsten Mal den Hund meiner Schwester attackiert?

Meine erste Antwort auf solche Fragen ist: »Das weiß ich nicht, denn ich bin in der Situation nicht dabei.« Als Nächstes versuche ich den Menschen zu erklären, warum ich auf solche Fragen nicht antworten möchte.
Von einem Dritten Hilfe zu erwarten, entspricht unserer menschlichen Natur. Wir waren seit unserer Geburt von anderen Menschen abhängig. Das Glück kam immer von außen. Als Säugling waren es Muttermilch, Fürsorge und die Geborgenheit im Nest. In der Kindheit hatte Glück die Form von Spielsachen, tollen Freunden, guten Zeugnissen. In der Jugend machten uns abenteuerliche Reisen, der bestandene Führerschein oder die erste eigene Wohnung glücklich. Als Erwachsene, nach Ausbildung oder Studium, sind wir erst zufrieden, wenn wir endlich unseren Traumpartner gefunden haben ...
**Fällt dir was auf?** Je älter wir werden, desto materieller werden unsere Bedürfnisse nach Glück und Freude. Aber wirkliches Glück finden wir nicht im Außen, im Materiellen oder durch andere Menschen. Glück und Zufriedenheit wohnen immer in uns selber. Es hat nichts mit dem Verstand zu tun, sondern mit dem Bauch. Trotzdem drängelt sich unser Verstand immer wieder in den Vordergrund und will unser Leben beherrschen. Wie, was,

*Hunde, die augenscheinlich aggressiv ihren Garten bewachen, tun dies auch, wenn sie einsam sind.*

wann, wo, warum ...? Ein Leben lang wollen wir für alles eine Erklärung oder auch Hilfe von außen. Oder jetzt in unserem Fall: »Wer kann mir sagen, wie ich in Situation X mit meinem Hund umgehen muss?« Niemand. Denn ihr seid ein einzigartiges, wunderbares Team. Ihr habt euch gefunden, weil ihr beide voneinander lernen könnt.

Dein Hund weiß nichts über deinen Verstand und deine Logik, ihm fehlt dieser Gehirnteil. Sein Stammhirn hat nur Zutritt zu deinem Stammhirn – oder auch zum Bauchhirn. Dort, wo deine Gefühle und Ängste sitzen. Diese nimmt er wahr. Dein Hund spürt, ob du in dir selber zufrieden und glücklich bist. Er spürt aber auch, ob Ängste oder Selbstzweifel in dir wohnen.

Hier findest du auch die Antwort auf die Fragen links. Sobald du bereit bist, nach innen zu schauen und aus deinem Bauch heraus zu handeln, hast du die Situation im Griff. Denn du wirst instinktiv das Richtige tun.

Sobald dir klar wird, dass der Nachbarhund euch nur aus Einsamkeit anbellt, fühlst du dich nicht mehr angegriffen und wirfst ihm vielleicht ein paar Leckerlis ins Grundstück. Ein Hund, der frisst, kann nicht bellen.

Sobald du den Erzfeind einfach ignorierst, fühlt er sich nicht mehr in deinem Fokus und weniger von dir bedrängt. Ich wette, das macht ihn viel zugänglicher. So kann dein Hund bald auch ruhiger auf ihn reagieren.

Sobald du ehrlich entscheidest, dass du den Hund deiner Schwester selber nicht leiden kannst und gar nicht in deiner Nähe haben willst, wirst du die richtige Lösung finden.

Verstehst du, was ich meine? Deine Antworten findest du nicht in einem Hundebuch oder bei anderen Menschen, sondern nur in dir selber. Wenn du es schaffst, auf deinen Bauch zu hören und ruhig zu bleiben, statt dich von den Fragen deines Verstandes ablenken zu lassen, wird auch dein Hund immer seltener in Stress fallen. Aber dazu wirst du in den weiteren Kapiteln gleich noch mehr erfahren. Denn eine Änderung im Hund beginnt immer mit der gleichzeitigen Änderung in seinen Menschen. Wie damals, bei Bonnie und mir (siehe Seite 58).

Mittlerweile habe ich vielen Hundebesitzern und Hunden zu glücklichen Spaziergängen verholfen. Was ich dir und deinem Hund in bestimmten Situationen empfehlen würde, erkläre ich dir, wenn wir zusammen diese Situationen erleben. Entweder vor Ort oder online (CaniKo©, siehe Seite 200).

*Gespannte Leine: Dieser Hund vertraut seinem Menschen nicht voll und möchte weg, vielleicht weil hinter dem Gartenzaun ein Artgenosse bellt.*

»Glaube mir: Seelenfrieden mit deinem Hund gewinnst du nicht mit Erziehung und Disziplin, sondern durch Vertrauen, Verständnis und Fairness.«

# HUNDE FÜHLEN, WAS WIR DENKEN

*Alle Lebewesen kommunizieren, sogar Pflanzen. Aber alle haben ihre eigene »Sprache«. Wir Menschen haben gleich mehrere Wege, uns mitzuteilen: über Körpersprache, Mimik und natürlich verbal. Selbst die verbale Sprache können wir nochmals unterteilen – je nachdem, mit wem wir kommunizieren.*

Mit Babys reden wir anders als mit jugendlichen Halbstarken. Im Urlaubsland sprechen wir mit den dortigen Einheimischen anders als mit unserem Chef. Mit unseren Freunden reden wir anders als mit unseren Eltern. Wir tun alles, um Gemeinsamkeiten und Verbundenheit mit unserem Gegenüber entstehen zu lassen … Wäre es nicht an der Zeit, auch mit unseren Hunden klarer zu kommunizieren, damit sie uns besser verstehen und schneller auf uns reagieren können?

Denen drücken wir bisher nur unsere eigenen Sprachmuster auf. Wir erwarten, dass sie uns verstehen, und fordern, dass sie wissen, was wir wollen. Na gut, wir sprechen keine ganzen Sätze und benutzen auch weniger Grammatik. Aber was nützt das dem Hund?

## Lernen, mit dem Hund zu kommunizieren

Beim Hund sind wir seit Jahrhunderten nicht bereit, auf dessen Level herunterzugehen und mit Körpersprache und unserer Ausstrahlung zu kommunizieren. Dabei wäre es doch so einfach. Wie gesagt, wir tun es bei Babys und auch im Ausland. Da benutzen wir nur Mimik oder Hände und Füße zur Verständigung. Dass es geht, zeigen die folgenden Beispiele:

- ★ Wenn du deinen Zeigefinger auf deinen Mund hältst, weiß jeder Mensch überall auf der Welt, dass er jetzt ruhig sein soll.
- ★ Wenn du dir nach dem Essen genüsslich den Bauch streichelst, weiß jeder, dass es dir geschmeckt hat und du voll zufrieden bist.
- ★ Wenn du deine Augen schließt und dir mit der flachen Hand an deinen Kopf fasst, schlussfolgert jeder, dass du wahrscheinlich Kopfschmerzen hast.

Warum wenden wir diese einfache Sprache nicht endlich auch bei unseren Hunden an? Bei den Wesen, die NICHT zu unserer Spezies gehören. Deren Gehirn überhaupt nicht darauf ausgerichtet ist, Worte zu verstehen. Trotzdem sind sie bereit, ganz eng mit uns zu leben, und versuchen inständig, mit uns zu kommunizieren. Unsere Hunde haben es

---

**Kommunikationsbeispiel: Leinenführung**

Immer wenn ein Hund beginnt, nach vorne zu ziehen, soll sein Besitzer stehen bleiben und warten, bis der Hund zurückkommt.
Der Hund muss dann vier bis fünf Schritte zurückgehen, bis er wieder neben seinem Menschen steht. Dann laufen sie weiter. Beginnt der Hund wieder zu ziehen, bleibt der Mensch wieder stehen ... Bis der Hund jedes Mal von selber brav zurückgeht.
Denkst du jetzt auch neidisch: »Wow ... wie toll, wenn meiner das auch könnte?« Falsch! Denn wenn ein Hund das so macht, hat er gar nichts begriffen, außer: Wenn mein Mensch stehen bleibt, muss ich vier Schritte zurückgehen, bis ich wieder neben ihm bin.
Das ist alles. Der Hund hat absolut nicht begriffen, dass er zu schnell ist oder nicht nach vorne gehen soll. Denn wenn er es begriffen hätte, würde er nicht mehr nach vorne ziehen. Aber dieser Hund wird in zehn Jahren immer noch an der Leine ziehen und danach vier Schritte zurücklaufen. Wie ein Zirkushund, der eine bestimmte Handlungsfolge nur stumpfsinnig wiederholt.

---

am meisten verdient, dass wir ihnen die Verständigung mit uns so einfach wie möglich machen.
Ich wundere mich immer wieder, wie viel Geduld unsere Hunde aufbringen und wie wenig wir Menschen bisher bereit waren, es ihnen leicht zu machen.
Nehmen wir mal ein Beispiel aus Hundeschulen zur Leinenführung. Wie die Übung normalerweise vermittelt wird, liest du in dem Kommunikationsbeispiel links.

## DRESSUR HAT NICHTS MIT VERSTEHEN ZU TUN

Lass dich also nicht irritieren, wenn du auch mal so einen supergut funktionierenden Hund siehst. Er ist bestenfalls gut dressiert, aber begriffen hat er sicher nichts ... Weil nämlich sein Mensch nur in seiner eigenen Sprache kommuniziert und der Hund dessen Anliegen einfach nicht verstehen kann. Er führt es nur automatisch aus. Stehenbleiben und Warten ist für den Hund KEIN Signal, dass er etwas falsch gemacht hat oder etwas ändern soll. Also wird sich auch an seinem Verhalten nichts ändern.
Verstehst du jetzt, dass dein Hund weder deine Sprache noch deine Absichten versteht? Er gibt sich wirklich die größte Mühe, aber er wird es niemals lernen.
Aber du selber kannst ab heute deine Körpersprache, Mimik und Ausstrahlung benutzen, um es ihm ein wenig leichter zu machen.

## WIE KOMMUNIZIEREN HUNDE?

Hunde kommunizieren sehr klar und sehr rücksichtsvoll miteinander. Jeder Blick, jede Rutenstellung oder Bewegung signalisieren dem Gegenüber deutlich, wie der andere sich gerade fühlt und wie er einzuschätzen ist. Ist er ein angenehmer Freund, ein unwichtiger Niemand oder ein gefährlicher Gegner?

Der erste Eindruck bestimmt über das weitere Vorgehen der Hunde. Will man den anderen näher kennenlernen, ignoriert man ihn oder sollte man vorsichtig sein und sich lieber entfernen? All diese wichtigen Hinweise werden zwischen Hunden zuerst über Geruch und Körpersignale ausgetauscht.
Zusätzliche akustische Signale verraten dann etwas mehr. Sie offenbaren klar, wie der andere Hund sich gerade fühlt.

- ★ Ist er entspannt und gut drauf, sagt er nichts.
- ★ Sollte einer der beiden knurren, ist das seine respektvolle Bitte an den Artgenossen, doch bitte etwas Abstand zu halten: »Lass mir Zeit und Raum, bis ich mich sicherer fühle.« Knurren ist immer Unsicherheit und normale soziale Hunde werden dieser Aufforde-

*Wenn Hunde sich begegnen, erfahren sie über Geruch und Körpersignale, was sie von ihrem Gegenüber zu halten haben.*

rung nachkommen und den anderen in Ruhe lassen. Sie werden sich langsam entfernen, ohne den anderen durch Blicke oder Gesten unnötig zu irritieren.

- ★ Falls einer fiept oder bellt, zeigt das Nervosität oder auch Unerfahrenheit. Auch das wird von anderen Hunden meist ignoriert. Mit solchen Nervensägen will niemand gerne Umgang haben. Aber darauf kommen wir später noch zurück.

## WIE KOMMUNIZIERST DU MIT DEINEM HUND?

Jetzt vergleiche doch einmal, wie du mit deinem Hund kommunizierst. Wie viele Kommandos gibst du ihm im Laufe eines Tages? Wie oft berichtigst du ihn, etwas sein zu lassen? Wie oft lobst du ihn überschwänglich, ohne dass es ihn wirklich berührt?
Wie wäre es, das alles einmal sein zu lassen? Für meine Kunden ist das immer die größte Strafe, wenn ich ihnen Redeverbot erteile. Wie geht es dir damit? Hast du auch Einwände, wie:

- ★ Aber ich muss ihm doch sagen, was er tun soll.
- ★ Ich muss ihn doch loben, wenn er etwas richtig macht.
- ★ Wie soll ich ihn ohne Worte im Freilauf zurückrufen?

**Wie soll ich ihn wortlos zurückrufen?** Diese Frage ist sehr schnell beantwortet. Du rufst deinen Hund zu dir heran, indem du wortlos von ihm weggehst. Dann wird er dir folgen. Oder indem du eine Hundepfeife benutzt. Wenn er dann kommt, sollte etwas Spannendes, wirklich Lohnendes passieren. Am besten beginnst du ein einfaches Spiel mit ihm.

*In diesem Video bekommst du drei super Tipps, damit dein Rückruf funktioniert.*

Das Spiel mit der Reizangel oder andere Beutespiele eignen sich super. Das sind übrigens auch die gängigen Belohnungen für Dienst- und Suchhunde, nachdem sie ihre Aufgabe erfolgreich gemeistert haben. Mit so etwas wirst du für deinen Hund schnellstens wichtiger als jede Ablenkung. Dann musst du ihn nicht mehr rufen. Denn er wird sich gar nicht mehr von dir entfernen.

**Ich muss ihn doch loben.** Wozu? Das habe ich ja bei den 25 Mythen schon kurz angeschnitten (siehe Seite 86 f.). Dein Lob geht unter Umständen nach hinten los. Es nützt deinem Hund überhaupt nichts. Er holt sich höchstens die Leckerlis ab und ist ansonsten wenig beeindruckt. Ich bin sicher, dass fast alles, was du heute noch lobst, für deinen Hund selbstverständlich ist: im Freilauf in deiner Nähe zu bleiben, an lockerer Leine neben dir zu laufen, Artgenossen höflich zu begrüßen, mal zwei Stunden alleine zu bleiben, ruhig im Auto mitzufahren oder im Restaurant geduldig zu warten, bis du fertig gegessen hast. Das ist doch nichts Besonderes.
Ruhiges, entspanntes, geduldiges Verhalten bedarf keiner speziellen Beachtung. Es ist für Hunde und für Menschen völlig normal. Oder lobst du deine Kinder auch jedes Mal ausgiebig, wenn sie endlich mal ihr Zimmer aufräumen oder den Müll runterbringen?
Lobe deinen Hund für wirkliche Leistungen. Wenn er nach hundert Fehlversuchen endlich durch den dunklen Tunnel läuft oder über die schmale Brücke geht: Das ist wirklich lobenswert. Alles andere musst du nicht extra erwähnen.

*Der Hund hat sich von seinem Menschen entfernt. Der Mensch geht am besten langsam weiter, das motiviert Hunde zum Herankommen.*

»Wahre Liebe zum Hund zeigt sich in einem ausgewogenen Verhältnis von Verstehen, Führen und Fördern.«

Hunde leben nicht für Belohnungen oder Lob. Ihre größte Freude ist es, aktives Mitglied einer gut strukturierten Gruppe zu sein und in absoluter sozialer Sicherheit zu leben. Auf Deutsch heißt das, dein Hund fühlt sich am wohlsten, wenn er immer weiß, was in der nächsten Sekunde auf ihn zukommt.
Sobald das Leben unklar und unübersichtlich für ihn wird, fällt er in Stress. Er wird unruhig, bellt oder tut, was er will. Er benimmt sich völlig kopflos, als wäre er in einer anderen Welt. In solchen Situationen musst du besonders geduldig und entspannt reagieren, dann kann dein Hund wieder runterfahren. Das ist alles, was er braucht. Lob steht bei Hunden nicht auf der Agenda.

**Ich muss ihm doch sagen, was er zu tun hat.**
Wozu? Dein Hund macht es doch sowieso nicht – bzw. nur halbherzig. Oder?
Sagst du deinem Partner auch, ob er sich auf das Sofa setzen oder legen soll? Oder dass er sich Zeit zum Frühstücken nehmen soll, statt schnell im Gehen das Brot in sich reinzustopfen?
Wer bist du, dass du deinem Hund Vorschriften machst? Was bringt euch beiden das ständige »Sitz«, »Platz«, »Bleib«, »Nein«, »Aus jetzt«, »Hierher«? Gehst du so auch mit deinen Freunden oder Kollegen um?
Deine Kommandos sind doch nur indirekte Machtmittel. Du glaubst, damit hast du deinen Hund im Griff. Aber das ist Wunschdenken. Es nützt dir nichts, wenn sich dein Hund auf Befehl hinsetzt oder hinlegt. Damit hast du nur seinen Körper in eine andere Position gebracht, sonst nichts. Dein Hund wird davon nicht ruhig und er respektiert dich auch nicht mehr als vorher. Er ist nach wie vor gestresst und aktionsbereit – egal, in welcher Position sein Körper gerade ist.
Was du tun kannst, ist, deinem Hund deine Seele zu öffnen. Erzähle ihm, wenn dir ein toller Mann begegnet ist oder wenn dich eine Freundin nervt. Dein Hund hört dir geduldig zu. Der gleichmäßige Ton in deiner Stimme wirkt beruhigend auf ihn. Alles andere, egal ob Kommandos, Forderungen oder Ermahnungen, kannst du dir sparen. Er kann deren Sinn nicht nachvollziehen.
Denn dein Hund befolgt nie das, was du ihm sagst. Er reagiert immer nur darauf, was du gerade fühlst.

# Was Hunde sich zu sagen haben

Es gibt auch bei Hunden ungeschriebene Gesetze der Höflichkeit. Ich habe in den letzten Jahren nur drei Basisregeln wahrgenommen, nach denen alle Hunde leben. Jeder Hund hat sie in sich. Sie werden zuerst mit ihren Müttern und Geschwistern praktiziert und im Laufe des Lebens durch die Kommunikation mit Artgenossen verfeinert.

**1. Hunde kommunizieren über klare Signale und verletzen den anderen nicht**

Aggression gilt unter Hunden als asozial! Manche Hunde halten das nicht ein und beißen einen anderen. Das ist der Grund, warum diese Opferhunde nach solchen Bissen extrem traumatisch reagieren. Denn im Grunde ihres Herzens vertrauen sie darauf, dass alle Hunde die übliche soziale Höflichkeit praktizieren. Das Vertrauen in Artgenossen ist nach einem solchen Biss massiv geschädigt. Deswegen gehen sie danach oft selber extrem gestresst mit Artgenossen um.

**2. Hunde respektieren die Individualzone des anderen**

Falls doch einmal ungewollte oder zu hektische Annäherungen passieren, ist das der Grund, warum Hunde knurren oder einen lautstarken Showkampf inszenieren. Ein fremdes Lebewesen ist ihnen zu nahe gekommen, benimmt sich zu stürmisch oder aufdringlich. Entweder am persönlichen Liegeplatz, an einem Fundgegenstand oder am Körper. Dann wird dieser Eindringling unverzüglich in seine Schranken gewiesen.
Jetzt verstehst du vielleicht, wie stressig es für jeden Hund ist, von fremden Menschen angetatscht zu werden. Oft auch noch ohne Vorankündigung. Falls dein Hund aufdringliche Artgenossen ermahnt, hat er recht.
Bei uns Menschen wäre eine vergleichbare Situation, wenn ein anderer einfach ins Badezimmer kommt, ohne anzuklopfen. Wenn ein Kollege dreist aus unserem Kaffeebecher trinkt oder wenn sich jemand beim Essen etwas von unserem Teller runternimmt.

**3. Sie achten die Prioritäten des anderen**

Das gilt besonders für Mehr-Hunde-Gruppen in einem Haushalt. Meine Hunde haben das sehr vorbildlich praktiziert. Sie sind alle sehr großzügig mit den Macken der anderen, besonders von Mini, umgegangen. Gesunde Hunde reagieren einfach nicht auf Knurren, Rumzicken oder Größenwahn der anderen. Ihnen geht es immer darum, den sozialen Frieden und das mentale Gleichgewicht der Gruppe aufrechtzuerhalten.
Sich noch fremde Hunde loten höflich aus, wie der andere drauf ist oder wie weit sie bei ihm gehen können. Spielaufforderung, die Pfote auf den Rücken legen oder das Aufreiten sind Gesten, um etwas mehr über den Artgenossen zu erfahren. Je nachdem, wie der darauf reagiert, wird er dann intensiver in die Kommunikation miteinbezogen oder in Ruhe gelassen.
Die Intensität dieser Regeln kann je nach Umfeld und Lebensphase eines Hundes variieren. Somit kann es sein, dass ein Hund tagelang einen bestimmten Müllhaufen oder Liegeplatz für sich beansprucht, aber plötzlich komplett das Interesse daran verliert.
Bei frei lebenden Hunden sind diese Regeln klar erkennbar und wirklich alle halten sie ein. Sobald ein verzogener Stadthund daherkommt, der diese Hundesprache nicht mehr versteht, wird sie ihm in Erinnerung gebracht. Die Nichteinhaltung der Hundeetikette war in Bali oft der Anlass, dass ein ein-

*Ignoriert ein Hund die Individualdistanz eines Artgenossen und kommt ihm zu nahe, wird gerne ein imposanter Showkampf inszeniert.*

gebildeter Labrador oder Jack Russell von den Straßenhunden eins auf die Mütze bekam. Immer gewaltlos, aber trotzdem sehr klar und beeindruckend.

In Entwicklungsländern ist deutlich zu beobachten, wie sehr die domestizierten Zuchthunde durch die Menschensprache beeinflusst werden und ihre eigene Form der Kommunikation vernachlässigen. Deswegen liebe ich Straßenhunde. Sie sind klar und unverfälscht in allem, was sie tun.

## WER SICH UNSOZIAL BENIMMT, MUSS WEG

Dieses Phänomen wird von den wenigsten Menschen durchschaut. Hunde erkennen in Bruchteilen von Sekunden, ob sie einem anderen trauen können oder nicht. Ob der andere sozial ist oder nicht.

Sobald sie im Artgenossen eine Imbalance spüren, werden sie ihn meiden oder disziplinieren. Hunde wollen Harmonie und Ruhe, vor allen Dingen in der eigenen Gruppe.

Ein sehr nervöser, instabiler, gestresster Hund stört diesen Frieden und wird dann unter Umständen davongejagt. Die Korrekturen passieren meist ohne Gewalt. Der Hund wird angeknurrt, ihm werden die Zähne gezeigt oder vor ihm wird in die Luft gebissen. In seltenen Fällen wird er wirklich verletzt.

Das sieht dann beim Spaziergang aus, als ob unser Hund einen anderen attackieren will. Dabei kann er den Artgenossen nur nicht in seiner Nähe ertragen. Er hält ihn wohl für nicht sozial und damit auch nicht berechenbar. Also wird er unter gefährlich eingeordnet. Wir denken dann, unser Hund beschützt uns. Dabei spricht er vielleicht nur eine sehr klare und soziale Hundesprache mit seinem Gegenüber.

Dasselbe kann im gleichen Haushalt passieren, wenn Hunde sich nicht grün sind. Dann wird der angreifende, absolut soziale Hund A normalerweise ausgeschimpft oder zurückgehalten. Aber eigentlich will er uns nur assistieren und dieses andere (unsoziale) Mitglied B korrigieren. Wenn dann noch der instabile (unsoziale, schwache) Hund B vom Menschen beschützt wird, ist das Durcheinander bei den Hunden perfekt.

Wenn wir diese Vorgänge nicht durchschauen und falsch reagieren, verlieren wir sehr schnell das Vertrauen unserer Hunde. Sie nehmen uns dann nicht mehr ernst und regeln Angelegenheiten lieber selber.

»Dein Hund macht nichts falsch, er tut es nur anders als wir.«

### DU VERSTEHST DIE REAKTION DEINES HUNDES NICHT

Bitte hab Verständnis, wenn ich dir nicht sofort helfen kann. Es ist schwierig, Menschen einen Tipp zu geben, wenn ich weder den Hund noch die Umstände kenne. Das Thema Hundeverhalten ist so komplex, dass es weder Standardregeln gibt noch Strickmuster oder schnelle Tipps.

Da sich die sozialen Regeln ändern und an Lebensumstände anpassen, muss ich immer die Gesamtsituation sehen, um etwas zu bewirken. Dein Hund kann 20-mal ganz entspannt an einem bestimmten Hund vorbeigehen. Beim 21. Mal entsteht ein Konflikt. Vielleicht hat sein Gegenüber beim Spaziergang einen »Fund« in der Nähe verbuddelt und ihm klar signalisiert: »Gehe bloß nicht dorthin!« Du weißt nicht, ob dieser andere Hund wirklich unsozial ist. Hunde tauschen blitzschnell winzigste Signale miteinander aus. Sie können positive Schwingungen, aber auch jede Anspannung im anderen sehr präzise wahrnehmen.

Auch die Hundeleine und die nervliche Gereiztheit der beiden Besitzer erschweren eine normale soziale Kommunikation der Hunde.

»Den Weg zum Herzen eines Hundes finden wir nicht über Kommandos und Erziehung, sondern über Vertrauen, Verständnis und Teamgefühl.«

Um anhaltenden Stress aufzulösen, müssen wir unserem Hund zu mehr Vertrauen verhelfen. Vertrauen in sich selber, ins Umfeld und zu Artgenossen. Aber vor allem müssen wir daran arbeiten, dass er uns Menschen uneingeschränkt vertraut. Auch das können wir ihm nicht antrainieren, wir müssen es uns verdienen. Das Vertrauen unseres Hundes bekommen wir von ihm geschenkt.

Sobald du entspannt bist, immer weißt, was zu tun ist und an dich und deinen Hund glaubst, ist deine Hundewelt wieder in Ordnung. Das mag in der Theorie etwas kompliziert klingen, ist aber sehr leicht nachvollziehbar. Wie gesagt, es sind nur die drei Punkte Vertrauen, Führung und Gruppenbindung, die wir verstehen und einhalten müssen. Hunde sind viel einfacher zu durchschauen als so manche Menschen.

Wenn du Fragen dazu hast, wende dich an mich. Ich helfe dir dabei, dein Kopfkino auszuschalten und die ewigen Zweifel endlich loszuwerden.

Gebrauchsanweisungen, Daten und Fakten gehören zum Job von uns Menschen. Aber Hunde berühren unser Herz. Deswegen dürfen wir auch aus dem Herzen heraus mit ihnen kommunizieren. Der Kopf ist uns dabei nur im Weg. Hör auf zu denken, beginne deinen Hund zu fühlen. Ich zeige dir gerne, wie das geht.

## Wie Hunde ihren Tag verbringen

Also grob gesehen ist das Leben von Hunden nicht besonders spannend. Sie fressen, sie schlafen und sie pflanzen sich fort. In einer heilen Welt wäre das schon alles. Doch die Welt der Hunde ist überhaupt nicht heil. Zumindest nicht bei den frei lebenden Hunden. Denn es braucht Klugheit, Erfahrung und körperliche Unversehrtheit, um möglichst lange zu überleben.

*Kontrollierter Freilauf ist wichtig, damit der Hund ein gesundes Sozialverhalten lernt und seine Instinkte ausleben kann.*

Hunde müssen herausfinden, wo Futter zu finden ist, welches Futter genießbar ist oder wo sie ungestört ruhen können. Sie müssen Feinde und Gefahren erkennen und sich vor ihnen schützen. An Tiefschlaf ist dabei nicht zu denken. Sie müssen ihre Energie genau dosieren, ihre Reflexe schulen und Welpen großziehen. Hunde müssen immer auf der Hut sein. Ihr ganzes Leben ist voller Entscheidungen und spielt immer nur im jeweiligen Moment, im Hier und Jetzt. Der kleinste Fehler kann fatale Folgen haben. Das Leben fordert sie ununterbrochen. Das alles erfolgreich zu meistern, erfordert Intelligenz und Kraft von den Hunden.

Und jetzt überlege bitte, was unsere Hunde noch zu leisten haben. Wie sieht ihre zivilisierte Welt mit uns aus? Wenn sie Pech haben, dürfen sie sich ja nicht einmal mehr fortpflanzen. Was bleibt ihnen noch? Fressen und Schlafen. Als Aktivität stehen bei den meisten meiner Kunden nur Spaziergänge auf dem Programm. Das ist nicht viel für ein hochintelligentes Lerntier wie den Hund. Aber was können wir unseren Hunden sonst bieten? Was brauchen Hunde, wenn sie mit uns leben?

## WAS IST ARTGERECHT FÜR HUNDE?

Wir Menschen sehen die Welt anders als unsere Hunde. Wir leben nach anderen Kriterien, kommunizieren anders, lösen Probleme unterschiedlich. Aber beide gehören wir zu den Säugetieren und speziell zu den Gruppentieren. Deswegen haben wir auch ein paar sehr gleiche Bedürfnisse.

Hunde wie Menschen wollen gefordert und gefördert werden, wollen Erfahrungen machen und eigene Entscheidungen treffen. Beide wollen in Sicherheit leben, also ihrem Umfeld vertrauen können. Gleichzeitig wollen die wenigsten Menschen und Hunde die volle Verantwortung für andere übernehmen. Zu diesem Punkt komme ich aber später noch. Bleiben wir zuerst bei den Bedürfnissen. Welche möchte der Hund von uns erfüllt bekommen?

### Den Hund fordern und fördern

Hand aufs Herz, wann durfte dein Hund das erste Mal in den Freilauf? Wann seid ihr das erste Mal ohne Leine gemütlich zusammen spazieren gegangen? Wie oft darf dein Hund überhaupt in den Freilauf? Wenn das bei dir gar nicht oder nur selten der Fall ist, könnte das schon zu negativen Schwingungen in eurem Zusammenleben führen. Denn ständig angeleint kann ein Hund weder seine Sinne voll nutzen noch ein gesundes Sozialverhal-

*Damit sich ein Welpe im Freilauf an uns orientiert, müssen wir aktiv sein und ihn mit Spielen und gezielten Aktionen beschäftigen.*

ten entwickeln. Er kann angeleint nur eingeschränkt reagieren und unter Umständen auffälliges Verhalten entwickeln. Du kennst ja sicher das Beispiel der Leinenaggression, wenn zwei angeleinte Hunde lautstark aufeinander losgehen. Die Leine verhindert oft einen normalen sozialen Umgang miteinander, denn keiner der Hunde könnte im Ernstfall wegrennen oder sich verteidigen.

Menschen sind immer wieder erstaunt, wenn ich ihnen empfehle, mit ihrem Welpen ohne Leine spazieren zu gehen. Das fordert seine Aufmerksamkeit und fördert die Bindung an seine neue Gruppe. Aber Menschen haben Angst, dass dem Knirps etwas passiert. Deswegen muss er sich, oft als Erstes, an Halsband und Leine gewöhnen. Genau das verhindert, dass er neue Eindrücke sammeln und Lebenserfahrungen machen kann.

Welpen brauchen keine Leine. Sie folgen ihrer Gruppe instinktmäßig. Keine Hundemutter nutzt eine Leine für ihr Junges. Ohne Leine lernen Welpen von Anfang an, auf ihre Gruppe zu achten statt auf Ablenkungen. Sicher fordert das vom Menschen sehr viel Achtsamkeit. Wir brauchen für diese Übung ein sicheres Gelände und müssen selber wirklich aktiv sein. Immer so, dass wir sein Interesse an unserer Person wachhalten.

Dafür können wir mal an einem Baum schnuppern, mal am Boden etwas suchen oder mit Ästen oder Steinen unerwartete Geräusche machen. Wir können plötzlich die Richtung wechseln, uns hinsetzen oder uns einmal verstecken. Das fordert die Sinne des Welpen und hält den Menschen proaktiv wirklich im Hier und Jetzt.

Leider läuft es in den meisten Fällen ganz anders. Nicht nur in der Welpenzeit, sondern auch im späteren Leben. Der Mensch hat keine Ideen, ist passiv und achtet nur auf seinen Hund. So unterwegs zu sein, ist ziemlich langweilig für Hunde und sie suchen schnell nach Abwechslung. Sie wollen Erfahrungen machen, ihre Sinne nutzen und am Leben wachsen. Dazu gehört es, mit seinen Menschen zusammen viele verschiedene Situationen zu erleben und spannende Abenteuer zu bestehen. Für Welpen kann das die erste Bekanntschaft mit Treppenstufen, mit Staubsauger oder mit Laminatboden sein. Bei erwachsenen Hunden sind eine neue Hundebox oder der Umzug in eine neue Wohnung oft eine große Herausforderung.

Durch wie viele hundeuntypische Situationen hast du deinen Hund schon geführt? Damit meine ich Kahnfahren, über eine schma-

### Verhaltensbeispiel: Der Hund hat Angst vor Türen oder Treppen

Die meisten Menschen besänftigen ihren Hund bei Unsicherheit mit Streicheln, mit Blickkontakt oder mit Worten: »Es ist alles gut, das schaffst du, na, komm nur.« All das ist gut gemeint, aber bei Hunden eher kontraproduktiv. Auf ihn einzureden, ihn zu berühren oder ihn anzuschauen sind genau die Signale, die den Hund irritieren und vor allem blockieren.

Viel besser wäre es, dem Hund den Rücken zu zeigen und auf der Stelle zu laufen, als ob wir weggehen wollten. Was wir natürlich nicht tun. Falls der Hund angeleint ist, muss die Leine immer locker durchhängen. Wir dürfen keinen Druck oder Zwang ausüben.

Zum Ermutigen können wir eine Spur aus Fleisch- oder Käsestückchen legen. Bei tiefer Angst wird das allerdings nicht helfen, weil der Hund dann kein Futter annimmt.

Wir könnten auch in die Hocke gehen, immer mit dem Rücken zum Hund. Dann wird er neugierig und überwindet sich schneller.

In geschlossenen Treppenhäusern können wir in die Wohnung vorausgehen und drinnen mit Papier rascheln oder so tun, als ob wir mit einem anderen Wesen reden.

Egal, welche Methode deinem Hund hilft, du brauchst vor allem eines: absolute Geduld. Dein Hund muss seine Unsicherheit selber überwinden, das kann dauern. Du bist nur der Regisseur, der für das sichere Umfeld sorgt. Aber du bist da und gibst ihm mit deiner entspannten Ausstrahlung die Sicherheit, die er braucht. Das ist alles, was zählt. Reden, Anschauen und Anfassen sind völlig überflüssig. Denke in diesen Momenten verständnisvoll an deine eigenen Ängste. Hast du Angst vor Spinnen, vorm Fliegen oder vor engen Räumen? Dann weißt du, wie dein Hund sich gerade fühlt.

le Brücke mit ihm gehen oder ihn durch einen Gebirgsbach führen, damit er sicher ans andere Ufer hinüberkommt. Das sind lebendige Erkenntnisse für ihn. Diese sichere Stelle, wo er unbeschadet ans andere Ufer kam, wird er nie wieder vergessen.

Hunde brauchen solche Herausforderungen. Sie wollen lernen und Erfahrungen machen. Dann entwickeln sie ein gesundes Selbstbewusstsein und lassen sich später ganz entspannt auf neue Situationen ein. Erfahrungen zu machen, entspricht ihrer Natur. Hunde lernen durch Versuch und Irrtum. Aber sie lernen auch, indem sie ihre Gruppenmitglieder beobachten und deren Verhalten kopieren.

Deswegen ist es wichtig, dass wir unsere Hunde genau kennen und durch viele Situationen hindurchgeführt haben. Dann können wir ihre Stärken fördern und für unser gemeinsames Leben nutzen. Wir müssen ihnen etwas zutrauen, ohne sie zu überfordern.

Aber vor allem müssen wir an sie glauben und ihnen vertrauen.
Ich denke, wir alle dürfen etwas mehr werden wie Pippi Langstrumpf, die ihren Affen, Herrn Nilsson, vertrauensvoll auf die Reise ihres Lebens mitgenommen hat. Sie war für ihn da und hat ihn beschützt. Aber sie hat Herrn Nilsson nie ängstlich bewacht oder eingeschränkt. Könntest du dir das mit deinem Hund auch vorstellen?

## Eigene Erfahrungen machen lassen

Natürlich musst du deinen Hund nicht auf eine Fahrt im Heißluftballon mitnehmen, so wie Pippi ihren Herrn Nilsson auf den fliegenden Teppich. Unser normales Leben bietet Hunden schon genug Anregungen. Ich denke dabei an die vielen Situationen, vor denen Hunde oft Angst haben: vor dem Autofahren, vor Wasser oder vor Türen, vor eigenartigen Geräuschen, fremden Gegenständen, der Tierarztpraxis oder dem Hundefriseur.
Falls dein Hund auch so kritische Momente hat, ist es wichtig, dass du ihn die positive Verknüpfung immer selber machen lässt. Aber ohne ihn zu ermutigen oder aufzufordern. Sobald du deinen Hund ansprichst, wird er skeptisch und zieht sich zurück. Der Weg aus der Angst heraus führt immer durch die Angst hindurch. Und diesen Weg muss er alleine gehen. Er muss alleine die Erfahrung machen, dass ein schwebender Luftballon ihm nicht wehtut. Dass ein Türrahmen keine Gefahr für ihn ist oder dass der lärmende Staubsauger ihn nicht überrollt.
Du musst diese Situationen für ihn nur inszenieren, den Rest sollte dein Hund selber hinbekommen. Ich gebe dir ein Beispiel:
Ich selber würde nie im Leben von einem Bungeeturm springen. Meine Angst wäre stärker als jede Belohnung, die es dafür gäbe. Genauso geht es unseren Hunden in angstmachenden Situationen. Aber sie müssen in das Treppenhaus gehen, sie müssen mit uns Auto fahren und sie müssen sich vom Tierarzt anfassen lassen. Weil unser gemeinsames Leben in der zivilisierten Welt das von ihnen fordert. Kannst du dir vorstellen, wie schwer dies deinem Hund fällt?
Nur die Gewissheit zu überleben und ein bedingungsloses Vertrauen ins Umfeld lassen Lebewesen ihre Angst überwinden. Loslassen und uns in eine beängstigende Situation zu ergeben, gehört zu den wichtigsten Erfahrungen, die das Leben uns allen abverlangt.
Unsere Hunde sollten in unserer reizüberfluteten Welt so viel angenehme Erfahrungen wie möglich machen. Sei erfinderisch und improvisiere. Beginne bereits im Welpenalter damit. Nimm deinen Hund mit ins Ruderboot oder in eine Bergseilbahn, egal, ob ihr das später im Leben noch mal braucht.

*In einer vertrauensvollen Mensch-Hund-Beziehung darf der Hund auch eigene Erfahrungen machen, etwa was wohl in diesem Kofferraum ist.*

Entscheidend ist, dass dein Hund eine weitere Situation und fremde Reize mit einer positiven Erfahrung verknüpfen kann. Das macht ihn stark und angstfrei, egal, was später noch auf ihn zukommen wird.

## Lass deinen Hund Entscheidungen treffen

Bei diesem Thema kommen immer die schnellsten Einwände und die größte Verwirrung bei meinen Kunden. »Seit wann dürfen Hunde etwas entscheiden?«
Auch bei diesem Thema zeigt sich wieder die große Kluft in der Kommunikation zwischen Mensch und Hund. Frei lebende Hunde müssen ununterbrochen Entscheidungen treffen. Ihr Leben hängt davon ab. Ein einziger falscher Schritt, ein Blickkontakt im falschen Moment oder das sorglose Schlucken falscher Essensbrocken kann das sofortige Ende bedeuten.
Hunde, die mit uns in der Zivilisation leben, müssen gar nichts mehr entscheiden. Aber ohne Entscheidungen können sie nichts lernen, keine Erfahrungen machen und keine Erkenntnisse sammeln. Sie werden schnell unsicher. Aus Unsicherheit entstehen irgendwann Unruhe, Angst oder Aggressionen. Diese tiefen wichtigen Zusammenhänge sind uns Menschen oft nicht bewusst.

---

### Verhaltensbeispiel: Herankommen aus freien Stücken

Wenn du willst, dass dein Hund zu dir herankommt, musst du es für ihn zu einer positiven Lebenserfahrung machen. Bestenfalls bist du schon das Idol deines Hundes, dann entfernt er sich gar nicht erst. Falls es noch nicht so perfekt funktioniert, werde interessanter für ihn als der Rest der Welt.
Gehe regelmäßig lautlos von deinem Hund weg, damit er dir aus eigener Entscheidung folgen kann. Falls du unsicher bist, beginne das mit einer 20-Meter-Schleppleine. Ändere deine Richtung aber früh genug, vielleicht schon nach acht Metern. Die Schleppleine muss locker durchhängen, sobald sich dein Hund nach dir umdreht. Wenn du zu lange wartest, spannt sich die Leine. Dann kommt dein Hund nicht aus eigener Entscheidung, sondern weil er nicht mehr weiterkann. Aus diesem wichtigen Grund ist es besser, wenn der Hund bei dieser Übung im Freilauf ist. Vielleicht am Strand oder am Waldrand, wo du dich auch einmal verstecken kannst.
Sobald dein Hund dann herankommt, sollte etwas Interessantes passieren. Das ist wirklich wichtig für ihn. Hunde brauchen einen Grund für ihr Tun. Beginne ein freies Spiel oder mache etwas, das ihm wirklich Spaß macht.
Danach laufe aufrecht und zielstrebig weiter, ohne dich noch um ihn zu kümmern. Du glaubst nicht, wie schnell es geht, dass dein Hund pingelig auf dich achtet, sich kaum noch entfernt und sofort da ist, sobald du ihm den Rücken zuwendest. Denn dann ist es seine Entscheidung, die auf seiner positiven Lebenserfahrung beruht. Und die vergisst er nie wieder.

---

**Deswegen mein Tipp:** Grundsätzliches entscheidet der Mensch, Nebensachen darf der Hund entscheiden. Das ist auch der Grund, warum ich seit zwanzig Jahren keine Kommandos mehr benutze. Mir ist wichtig, dass ein Hund entspannt ist. Ob er sich setzt oder legt, während ich mir ein Schaufenster anschaue oder mit einer Freundin rede, ist mir völlig egal. Diese kleinen Nebensachen darf er selber entscheiden. Ich bin ja trotzdem in der Führung. Ich bestimme, wann wir gehen, wohin wir gehen und wo wir Rast machen. Wozu soll ich ihm sagen, dass er sich setzen oder legen soll?

Aber was ist, falls ein Hund nicht entspannt neben mir bleibt? Sehr einfach. Dann kann ich nicht stehen bleiben, sondern würde vor dem Schaufenster hin und her laufen. Oder ich kann ihn nicht mit in die Stadt nehmen und muss erst einmal Lösungen finden. Es ist mein Problem, nicht das des Hundes. Er zeigt mir mit seinem unruhigen Verhalten nur, dass er sich im Moment nicht wohlfühlt und wegwill.

Mit »Sitz« oder »Platz« bringe ich ihn nicht in die Entspannung. Also muss ich die Ursache für seine Nervosität finden und dem Hund in dieser Situation Sicherheit vermitteln. Ich kann ihn langsam an die Innenstadt gewöhnen, ihn besser auslasten oder erst mal alle seine Stressoren identifizieren. Der Hund zeigt uns, was er wirklich braucht. Wir müssen es nur erkennen.

Aber es gibt noch einen anderen Grund, warum es für uns selber so wichtig ist, dass unsere Hunde ihre eigenen Entscheidungen treffen dürfen. Hunde benehmen sich viel ruhiger, wenn ihr Handeln auf eigenen Entscheidungen beruht. Hunde tun unter Anspannung nur, was sie aus eigener Erfahrung gelernt haben oder was genetisch verankert ist. Sie folgen der Stimme der Natur.

*Im Straßenverkehr sollte der Hund eng beim Menschen bleiben. Ob er bei einem Halt sitzt oder sich hinlegt, ist ruhigen Hunden selbst überlassen.*

Wir brauchen kein »Fuß«, »Bleib« oder »Komm« beim Hund. Alles, was wir brauchen, ist, den Hund mit Intelligenz dazu zu bringen, das zu wollen, was wir selber wollen. Sein Handeln muss auf seiner eigenen Entscheidung beruhen. Eine eigene Entscheidung beruht immer auf einer eigenen Lernerfahrung. Der Hund wird sie nie wieder vergessen und sein Leben lang danach handeln.

## Genetisch verankerte Handlungen

Solche Handlungen können wir nicht beeinflussen. Dazu gehören alle unbewussten Reflexe. Die kann auch der Hund nicht steuern. Ein paar Beispiele wären blinzeln, sich kratzen oder die Ohren anlegen. Erheblich intensivere Reflexe passieren im Stress, also bei großer Erregung. In diesen Momenten schalten alle Sinne ab. Das Nervensystem mobilisiert alle Kräfte, um ein Überleben zu gewährleisten. Deswegen nehmen uns Hunde in hohem Stress auch nicht mehr wahr. Sie sehen nichts, sie hören nichts, sie fühlen nichts, sondern reagieren nur noch reflexartig. Normalerweise mit Flucht oder Angriff. Reglos zu erstarren oder den Gegner zu verwirren, ist eher typisch für andere Tierarten. Eine solche Extremsituation passiert zum Beispiel, wenn dein Hund einen Artgenossen wittert, ihn aber nicht einschätzen kann oder vor ihm Angst hat. Dann sagen wir Menschen, der Hund rastet aus. Das ist aber normal. Im Stress handelt kein Lebewesen vernünftig, selbst wir Menschen nicht. Das erklärt auch, warum du bei einem erregten Hund mit »Sitz« oder »Nein« nicht weiterkommst. Er ist dann in einem Zustand, in dem du nicht mehr zu ihm vordringen kannst.

Wenn dein Hund allerdings schon die Erfahrung gemacht hat, dass DU diese Situation regelst, dass DU ihn beschützt oder dass DU diesen Gegner vertreibst, dann kann er ruhig bleiben und für sich entscheiden: Ich lass das meinen Menschen regeln, denn ich weiß, er macht das richtig gut.

*Bei einem gestressten Hund laufen unbewusste Reflexe ab, die er nicht steuern kann. Dazu gehört, dass er sich in den Schwanz beißt oder sich kratzt.*

Wir alle handeln nur nach eigenen Entscheidungen. Oder tust du etwa, was andere Menschen dir sagen? Eventuell bei deinem Chef. Aber dann auch nur, weil er am längeren Hebel sitzt und du keine Wahl hast. Wenn du dich entscheiden dürftest, würdest du immer nur nach deinen eigenen Kriterien handeln.

Achte bitte künftig einmal darauf, wie viel du deinen Hund selber entscheiden lässt. Sei großzügig und vertraue ihm. Beginne mit kleinen Zugeständnissen. Sei dir aber auch im Klaren, dass dein Hund beim Spaziergang in jeder Sekunde mit Gefahr rechnet. Seine Sinne sind dann geschärfter als drinnen auf dem Sofa. Draußen ist es wichtig, als Team zu handeln und ihm die nötige Sicherheit aus der Gruppe zu bieten. Sei also entschlossen und immer mutig darauf gefasst, die Kastanien für deinen Hund aus dem Feuer zu holen. Lass deinen Hund im Stress nie im Stich.

## Vertrauen und Sicherheit

Das Thema Vertrauen haben wir im Kapitel 2 ab Seite 26 bereits ausgiebig erörtert. Aber ich möchte es trotzdem noch einmal anschneiden. Denn gegenseitiges Vertrauen ist die Grundlage für die soziale Sicherheit in der Gruppe.

Wenn die Gruppe dem Hund keine soziale Sicherheit bietet, steigt er aus der Gemeinschaft aus und lebt als Einzelgänger.

Unsere Hunde können nicht aussteigen, wollen es auch gar nicht. Sie haben ja nie gelernt, alleine zu überleben. Dein Hund bleibt gerne bei dir, fühlt sich sehr wohl in eurer warmen Behausung und lässt sich gerne von dir verwöhnen. Hunde sind Opportunisten. Sie nehmen, was sie bekommen können. Zu Hause ist eure Mensch-Hund-Welt auch wirklich harmonisch. Dein Hund ist ganz lieb und entspannt. Aber draußen beim Spaziergang ändert sich seine Persönlichkeit innerhalb von Sekunden. Draußen, im echten Leben, wird er dir manchmal total fremd. Besonders in diesen Momenten, wenn er entscheidet, lieber alles selber zu regeln. Genau dann existierst du für ihn nicht mehr.

Jedes Mal, wenn dein Hund auf bestimmte Trigger einfach loslegt, dich blamiert oder dir

*Fühlt sich ein Hund in seiner Menschengruppe wohl und vertraut er ihr total, kann er sich völlig entspannen und gelassen auf alles reagieren.*

Angst macht, ist er in diesem Außenseitermodus. Immer wenn er bei Außenreizen cool bleibt, zu dir schaut und sich deiner Entscheidung anpasst, ist er im Gruppenmodus. Dann vertraut er dir bedingungslos und fühlt sich bei dir sicher.

Um diese Verbundenheit mit dem Hund zu erreichen, müssen wir seine Sprache sprechen, seine Motivation erkennen und ihm immer beistehen. Unsere Entscheidungen müssen immer zu seinem Wohl ausfallen. Auch wenn es für uns selber unbequem wird. Wir vertreiben unerwünschte Artgenossen, wir führen ihn von Gefahren weg und wir halten ihm fremde Menschen vom Hals. Unser Hund regelt niemals etwas für sich alleine. Er muss sich bei uns sicher fühlen wie in Abrahams Schoß.

Oft sind Menschen beleidigt, wenn ich ihnen sage: »Dein Hund vertraut dir nicht, er hat keine Bindung zu dir.« Erst wenn wir zusammen arbeiten, wird ihnen klar, dass ich recht habe. Spätestens, wenn sie ihren Hund bewusst beobachten und merken, dass er sie gar nicht wahrnimmt. Er kommt nicht, wenn sie rufen, er zieht wie ein Stier an der Leine und er schaut beim Spaziergang niemals zu ihnen hoch. Der Mensch existiert nicht – außer er holt ein Leckerli aus seiner Tasche.

Die meisten Mensch-Hund-Beziehungen, die ich erlebe, sind nur einseitig harmonisch. Aus der Sicht des Menschen ist alles bestens. Na ja, bis auf die paar Aussetzer des Hundes. Die werden dann gerne entschuldigt und schöngeredet. Aber aus der Sicht des Hundes ist vieles im Argen. Sonst hätte er diese Aussetzer nämlich gar nicht und würde auch nichts für sich alleine regeln.

Ich bemerke in vielen Familien, dass kein gegenseitiges Vertrauen vorhanden ist. Das heißt, Mensch und Hund leben nicht in totaler sozialer Verbundenheit zusammen. Der

*Der unbeteiligte Hund soll nicht in eine Rauferei eingreifen: Vertraut er seinem Menschen, lässt er sich ohne Weiteres davon abhalten.*

Hund wird ständig irgendwie korrigiert, darf nicht frei herumlaufen oder wird bei Besuch weggesperrt. Der Mensch geht Umwege beim Spaziergang, zieht in eine einsame Wohngegend oder mietet sich teure Ferienhäuser, statt ins Hotel zu gehen. Nur, weil das Benehmen seines Hundes manchmal sehr eigensinnig sein kann. All diese Umwege und erschwerten Umstände müssten nicht sein, wenn Mensch und Hund ein richtiges Team wären. Wenn sie sich gegenseitig wirklich aus tiefstem Herzen vertrauen würden.

Ich weiß, es braucht Geduld und Zeit, das Vertrauen eines Tieres zu erlangen. Es wird einfacher bei unseren Hunden, sobald wir aufhören, sie zu erziehen und zu bestrafen. Indem wir ihnen stattdessen die soziale Sicherheit einer schützenden Gruppe bieten. Sobald wir uns bemühen, ihnen ein gleichwertiger Partner zu sein. Jemand, der sie verständnisvoll durch eine Welt führt, die sie nicht verstehen können.

Erst wenn wir dem Hund geben, was er als Hund braucht, kann er uns geben, was wir uns von ihm wünschen.

### Verhaltensbeispiel: Eddies Leben

Eddie, der Jack Russell, kam als Weihnachtsgeschenk in die Familie, weil die Kinder sich so sehr einen Hund wünschten. Es lief alles wunderbar, solange Eddie klein war. Doch die Familie lebte auf einem frei liegenden Drei-Seiten-Hof. So kam es, dass Eddie eines Tages verschwunden war. Er war einfach weg. Die ganze Familie suchte ihn überall in der Gegend. Doch von Eddie keine Spur. Nach drei Tagen saß der kleine Landstreicher plötzlich schwanzwedelnd und erwartungsvoll wieder vor der Tür.

Alle waren froh, dass Eddie wieder da war. Aber alle waren sich einig, das darf nie wieder passieren. Weil es unmöglich war, das Grundstück einzugrenzen, wurde Eddie draußen an einer Laufleine angebunden. So hatte er freien Zutritt zum Hof oder konnte sich in die Scheune zurückziehen. Das war bequem für die ganze Familie. Die Eltern hatten sowieso kaum Zeit für den Hund und die Kinder verloren auch ziemlich schnell das Interesse an ihm.

Aber Eddie war ein neugieriger, lebhafter Terrier. Er reagierte heftig auf alles, was um ihn herum passierte. Er bellte alles an, was sich auf dem Hof bewegte. Die Katzen, die Hühner, wilde Vögel und irgendwann sogar die Besucher der Familie.

Das ging auf keinen Fall. Also hielten es alle für das Beste, Eddie die meiste Zeit in der Scheune zu halten, ohne Zugang zum Hof. Dafür wurde er immer mal für zehn Minuten ins Freie geführt, damit er sein Geschäft machen konnte. Eddie wurde immer ruhiger und teilnahmsloser.

Nachbarn beobachteten diese Vorgänge. Sie wollten nach dem Tod ihres alten Hundes gerne wieder einen Vierbeiner im Haus haben. Sie schlugen den Besitzern vor, Eddie zu sich zu nehmen. Der Deal kam zustande, beide Familien waren zufrieden. Aber was wurde aus Eddie?

Eddie ging mit seinen neuen Besitzern täglich spazieren, er lernte Tricks und hatte wieder Spaß am Leben. Keine Spur mehr von nervösem Bellen oder lautem Toben. Er wurde ein typischer lebensfroher Jack Russell Terrier. Nur zu einem war er nie zu bewegen: Er wollte einfach nicht mehr in die Nähe des Hofes gehen, auf dem er einmal lebte.

## DER HUND VERZEIHT ALLES

Hunde leben immer nur im Hier und Jetzt. Sie wissen nicht, was Zukunft ist. Sie können sich auch nicht an Vergangenes erinnern; und trotzdem vergessen sie Vergangenes niemals. Was meine ich damit? Ich erkläre es dir am Beispiel von Eddie (siehe Verhaltensbeispiel oben).

### Gefühle gehen nicht verloren

An diesem Beispiel siehst du ganz klar, wie Hunde mit ihrer Vergangenheit umgehen.

Eddie hatte sein altes Leben nach wenigen Tagen vergessen. Aber es war nicht gelöscht. In seinem Zellgedächtnis war jeder traurige Moment, jede ängstliche Situation und auch jedes freudige Erlebnis genau gespeichert.

Im täglichen neuen Alltag dachte Eddie in keiner Sekunde an seine Vergangenheit. Nur wenn er in die Nähe seines alten Zuhauses kam, begannen diese unangenehmen Schwingungen in seinem Bauch. Sein Herz raste und unerklärliche Angst stieg in ihm hoch. Eine Angst, die ihn hinderte, auch nur einen einzigen Schritt weiterzugehen.

So geht es übrigens auch Hunden, die aus schlechter Haltung oder vom Tierschutz kommen. Deren Erlebnisse waren oft besonders intensiv. Doch sobald sie in einer neuen Umgebung sind, denken sie nicht mehr an die Vergangenheit. Sie haben tiefe Wunden, leben aber sofort im Hier und Jetzt. Du erfährst ab Seite 174 noch mehr zu den Besonderheiten der Tierschutzhunde.

Das Leben unserer Hunde im Hier und Jetzt hat einen enormen Vorteil für uns Menschen. Hunde können sich dadurch sofort ändern. Als Gruppentiere sind sie in der Lage und auch bereit, sich an die Gruppe und an bestimmte Situationen anzupassen.

> »Deine eigene Reaktion auf deinen Hund ist wichtig, denn mit deiner Reaktion kannst du sein Verhalten steuern.«

Deswegen funktioniert ja auch eine Verhaltensänderung beim Hund oft innerhalb von Sekunden. Vorausgesetzt, wir kommunizieren so, dass er uns wirklich versteht. Wenn wir es richtig machen und uns in seiner Sprache mitteilen, geht der Hund sofort darauf ein. Wenn wir es schaffen, dass er ein intensives Verhalten ablegt, fällt er nie wieder zurück in sein altes Verhaltensmuster.

*Viele Tierheimhunde haben schlechte Erfahrungen mit Menschen gemacht. In einem harmonischen Umfeld können sie diese Erinnerungen vergessen.*

Nehmen wir einmal an, ein Hund wurde jahrelang jedes Mal ausgeschimpft, zurückgezerrt und diszipliniert, wenn er heftig auf seinen Erzfeind losging. Sobald der Besitzer beginnt, seinen Hund gekonnt an diesem Artgenossen vorbeizuführen, lässt der sich gerne entspannt darauf ein. Er wird den Artgenossen künftig nicht mehr ankeifen oder attackieren.

Der Hund nimmt es dem Menschen auch nicht übel, falls er ihn im Stress über Jahre falsch behandelt hat. Sobald wir unsere Hunde sachkundig aus Stressmomenten herausführen, sind sie einfach nur glücklich. Sie kennen weder Zeit noch Schuld. Ihr früheres Verhalten ist vergessen und überwunden. An unsere Fehler können sie sich nicht mehr erinnern. So einfach funktioniert ein Leben im Hier und Jetzt. Hunde halten nicht an alten Erfahrungen fest, nur Menschen tun das.

# BIST DU MITLÄUFER, KONTROLLFREAK ODER IDOL?

*Um dir besser helfen zu können, brauche ich zuvor ein paar Infos über dich selber. Denn deine eigene Einstellung, dein Denken und deine Emotionen tragen schließlich zum Verhalten deines Hundes mit bei. Deswegen meine Frage: Wie schätzt du dich selber ein? Was für ein Typ Hundebesitzer bist du?*

Ich bin mir sicher, du liebst deinen Hund. Aber das sagt mir noch nicht genug. Wie reagierst du, wenn dein Hund Stress macht? Kannst du Entscheidungen treffen und vor allem: Wie gehst du mit Kritik anderer Hundebesitzer um?

In meiner Praxis treffe ich entweder die Kontrollfreaks oder die Mitläufer. Wirkliche Hundeidole kommen nicht zu mir. Wozu auch, sie machen ja bereits alles richtig.

## Der durchschnittliche Hundebesitzer

Aufgrund meiner Erfahrungen stelle ich dir hier die beiden Typen von Hundebesitzern in Beispielen vor. Ich beziehe normalerweise immer die gesamte Familie in die Therapie mit ein, beschreibe hier aber erst einmal nur die Hauptcharaktere, also die Bezugsperson des Hundes. Nennen wir sie Monika und Dietmar.

**Monika** ist 40+ Jahre alt, leitende Angestellte in Vollzeit, Mutter von zwei ziemlich erwachsenen Kindern und lebt mit ihrer Familie in der Stadt. Sie ist meist Partnerin oder Ehefrau, manchmal auch Single. Monika managt ihren Haushalt, ihren Beruf, die Familie. Und den Hund.

Die Kinder sind selbstständig und Monika hat nun wieder mehr Zeit für ihre Hobbys. Im Sommer liebt sie Wildwasser-Kajakfahren, im Winter rast sie in Österreich schwarze Pisten hinunter. Monika ist ziemlich erfolgreich und steht mit beiden Beinen im Leben – nur bei Sammy, ihrem Hund, verliert sie all ihre Power. Er wickelt sie um den Finger und macht, was er will. Monika ist ratlos, Strafe will sie nicht anwenden. Denn sie hat ein schlechtes Gewissen, ob sie Sammy genug Liebe, Zeit und Auslastung gibt. Monika gehört zu den Mitläufern.

**Dietmar** ist auch 40+ Jahre alt, IT-Experte oder Lehrer, verheiratet, Vater zweier Kinder. Der ältere Sohn studiert, der jüngere 14-Jährige geht oft mit dem Hund, Bruno, Gassi oder spielt mit ihm. Die pensionierten Schwiegereltern wohnen in der oberen Etage des gemeinsamen Zweifamilienhauses in ländlicher Gegend. Entweder ist Bruno tagsüber bei ihnen oder er vergnügt sich im großen Garten des Grundstückes.

Dietmar hatte bereits einen Hund und beschreibt sich selbst als »hundeerfahren«. Er will mir das auch beweisen, indem er seit sieben Minuten verzweifelt versucht, seinen Hund mit »Sitz« und »Bleib« zur Ruhe zu bringen. Leider erfolglos. Aber deswegen ist er ja bei mir. Weil Bruno, trotz Training, einfach nicht hören will. Schuld daran ist wahrscheinlich die Ehefrau, weil sie Bruno viel zu sehr verwöhnt. In Dietmar erleben wir einen Kontrollfreak.

**Anmerkung von mir:** Die Namen sind frei erfunden, etwaige Ähnlichkeiten mit dir bekannten Personen sind nicht beabsichtigt …

Das sind sie also, die zwei Charaktere, mit denen ich am meisten zu tun habe. Zu welcher Gruppe zählst du dich? Finden wir es heraus.

### DIE MITLÄUFER

Zu dieser Gruppe zählen meistens Frauen. Ihnen fällt das souveräne Führen eines Hundes am schwersten. Wie bei Monika. Sie steht mit beiden Beinen im Leben, weiß, was sie will, und hat alles im Griff. Aber bei ihrem Hund verliert sie all ihre Power.

Ich selber habe einmal in diese Kategorie gehört. Ich wollte meinen ersten Hund, Rambo, auch nur verwöhnen. Ich wollte, dass er glücklich ist und sein Leben bei mir genießen kann. Ich habe ihm nur meine besten Seiten gezeigt. Für Rambo war ich liebevoll, zerbrechlich und fürsorglich. Diszipliniert, verbogen und angepasst musste ich im Alltag schon genug sein. Mein Hund sollte nur meine Schokoladenseite sehen.

Aber ich wollte wohl auch endlich jemandem beweisen, was für ein guter Mensch ich ganz tief drinnen bin. Leider hat das weder Rambo noch unserer Bindung wirklich gutgetan. Damals war mir das nicht klar, heute schon. Doch woher kommen solche Einstellungen und Emotionen?

## Die Rolle der Frau und Hund

Um das zu ergründen, müssen wir wohl einige Jahrhunderte zurückgehen. Denn obwohl wir Frauen heute jede Menge Rechte haben, wählen und studieren dürfen und uns nicht mehr verhüllen müssen, werden wir trotzdem weiterhin in eine passive Rolle gedrängt. Wie vor ein paar Hundert Jahren. Oder wie wir es von unseren Großeltern, vor achtzig Jahren, noch in Erinnerung haben.

Ich bin in der DDR aufgewachsen. Da wurden Frauen extrem gefördert und beruflich unterstützt. Trotzdem war meine Kindheit geprägt von Sätzen wie: »Mach dich nicht schmutzig«, »Zieh dir was Schönes an« oder »Ein Mädchen tobt nicht wild herum«. So etwas sitzt Eltern wohl einfach in den Genen.

Ich habe zwei Gesellschaftsformen erlebt und kann guten Gewissens behaupten, dass Frauen heute nach wie vor oder wieder (?) auf Haushalt und Kinder reduziert werden. Sie dürfen zwar berufstätig sein, aber leitende Stellungen sind vorwiegend mit Männern besetzt. Immer noch werden Mädchen dazu erzogen, nett zu sein, hübsch und folgsam. Nur werden sie heute viel intensiver und aggressiver auf Konsum gesteuert als früher.

Jungs dürfen sich freier entfalten, ausprobieren, was ihnen Spaß macht, und über ihr Leben selber entscheiden. Wir nicht. Wir sollen pflegen, trösten und uns um alle anderen kümmern. Nur nicht um uns selber. Uns Frauen wird nicht beigebracht, an der Spitze zu laufen. Woher sollen wir da wissen, wie man einen Hund richtig führt?

Es ist kein persönliches Problem von dir, mir oder Monika, wenn unsere Hunde uns auf dem Kopf herumtanzen. Es ist ein gesellschaftliches Problem. Aber wir Frauen können lernen zu führen. Und sobald wir es schaffen, machen wir es richtig gut. Denn schließlich haben Frauen es immer wieder geschafft, die Welt aus den Angeln zu heben. Denken wir nur an Katharina die Große, Jeanne d'Arc oder Clara Zetkin. Nicht zu vergessen all die Frauen berühmter Männer, die in deren Hintergrund gewirkt haben. Mileva etwa, die Frau von Albert Einstein. Böse Zungen behaupten, sie und nicht Albert hätte die Relativitätstheorie aufgestellt. Ja, wir Frauen schaffen Erstaunliches. Da werden wir doch nicht an einem Hund scheitern, oder?

## Opfer unserer Emotionen

Aber Spaß beiseite. Es gibt noch eine weitere, viel schwerere Last, die viele Hundebesitzer niederdrückt. Damit meine ich unsere Emotionen, Ängste und Selbstzweifel. Das sind unsere wirklichen Feinde im Umgang mit unserem Hund.

Sobald Flocki einmal heftig reagiert, wollen wir am liebsten im Erdboden versinken.

*Viele Frauen haben aus gesellschaftlichen Gründen nicht gelernt zu führen. Das merken Hunde und tanzen ihnen auf dem Kopf herum.*

Denn wir wollen auf keinen Fall auffallen oder Ärger erregen. Falls seine Aussetzer öfter passieren, steigt allmählich Angst in uns hoch, dass etwas nicht stimmt, dass wir etwas falsch machen. Die Ungewissheit wächst, nachdem wir von fünf verschiedenen Experten zehn unterschiedliche Tipps bekommen haben ... aber keiner davon bei unserem Hund funktioniert.

Wenn dann noch Vorwürfe anderer Hundebesitzer kommen oder die eigene Familie sich lustig macht, versinken wir in tiefem Schamgefühl.

Das ist der Moment, in dem wir Opfer unserer Emotionen werden und Selbstzweifel an uns nagen. Wir fühlen uns bei Hundestress wertlos, klein und unfähig. Wir werden immer passiver und handeln bald gar nicht mehr. Am Ende hoffen wir, dass der Stressmoment bald vorbei ist. Wir gehen nur noch nachts mit dem Hund raus, ziehen in eine andere Gegend oder verstecken uns hinter Büschen, falls ein Artgenosse auftaucht.

Wenn Wut, Scham und Angst zu groß werden, wird es schwer, sich selbst und seinem Hund noch zu vertrauen.

Das darf nicht passieren. Lass nicht zu, dass es dir geht wie Monika. Oder mir selber, früher mit meinem Rambo. Ich habe nur noch die allernötigsten Gassirunden gedreht. Selbst diese nur an Zäunen entlang, an denen ich im Notfall die Leine überhängen konnte. Denn wenn Rambo richtig losging, konnte ich ihn kaum noch halten. Unsicherheit ist dein größter Feind. Sie raubt dir die Motivation, den Glauben und vielleicht sogar die Freude an deinem Hund.

Falls du schon in die Gefühlsfalle getappt bist, hast du trotzdem alle Chancen, da wieder herauszufinden.

Was uns besonders im Wege steht, ist die Liebe und Dankbarkeit, die wir für unseren Hund empfinden. Er ist immer für uns da, er freut sich, wenn wir nach Hause kommen, und schmiegt sich auf dem Sofa vertrauensvoll an uns. Aber vor allem nimmt er uns so, wie wir sind. Mit allen Ecken und Kanten. Mit Buckel oder Plattfüßen. Hochbegabt oder Legastheniker. Das ist sein größtes Verdienst. Ich behaupte, niemand sonst gibt uns sein Leben lang so viel ehrliche Herzenswärme wie unser Hund.

Es ist keine Liebe, aber es ist seine tiefe Verbundenheit, die er uns schenkt. Dieses Gefühl von Zusammengehörigkeit, Wahrgenommenwerden und einem anderen wichtig zu sein. Er gibt es uns bedingungslos, ohne jemals einen Preis dafür zu verlangen. Der Hund schenkt uns, was wir uns am meisten wünschen, aber vom Leben am wenigsten bekommen.

Wen wundert es, dass wir diese Aufmerksamkeit mindestens mit Liebe erwidern wollen. Uns Menschen macht es eben glücklich, wenn wir für jemanden sorgen und ihn verwöhnen können.

Doch mit Liebe kann der Hund leider nichts anfangen. Deswegen passiert es auch, dass er denen, die ihn am meisten umsorgen, am wenigsten folgt. Solche Menschen nimmt er nicht so sehr ernst. Er mag diese Menschen und ist auch gerne mit ihnen zusammen. Aber er kann sie nicht respektieren.

»Sobald wir aufhören, unsere Hunde zu erziehen, werden wir den wahren Schatz in ihnen finden und sie können uns endlich ihre beste Seite zeigen.«

Die besonders rücksichtsvollen Menschen benehmen sich in seinen Augen wie hilflose Welpen. Sie haben keine Ziele, gehen nie voran und lassen stets ihn entscheiden. Es sind seine Mitläufer, also seine Untergebenen.
Aber Hunde brauchen Idole, die beherzt vorausgehen. Denen sie bei Gefahr unbesorgt folgen können, bei denen sie sich sicher fühlen, egal, was passiert. Verstehst du, was ich meine? Es ist gut, wenn du deinen Hund liebst. Aber zeige es ihm auf eine Art, die er versteht und die ihm etwas nützt. Nicht auf eine Art, die deine eigenen Sehnsüchte erfüllt. Gib deinem Hund, was er für sein Leben braucht: Vertrauen, Führung und ein sicheres Gruppengefühl. Auch wenn es dir schwerfällt. Aber wahre Liebe ist immer selbstlos.

*Im Gegensatz zu Frauen wollen Männer bei der Erziehung ihrer Hunde oft das Sagen haben, Leistungen erreichen und schnelle Ergebnisse sehen.*

## DIE KONTROLLFREAKS

Die meisten meiner Kunden, also Menschen mit intensiven Hunden, waren in einer Hundeschule. Nichttrainierte heftige Hunde sind bei mir in der Minderheit. Meine eigene Erfahrung der letzten zwanzig Jahre ist nun folgende: Je früher und strenger ein Hund trainiert wurde, desto heftiger äußern sich später seine Verhaltensauffälligkeiten.
Zu den Kontrollfreaks zähle ich alle Menschen, denen es wichtig ist, dass ihr Hund »gehorsam« ist. Von ihnen kommen dann so Aussagen wie: »Können muss er nichts, nur hören soll er.« Diese Menschen wollen den Hund kontrollieren, weil sie selber unsicher sind. Sie möchten vorbeugen und vermeiden, dass etwas passiert: dass der Hund in ein Auto rennt, dass er jagt, dass er etwas am Wegrand frisst, dass er an Joggern hochspringt, dass er Kinder umrennt ... Sie möchten, dass er pflegeleicht und berechenbar ist. Falls sein Hund unerwartet einen Nachbarn anbellt, wäre der Kontrollfreak genauso hilflos wie der Mitläufer. Er würde sich genauso schämen und genauso in Angst verfallen. Das will er auf alle Fälle vermeiden und kompensiert es mit Strenge und Disziplin.
Deswegen nervt er seinen Hund mit steten Kommandos. Beim Tierarzt im Wartezimmer muss der Hund still »sitzen«, obwohl ihm zum Weglaufen zumute ist. Besucher, die in sein Heim eindringen, darf er nicht abscannen, sondern wird »auf die Decke« beordert oder sogar weggesperrt. Kaum geht er im Freilauf zehn Meter weiter oder schnüffelt im Dickicht, wird er mit »Hier« zurückbeordert. Geht er auf einen Artgenossen zu, wird er mit »Nein« ermahnt, bevor die Hunde überhaupt Kontakt aufnehmen konnten. Wenn der Hund eine alte Plastikflasche findet und sie stolz heranbringt, wird er streng mit »Pfui« zu Vernunft und Disziplin ermahnt.
Aber am schlimmsten ist es, wenn der Hund die gleichen Verhaltensfehler zeigt, für die ein Kontrollfreak selber als Kind kritisiert wurde. Dann wird der Mensch streng und unnahbar, weil das den wundesten Punkt seiner Seele anspricht. Genau dort, wo der Kontrollfreak am verletzlichsten ist. Da Hun-

de nicht wirklich auf Kommandos reagieren, stumpfen sie irgendwann ab. Sie hören den Menschen nicht mehr zu und warten nur auf ihre Chance. Sobald der Mensch nicht hinschaut oder abgelenkt ist, legen sie dann los. Wäre der Kontrollfreak nur eine Spur verständnisvoller, wäre auch der Hund viel kooperativer.

Molly und Birgit sind ein typisches Beispiel, wie sehr unsere Hunde mit uns verbunden sind. Wenn wir Hunde zu sehr mit Kommandos und Disziplin überladen, vernachlässigen sie ihre eigenen Impulse und Reflexe. Sie achten nur noch auf das Außen und verkrampfen innerlich. Sobald wir loslassen, sie nicht mehr überfordern und ihnen Luft zum

### Verhaltensbeispiel: Warum Molly nicht bellen durfte

Birgit konnte absolut nicht ertragen, wenn ihr Hund Molly beim Spaziergang andere Hunde anbellte. Manchmal ging Molly sogar auf die Artgenossen los. Bereits das Bellen machte Birgit total nervös, verursachte ihr Herzrasen und löste immense Schamgefühle in ihr aus.

Sie kam zu mir, weil sie Hilfe suchte, Molly diese Unart abzugewöhnen. Also arbeiteten wir zusammen und nach vier Treffen gestand mir Birgit: »Die Molly, das bin ich selber. Mir wurde als Kind extrem verboten, zu schreien oder mich lautstark zu beschweren. Denn brave Mädchen sind nicht wütend, grimmig oder wild.

Wenn ich es trotzdem tat, bekam ich schon mal eine Ohrfeige. Aber meist wurde ich streng ermahnt: ›So geht das nicht, liebes Fräulein!‹ und in mein Zimmer verbannt. Auch Fernsehverbot oder Stubenarrest waren öfter üblich.

Einmal hat meine kleine Schwester zu Weihnachten die Puppe bekommen, die ich mir so sehr gewünscht hatte. Ich selber bekam Klamotten geschenkt, weil ich für Puppen angeblich schon zu groß war. Ich habe gebrüllt vor Wut über diese Ungerechtigkeit.

Meine Eltern taten alles, damit ich nicht laut wurde. Und heute tue ich genau das bei Molly. Sobald sie mal bellt, rüge ich sie und halte sie zurück. Ich kann es nicht glauben, Molly zeigt mir ihre Emotionen und ich bestrafe sie dafür.«

Ein paar Wochen später berichtete Birgit, dass Molly kaum noch andere Hunde anbelle und dass sie schon zusammen auf einer Hundewiese gewesen seien. Das hat Birgit früher immer strikt vermieden. Denn sie wollte auf keinen Fall riskieren, von anderen Hundebesitzern ermahnt und beschimpft zu werden.

Als ich fragte, wie es zu dieser wunderbaren Änderung gekommen sei, sagte Birgit nur: »Ich habe alle deine Tipps befolgt. Molly ist ein Hund und Hunde bellen, um sich mitzuteilen. Das habe ich begriffen und lasse sie heute ihre Emotionen ausleben. Seit ihr Bellen mich selber nicht mehr stört und ich nicht mehr darauf reagiere, bellt Molly kaum noch.«

Atmen lassen, kommen sie wieder in ihre Mitte. Dann können Atmung, Blut und Lymphe wieder gleichmäßig und ausgewogen fließen. Der Körper produziert weniger Stresshormone, dafür aber mehr Wohlfühlhormone. Unser Hund kann sich entspannen und beginnt, aus dem Herzen mit uns zu kommunizieren, nicht aus dem Gehirn. Er kann uns dann klar und energetisch fühlen, statt immer nur auf unsere Stimme und unsere Forderungen zu achten.

Natürlich schaffen Hunde das nur zusammen mit ihren Menschen. Sobald der Kontrollfreak sich öffnet und aufhört, den Hund zu dominieren, können sie zusammen eine Herzensbindung erschaffen. Ganz viele weibliche Kontrollfreaks sind sogar dankbar, wenn sie nicht mehr kurz und streng irgendwelche Forderungen bei ihrem Hund durchsetzen müssen. Eine Kundin, Lisa, hat es so beschrieben:

*»Durch das Training mit dir wurde eine Last von mir genommen, da ich nicht mehr wie früher, in den Hundeschulen, irgendwelche Trainingsziele erreichen ›muss‹, sondern einfach das Beste aus der jeweiligen Situation machen kann. Ich darf Kody jetzt so nehmen, wie er ist, wodurch wir endlich ›gemeinsam‹ und mit viel mehr Leichtigkeit durchs Leben gehen können.«*

Ich will damit nicht sagen, dass Hunde kein Training brauchen. Na sicher dürfen sie Fertigkeiten erlernen oder ihre Stärken im Spiel ausleben. Ein Hund soll auch herankommen, wenn er gerufen wird. Aber ich habe festgestellt, dass sich Signale wie »Sitz« oder »Bleib« bei vielen Hunden abnutzen. Die Schlawiner reagieren dann nur noch darauf, wenn sie es selber wollen. Deswegen empfehle ich immer, Signale jeder Art nur dann anzuwenden, wenn es wirklich erforderlich ist.

Bei meinen Hunden wende ich nur das »Hinlegen« an und auch nur in zwei Situationen: Beim Autofahren aus Sicherheitsgründen, dann sage ich: »Alle Hunde legen« und warte, bis wirklich alle liegen. Oder beim Krallenschneiden, weil das von der Haltung her nicht anders geht. Ansonsten hören meine Hunde absolut keine Kommandos von mir. Abgesehen davon sind meine Hunde auch gar nicht auf diese Art Anweisungen trainiert. Trotzdem benehmen sie sich vorbildlich. Denn ich lasse sie spüren, worum es mir geht. Wenn ich mit ihnen rede, dann rede ich ganz normal, niemals militant. Das klingt dann ungefähr so: »Mausi, du kannst wieder mit rausgehen, der Regen ist vorbei« oder »Alle einsteigen, wir fahren an den Strand«.

Ich freue mich über jeden, der es schafft, auf Kommandos zu verzichten, und beginnt, vertrauensvoll mit seinem Hund umzugehen. Es ist wie ein Sprung vom Zehn-Meter-Turm, aber die Überwindung lohnt sich. Der Wandel vom Kontrollfreak zum Idol kann ziemlich schnell und einfach verlaufen, wie bei Lisa. Vorausgesetzt, der Mensch will verständnisvoll und human mit seinem Hund umgehen und ein unschlagbares Team mit ihm werden.

Ich frage mich seit Jahren, woher der Mensch sich das Recht nimmt, ein Tier erziehen, dominieren und verbiegen zu wollen? Alle Tiere sind genau richtig, so wie sie sind. Der Mensch ist das enttäuschte, ängstliche und depressive Geschöpf auf diesem Planeten, nicht der Hund. Alles was ein Hund von uns braucht, ist unsere Stärke, unser Schutz und klare Strukturen, damit er in der modernen Gesellschaft unbeschwert mit uns leben kann. Sobald wir Strenge und Kontrolle aufgeben, kommen Hunde wieder in ihre Mitte. Sie können sich entspannen, passen sich gerne an die Gruppe an und ihr Verhalten wird sich automatisch verbessern.

# Die Idole

Auch wenn es noch nicht so viele Idole unter den Hundemenschen gibt, möchte ich dir hier beschreiben, was sie ausmacht. Denn mein Wunsch ist es, dass irgendwann alle Hundebesitzer zu dieser Kategorie gehören, auch du.

Ich gebe dir hier ein paar Richtlinien, damit du eine Vorstellung bekommst, wie einfach das ist. Kurz und treffend würde ich sagen, sei einfach DU selbst. Wie Robert Redford im Pferdeflüsterer, wie Pippi Langstrumpf oder wie der Dalai Lama. Übertragen auf den Alltag mit deinem Hund wäre das:

## Idole reden nicht – sie handeln

Stell dir in Gedanken eine Tierfamilie vor. Das können Wölfe sein, Löwen oder Schimpansen. In meiner Fantasie bin ich in Afrika bei einer Löwenfamilie, die am Nachmittag im Schatten eines Baumes gemütlich herumdöst.

Ich betrachte zuerst die Mutter mit ihren Jungen. Einen Großteil ihrer Zeit liegt sie wachsam und geduldig neben ihrem Nachwuchs. Es stört sie nicht, dass die Jungtiere auf ihr herumtapsen, sie am Ohr ziehen oder in ihren Schwanz beißen. Die Mutter beobachtet hellhörig und wachsam das Umfeld. Sie ermahnt ihre Kinder nicht und diskutiert auch nicht mit ihnen. Sie lässt sich durch nichts ablenken, ist voll im Hier und Jetzt. Sie wirkt schläfrig und gelassen, ist aber sofort hellwach, um ihre Jungen gegen jeden Feind zu verteidigen.

Und der Vater? Er tut das Gleiche. Er dreht seiner Familie den Rücken zu und beobachtet aufmerksam die Umgebung. Zum Spielen mit den Kleinen hat auch er keine Zeit. Er braucht all seine Kraft zur Futterbeschaffung oder um Angreifer und Rivalen abzuwehren. Seine Aufgabe ist es, für das Überleben und die Sicherheit seiner Gruppe zu sorgen. Die Jungen wissen instinktiv, wenn Vater uns keinen Blick schenkt, sind wir sicher. Sie lesen es an seiner Ausstrahlung und seiner zielgerichteten Körpersprache. Denn sollte sich ein Eindringling in ihre Nähe wagen, wird Vater sofort handeln und die Jungen mit seinem Leben verteidigen. Lautlos und blitzschnell.

Jetzt überlege bitte, wo deine eigene Aufmerksamkeit normalerweise liegt. Konzentrierst du dich beim Spaziergang auf euer Umfeld, auf entgegenkommende Jogger und Artgenossen? Hältst du deinem Hund laute, große, angstmachende »Dinge« wortlos vom Hals? Machst du es wie die Löwen und bist ganz bei deinen eigenen Aufgaben? Oder liegt dein Fokus ständig bei deinem Hund?

Diskutierst du immer wieder mit ihm über sein »falsches« Verhalten, überschüttest du ihn mit Kommandos und Forderungen, mit Lob und guten Worten? Dann denke bitte ab und zu an die Löweneltern oder andere Tiere. Anführer reden nicht, sie handeln. Dieses Gesetz der Natur ist für alle Tiere gleich, egal ob Löwe, Elefant oder Hund.

## Idole sind in jeder Situation entspannt

Es gibt zwei Filmserien, die mich bis heute immer wieder beeindrucken. Zuerst die Serie Kung Fu und danach die Folgen von Karate Kid. In Kung Fu widerstand ein Shaolin Mönch den Intrigen und Anfeindungen böser Mitmenschen durch tiefe Konzentration, mentale Stärke und Selbstdisziplin. Später bei Karate Kid war es ähnlich. Da wurde ein harmloser Jugendlicher gemobbt und bekam Unterstützung von einem Karatemeister.

In beiden Serien wurde den Zuschauern vermittelt, dass Kung Fu oder Karate nichts mit brutalen Schlägereien gemeinsam haben. Bei beiden Sportarten geht es um die Reise ins eigene Ich, bis an die eigenen Grenzen. Sodass Menschen durch Selbstdisziplin und tiefe Konzentration ihre Persönlichkeit und innere Stärke bis zur Vollendung entfalten lernen.

Wir müssen keine Kung-Fu- oder Karatemeister werden. Aber ich denke, vielen Hunden würde es guttun, wenn ihre Besitzer, speziell bei Hundebegegnungen, etwas ruhiger und besonnener handeln. Meditation, Qigong oder Tai-Chi sind gute Entspannungstechniken für bedachtes Reagieren, falls der Hund einmal ausrastet.

## Idole kennen keine Angst

Normalerweise fallen wir in eine Schockstarre, sobald unser Hund wieder mal auffällig laut reagiert. Unser Atem stockt, unser Herz rast, wir bekommen Angst. Noch schlimmer ist aber unser Kopfkino in solchen Momenten. Vielleicht die Erinnerung an eine Situation, als unser Hund von einem Artgenossen gebissen wurde. Vielleicht aber auch nur die Vorstellung davon, dass er einen Schaden verursachen könnte.

Diese Angst steht uns im Weg. Sie hindert uns daran, normal zu denken und richtige Entscheidungen zu treffen. In kritischen Situationen braucht unser Hund uns stark. Wir dürfen nicht in die Angstfalle tappen, sondern müssen überlegt handeln. Ungefähr so wie ein Rettungsarzt.

Falls du Kinder hast, weißt du, was ich meine. In dem Moment, wo dein Kind hinfällt und sich verletzt, musst du einen kühlen Kopf bewahren. Du darfst nicht selber nervös werden und die Nerven verlieren. Und du kannst das auch. Denn du willst nicht, dass dein Kind in Panik gerät. Richtig?

Dein Hund braucht dich genauso. Falls du im Pflegedienst oder in einem Krankenhaus arbeitest, ist es das Gleiche. Dann bist du durch deine Ausbildung anderen Hundebesitzern gegenüber schon im Vorteil. Benimm dich im Stress mit deinem Hund genauso wie mit deinen Patienten – ruhig, besonnen und vorausschauend. Lass nicht zu, dass die Angst Macht über dich gewinnt.

## Idole sehen das (Fehl-)Verhalten als Geschenk

Das ist eine der verwirrendsten Lektionen in meinen Kursen: Nimm alles dankbar an, was dein Hund dir gibt. Freu dich, wenn er intensives Verhalten zeigt. Denn damit weißt du genau, wie es ihm jetzt gerade geht und was er von dir braucht.

→ Wird er nervös oder will er flüchten, hat er Angst …
→ Wenn er vorgeht und angreift, ist er überfordert und braucht deine Hilfe …

Sobald du sein Verhalten als Signal ansiehst, nicht mehr als Fehler, kannst du damit umgehen, ohne selber nervös zu werden. Gedanken und Sorgen musst du dir erst machen, wenn dein Hund sich nicht mehr äußert, sich zurückzieht und sein Ding für sich macht. Dann kannst du ihn nicht mehr einschätzen, seine unerwarteten Explosionen können großen Schaden anrichten. An dem Sprichwort »Hunde, die bellen, beißen nicht« ist schon was dran, glaube mir.

Freue dich, sobald dein Hund sich dir mitteilt, auch wenn es heftig ist. Es ist sein Zeichen von Vertrauen. Er kommuniziert mit dir und will, dass du ins Handeln kommst. Jedes Verhalten deines Hundes ist ein Geschenk für dich. Nimm es an, statt dagegen anzukämpfen. Mit »annehmen« meine ich nicht, dass du dich über die Aussetzer deines Hundes freuen sollst. Annehmen heißt, sein Verhalten bewusst wahrzunehmen, die Ursachen zu finden und es dann aktiv in eine positive Richtung umzulenken.

## Idole bestrafen nicht

Was tun Hündinnen, wenn sie von einem Rüden genervt sind? Sie verjagen den Aufdringling. Denn außerhalb ihrer Läufigkeit wollen sie von Rüden nichts wissen. Oft wird nicht mal das Beschnüffeln hintenherum zugelassen. Die Hündin fletscht die Zähne, faucht heftig und täuscht sogar einen Angriff vor. Erfahrene Rüden kennen das und weichen blitzschnell aus. Sie wissen, die Hündin will keinerlei Kontakt, und respektieren das. Jüngere Rüden werden es noch lernen. Die Hündin meint es ernst, ohne Diskussion.

Trotzdem wird sie weder aggressiv, noch bestraft sie den Dummkopf, der nicht aufgeben will. Sie bleibt in ihrer Abwehr höflich und sozial.
Was tun Menschen, wenn ein Hund nervt? Diskutieren, schimpfen oder sogar derb mit ihm umgehen. Das hat keinen Sinn. Dem Hund ist nicht klar, dass er etwas »falsch« gemacht hat. Viel besser wäre, vorweg Lösungen zu finden.

Oder noch besser: vorausschauend alle Katastrophen zu vermeiden. Wenn du nicht willst, dass dein Hund deine Socken zerkaut, dann lass keine Socken herumliegen. Falls er sich dann als Ersatz ein Handtuch von der Stange zieht, werde aufmerksam. Frage dich, warum er das tut. Ist dein Hund unterfordert, überreizt oder sogar gestresst? Dann musst du nicht schimpfen, sondern solltest ihm da schnellstens heraushelfen.

Falls doch mal eine Panne passiert, bleibe locker. Sorge beim nächsten Mal besser vor. Mach dich nicht verrückt wegen eines Flecks auf dem Teppich. Es gibt Schlimmeres im Leben. In zwanzig Jahren lachst du darüber, also reg dich heute nicht auf.

Auch bei häufigem intensivem Verhalten oder bei Aggressionen nützt es dir nichts, deinen Hund zu bestrafen. In solchen Fällen arbeite ich selber auf gewaltfreie Art, meist über das Spielverhalten. Denn Spielen löst mentale und körperliche Verspannungen. Damit kann ich das (Fehl-)Verhalten des Hundes am schnellsten umlenken, wieder in eine soziale Richtung führen und auflösen. Oder ich gebe dem Hund zuerst, was er im Moment braucht. Beim Dauerbeller beginne ich eben beim Bellverhalten. Der Hund darf bellen … und ich leite dieses Verhalten schrittweise in eine Richtung, die angenehm ist für den Hund, den Besitzer und das Umfeld.

## Idole vertrauen ihrem Hund

Wir sehen das Verhalten unseres Hundes viel zu oft als problematisch an. Ich hatte gerade gestern ein Gespräch mit Kunden, weil deren Hund beim Spaziergang zweimal andere Passanten angebellt hat. Ist dir so etwas mit deinem Hund auch schon passiert? Hast du dich gewundert, warum er genau diese zwei oder drei Leute angeht? Warum er die anderen zwanzig, die euch begegnen, überhaupt nicht wahrnimmt? Ich behaupte, weil er dich vor den zwei oder drei Leuten, die er anbellt, warnen möchte.

Hunde spüren Energie. Wenn mein Bonnie jemanden verbellt hat, wusste ich immer, mit diesem Menschen stimmt etwas nicht. Vielleicht ist es ein Hundehasser oder er ist innerlich total zerrissen und depressiv. Vielleicht hat er Aggressionen gespeichert, die er vor der Welt verstecken will. Ein Hund spürt all das und fühlt sich davon bedroht.

Habe kein schlechtes Gewissen, wenn dein Hund wildfremde Menschen anbellt. Vertraue deinem Hund. Du musst ihn nicht beschwichtigen. Lenke ihn ab und führe ihn schnell aus der Situation. Aber schimpfe nicht mit ihm, wenn er dir mitteilt: »Diese Menschen machen mir Angst.« Sei dir bewusst, dass kein normal sozialer Hund grundlos reagiert. Er spiegelt immer nur die negativen Schwingungen, die er in seinem Gegenüber wahrnimmt.

## Idole lassen geschehen

Schalte dein Kopfkino ab, sei im Hier und Jetzt. Mag sein, dass es früher mal eine schlechte Situation gab mit anderen Hunden oder Menschen. Vielleicht wurde dein Hund schon mal gebissen oder verletzt. Das ist sehr schlimm, aber es ist vorbei. Habe nicht ständig Angst, dass es sich noch einmal ereignet. Katastrophen passieren normalerweise nicht zweimal.

Mir ist in Bali mal eine Kokosnuss fast auf den Kopf gefallen. Wir saßen im Restaurant und plötzlich schepperte es. Bevor wir begriffen, was los ist, lag eine Kokosnuss knapp neben mir am Boden. Das hätte ich nicht überlebt. Was soll ich jetzt machen? Die Nähe von Palmen meiden, nie wieder in die Tropen fahren oder nur noch in überdachten Restaurants essen? Oder mir im Urlaub ständig Gedanken machen, ob und wann so etwas wieder passieren könnte?

Wir können nicht Vorsehung spielen. Wir haben auch keinen Einfluss auf das Schicksal oder das Karma unseres Hundes. Warte, bis wirklich ein Ernstfall eintritt, und dann handle schnell und zielsicher. Sei nicht ständig in der Vergangenheit oder in der Zukunft, sondern im Hier und Jetzt.

## Idole kümmern sich nicht um andere

Andere Hundebesitzer, Nachbarn und alle Außenstehenden werden immer versuchen, dich zu manipulieren. Dir erklären, was du alles falsch machst mit deinem Hund oder dass du total unfähig bist. Sie werden dich ermahnen und kleinmachen. Gehe nicht darauf ein! Lass sie reden und gehe deinen Weg. Bedenke, dass diese Besserwisser meist selber unzufrieden und enttäuscht sind. Sie wollen ihre schlechte Laune und ihr Gift auf andere versprühen. Werde immun dagegen. Eine gute Möglichkeit wäre, sich dumm zu stellen: »Ach, gut dass Sie mir das jetzt sagen!« oder einfach lächelnd weiterzugehen. Aber nimm es niemals an. Du kannst es nicht jedem recht machen. Bleibe selbstbewusst und lass dich nicht runterziehen.

Jetzt hast du ein kleines Bild, wie ich den Durchschnittshundemenschen einschätze. Natürlich ist das nicht Gesetz. Es gibt auch die gemischten Typen. Die haben einen Teil von allen Typen in sich. Das Ganze ist keine Wertung. Mir ist nur wichtig, dir die Unterschiede aufzuzeigen.

Aber mein größtes Anliegen in diesem Kapitel ist es, dir verständlich zu machen, wie sehr das Verhalten deines Hundes von dir selber abhängt. Dein Hund spiegelt immer nur, was er in dir wahrnimmt. Sobald du locker und entspannt mit seinen »Macken« umgehst, kannst du ihn automatisch auch entstressen. Werde sein Idol und euer Leben wird ganz bestimmt harmonischer verlaufen.

# WIE DU SELBER ZUM HUNDEIDOL WIRST

*Wenn ich dich jetzt neugierig gemacht habe, lass uns den nächsten Schritt gemeinsam gehen, damit du selber dieses Idol für deinen Hund werden kannst. Sei dir aber bewusst, dass das keine Technik oder Methode ist, die du einfach anwenden kannst. Es ist ein Prozess, der in uns stattfindet, eine Transformation.*

Wichtig dabei ist nicht dein Kopf, sondern dein Herz. Je mehr du dich auf das Denken und Fühlen deines Hundes einlässt, desto tiefer wird eure Verbindung werden. Ihr werdet dann ohne Worte kommunizieren und euch verstehen. Denn ihr werdet fühlen, was der andere gerade braucht.

Du wirst das Idol deines Hundes und führst ihn an einer unsichtbaren Leine. Das Ganze kann ein paar Wochen dauern. Denn wir Menschen haben gelernt, alles nur mit unserem Verstand wahrzunehmen und auszudrücken. Aber es gibt Dinge zwischen Himmel und Erde, die lassen sich nicht sachlich erfassen oder vorausplanen. Deswegen fällt es uns auch oft schwer, das Handeln unserer Hunde nachzuvollziehen.

Aber noch schwerer ist es für uns, oder besser für unser Gehirn, alte Gewohnheiten abzulegen. Wenn du deinen Hund seit Jahren im Stress an kurzer Leine hältst, wird es für dich extrem schwer, ihn plötzlich an lockerer Leine zu führen. Du wirst Tage oder sogar Wochen benötigen, um so manche alte Gewohnheit abzustellen und durch eine neue zu ersetzen. Dein Hund hat es einfacher. Bei ihm können Änderungen innerhalb von Minuten eintreten. Bevor wir ins Detail gehen, beleuchten wir erst einmal die äußeren Umstände. All das, was Menschen daran hindert, ein Hundeidol zu werden.

Du bekommst all mein Wissen und vor allem meine Erkenntnisse. Alles, was ich bei meiner Arbeit mit Hunden herausgefunden habe. Mich hat das zwanzig Jahre gekostet. Du kannst eine Abkürzung nutzen.

Um das Idol eines Hundes zu werden, brauchen wir nur drei Dinge:

- Eine selbstbewusste, ruhige Ausstrahlung, die dem Hund Sicherheit gibt.
- Klare, hundgerechte Kommunikation über Körpersprache und Mimik.
- Sein volles Vertrauen, um eine unsichtbare Leine entstehen zu lassen.

Eigentlich ist alles ganz einfach. Alle Tiere praktizieren das so. Sie brauchen weder Worte noch Training oder Zubehör. Trotzdem funktioniert ihr Zusammenleben nach exakten Regeln, die jedes Gruppenmitglied akribisch einhält. Ich denke, es wird Zeit, dass

*Die ruhige Ausstrahlung des Menschen überträgt sich auf den Hund. Selbst bei Begegnungen mit einem hitzigen Hund bleibt er gelassen.*

wir Menschen unser Ego der Natur und den Tieren gegenüber ablegen und uns mehr um das Wesentliche im Leben kümmern: um inneren Frieden, ein erfülltes Dasein und Rücksicht auf das Leben um uns herum. Weil diese Schritte ziemlich groß sind, beginnen wir doch damit, es bei unseren Hunden zu lernen.

Du findest jetzt viele Puzzleteile, die dich zum Idol deines Hundes machen und zu einer beiderseitig erfüllten Mensch-Hund-Bindung beitragen. Das alles sind Denkanstöße, die dir helfen können, leichter mit deinem Hund umzugehen. Es sind keine Vorschriften. Ich möchte dir damit aufzeigen, dass dein Hund dich ganz anders wahrnimmt, als du es dir vorstellst. Du weißt ja bereits, eine Verhaltensänderung bei deinem Hund beginnt immer bei dir selber.

*Hier findest du meine Geschenke für dich, als Dankeschön für deinen Buchkauf. Über den QR-Code findest du den Zugang zu meinem Videokurs »Entspannte Hundebegegnungen« und kannst ihn kostenlos nutzen. Und du sicherst dir einen Gutschein über 100 Euro für mein CaniKo© Onlinecoaching.*

# Was ist dein Traum?

Wie wünschst du dir das Leben mit deinem Hund? Welches Bild taucht bei dieser Frage vor dir auf? Geht er mit dir wandern oder joggen? Räkelt er sich gemütlich neben dir in einem Strandkorb an der Ostsee? Nimmst du deinen Hund mit ins Büro? Oder ist er dein treuer Begleiter, wenn du zum Italiener gehst, um einen Cappuccino zu trinken?

*In einer perfekten Mensch-Hund-Beziehung ist es sogar möglich, den Hund mit ins Büro zu nehmen, weil er gelassen bleibt.*

Egal, wie dein Wunschtraum aussieht, hast du ihn realisiert? Wenn ja, gratuliere ich dir. Denn es liegt sicher nicht daran, dass du zufällig Glück hattest mit deinem Hund. Du hast als sein Teamplayer mit bewirkt, dass dieser Traum für dich wahr wurde.

Falls nein, wüsste ich gerne mehr darüber. Dann sollten wir einmal schauen, woran das liegen könnte.

## WORAN IST DEIN TRAUM GESCHEITERT?

Wenn du im Moment noch nicht dein perfektes Leben mit deinem Hund hast, kam entweder bei dir selber etwas dazwischen oder dein Hund hat nicht mitgespielt. Schauen wir mal, woran es liegen könnte.

An deinem Hund? Da ich mich mit Hunden recht gut auskenne, werden wir jetzt deinen Hund unter die Lupe nehmen. Was hat der Schlingel angestellt, welche Eigenheiten haben sich bei ihm etabliert? Wickelt er dich nur um den Finger oder ist er manchmal richtig giftig? Was macht er? Geht er auf Artgenossen los, beißt er deine Besucher, hat er

### Verhaltensbeispiel: Bolle

Bolle ist ein zweijähriger Labradoodle. Im Wesen freundlich, verspielt und neugierig. Sein Energielevel ist ziemlich hoch. Bolle will wirklich ausgepowert werden. Deswegen geht seine Besitzerin, Claudia, regelmäßig mit ihm in einen Hundekurs.

Dort lernt Bolle immer wieder neue Sachen und kann andere Hunde treffen. Am Ende der Stunde toben die Hunde auf dem Platz herum, während die Besitzer sich bei einer Tasse Kaffee entspannen. Zu Hause ist Bolle dann müde und kann endlich zur Ruhe kommen.

Das Hundeleben von Bolle und seiner Familie scheint perfekt zu sein. Wenn da nicht ein einziges kleines Problem wäre: Claudia traut sich nicht, Bolle freizulassen. Einmal hat sie es versucht. Aber Bolle ist sofort auf einen anderen Hund losgegangen, der ihnen plötzlich entgegenkam. Seitdem läuft Bolle immer an der Leine. Aber auch das scheint nichts zu nützen. Sein Problem mit anderen Hunden wird seit Wochen immer intensiver.

Zuerst haben ihn nur kleine Rüden genervt. Dann kamen auch die größeren Exemplare dazu. Und mittlerweile regt ihn fast jeder andere Hund auf. Deswegen nutzt Claudia die Kurse in der Hundeschule. Denn mit den Hunden dort versteht sich Bolle sehr gut. Sie kann das einfach nicht verstehen. Claudias Traum war, dass Bolle sie ohne Leine auf ihren langen Spaziergängen begleitet. Sie wollte, dass Bolle lustvoll über Wiesen und Felder rennen kann und Freude am Leben hat. Dass sie beide draußen im Gelände den süßen Duft von Freiheit und Abenteuer einatmen können. Leider kam alles ganz anders …

extreme Ängste oder ist er hibbelig? Dann musst du nicht aufgeben. Das bekommst du alles wieder hin. Jeder Hund kann seine schlechten Gewohnheiten ablegen – völlig egal, wie alt er ist oder zu welcher Rasse er gehört. Damit alles besser verständlich wird, erkläre ich es an einem konkreten Beispiel (siehe oben). Lass uns mit Bolle arbeiten.

## WIE KANN CLAUDIAS TRAUM WAHR WERDEN?

Als Claudia zu mir kam, war sie total verzweifelt. Ihr lebensfroher Bolle darf nur angeleint herumlaufen und geht nun seit einiger Zeit auch noch auf andere Hunde los. Sie fragte mich: »Was soll ich nur machen? Braucht Bolle mehr Training oder mehr Aufmerksamkeit? Muss ich strenger werden? Ich weiß es nicht.«

Was würdest du tun, wenn du an Claudias Stelle wärst? Wie würdest du reagieren, damit dein Hund aufhört, andere Hunde zu attackieren? Zusätzliches Training, mehr Disziplin, andere Hundeschule, härtere Strafen, ihm mehr Liebe geben, in eine andere Gegend umziehen, Massagen anwenden, nicht mehr spazieren gehen, den Hund weggeben? Schreibe es mir gerne.

Die typische Reaktion bei uns Menschen wäre, dass wir an Bolle etwas ändern wollen. Denn schließlich benimmt er sich ja daneben, also soll er es gefälligst auch ausbaden. Aber diese Denkweise ist einfach falsch. Einmal, weil Bolle in seinen eigenen Augen nichts falsch macht. Dazu kommt, er lebt in einer Gruppe, nicht als Einzelgänger. Also braucht er klare Signale und klares Feedback aus seiner Gruppe. Und zwar, bevor ein Problem entsteht. Dann wird er eine kritische Situation auch gerne mit seiner Gruppe zusammen auflösen.

Bekommt Bolle die richtigen Signale nicht, wird er alleine handeln. Irgendwie muss er ja aus Stressmomenten wieder rauskommen. Auf seine Gruppe kann er nicht bauen. Von seinen Menschen bekommt er kein Signal und keine Geste, die ihm Sicherheit geben würden. Setzen wir jetzt mit der Lösung lieber da an, wo wir die größten Erfolge verzeichnen können: bei uns selber.

*Nach Herzenslust toben, ohne Leine: Das ist möglich, wenn Hund und Mensch sich voll aufeinander verlassen können.*

## Beginnen wir beim Menschen

Um das Verhalten eines Hundes zu ändern, brauchen wir zuerst ein genau definiertes Ziel und ein klares Warum. Bei Claudia könnte das sein:

»Ich möchte Bolle in drei Monaten ohne Leine laufen lassen. Damit er endlich lustvoll rennen und seine überschüssige Energie abbauen kann, statt sie an Artgenossen abzulassen.«

Claudia definiert hier den genauen Zeitraum. Das verhindert ein ständiges »Machen wir morgen«-Hinausschieben. Sie weiß genau, was sie erreichen will und vor allem, warum sie es erreichen will. Das ist die richtige Basis, um schnell an ihr Ziel zu kommen.

Nun wissen wir alle, dass die Wege ins Glück mit Stolpersteinen gepflastert sind. Kein Preis ohne Fleiß. Auch Claudia wird auf Widerstände und Probleme stoßen. Bolle wird Fortschritte machen, dann wieder zurückfallen. Als hätte er nie etwas gelernt. Das gehört dazu. Da wir das alles kennen, können wir vorbeugen.

Am besten sollte Claudia nicht sofort den »perfekten Bolle« als Ziel festlegen. Das wäre zu utopisch und kaum erreichbar. Sie würde nach den ersten Fehlschlägen wieder aufgeben. Nach dem Motto »Das schaffe ich nie«. Deswegen bleibt der perfekte Bolle zuerst nur ein Wunsch. Damit er wirklich wahr werden kann, muss Claudia die einzelnen Schritte dorthin genau festlegen. Sie muss auch ihre Stolperfallen vorher genau kennen.

### Verhaltensbeispiel: Wie gewöhne ich Bolle an eine Hundepfeife?

Die Antworten könnten sein:
Ich kaufe mir ein Buch zu dem Thema. Ich suche Trainingsvideos im Internet. Oder ich frage einen Hundetrainer. Super.
Aber jetzt wird es spannend. Denn jetzt müssen alle Stolpersteine einkalkuliert werden.

- Bolle könnte die Pfeife zu laut sein. → Dann sollte Claudia zu Beginn etwas vorsichtiger pfeifen.
- Claudia schämt sich, eine Pfeife zu benutzen. → Gewissensfrage: Was ist wichtiger – fremde Menschen oder die Bindung zu Bolle?
- Die Pfeife ist zu teuer. → Dann kauft sie eben einen Lippenstift weniger. Problem gelöst.

Sobald alle Störfaktoren erkannt und ausgeräumt sind, kann Claudia an die Umsetzung gehen. Sie gewöhnt Bolle an eine Hundepfeife, indem sie ein Buch zu dem Thema kauft, Trainingsvideos im Internet sucht oder einen Hundetrainer um Rat fragt.
Genauso kann sie jeden einzelnen Punkt herunterbrechen bis ins kleinste Detail. Sie beginnt mit den einfachen Punkten und geht danach die größeren Herausforderungen an. Bis Claudia ihr Ziel wirklich erreicht hat: dass Bolle in drei Monaten ohne Leine laufen darf.
Sein Warum zu kennen, die Stolpersteine vorher zu sehen und das Vorgehen in ganz kleine Schritte zu zerlegen, das ist eine extrem wirkungsvolle Methode, um unsere Ziele zu erreichen. Dann sind wir auch bereit, den Preis dafür zu zahlen – nämlich täglich mit unserem Hund zu üben.
Wenn wir, ganz klassisch, nur am Symptom arbeiten, stoßen wir bald an unsere Grenzen und wissen nicht mehr weiter. Wir machen die Umstände, die anderen Menschen oder unseren Hund dafür verantwortlich, wenn es nicht funktioniert. Wir legen unsere Pläne auf Eis und geben sie irgendwann ganz auf. Wie traurig und wie schade. Dabei wartet jeder Hund so sehnsüchtig auf die Unterstützung durch seine Menschen. Auch dein Hund wünscht sich, dass dein Traum von einer glücklichen gemeinsamen Zukunft wahr werden kann.

Zu Beginn legt Claudia ihre Meilensteine genau fest. Zuerst darf Bolle nicht mehr durchbrennen. Das ist die Basis. Er muss kommen, wenn Claudia ihn ruft. Erst danach kann sie dann die Aussetzer mit den Artgenossen beheben.
Siehst du den Unterschied zu den traditionellen Methoden? Es wäre totaler Unsinn, direkt

am Problem mit den Artgenossen zu arbeiten. Das ist viel zu intensiv. Wir brauchen erst einmal ein Fundament. Deswegen beginnen wir an der Ursache, dass Bolle nicht besonders gut hört. Er macht sein Ding für sich. Erst wenn das gemeistert ist, gehen wir die schmerzhaften Themen an. Denn wenn ein Hund schon in normalen entspannten Situationen nicht hört, macht er es im Stress erst recht nicht. Kannst du das nachvollziehen?

### *Was wären die einzelnen Schritte?*

Damit Bolle nicht mehr wegrennt bzw. wirklich kommt, sobald sie ihn ruft, kann Claudia Folgendes tun:

- Sie gewöhnt Bolle an eine Hundepfeife – das kann tatsächlich Wunder wirken.
- Sie baut ein neues Rückrufsignal auf – denn das alte Signal ignoriert Bolle.
- Sie macht sich interessanter als der Rest der Welt – der schwierigste Punkt.

Wenn die einzelnen Schritte klar sind, hinterfragt Claudia jeden einzelnen davon. Wie das aussehen könnte, liest du links.

## Schluss mit Kopfkino!

Wie soll das gehen, wirst du dich jetzt fragen. »Wie soll ich ruhig bleiben, wenn mein 50-Kilo-Rottweiler auf einen Artgenossen losgeht?« »Wie soll ich abschalten, wenn mein kleiner Malteser vom Nachbarhund gebissen wird?« »Wie soll ich die Folgen ausblenden, wenn zwei nicht angeleinte Border Collies mit Vollgas auf meinen Beagle losstürmen?«
Ich schätze, dass 99,9 Prozent aller Hundebesitzer genauso denken und handeln. Sie konzentrieren sich beim Spaziergang, im Restaurant oder wenn Besuch kommt voll auf ihren Hund. Schlimmer: Sie wittern überall Gefahren.
»Hoffentlich kommt uns im Wald kein Hund entgegen.« »Hoffentlich sitzt kein Hund unter einem Nebentisch im Restaurant.« »Hoffentlich springt mein Hund die Besucher nicht an.« Und so weiter …
Das Kopfkino rattert unaufhörlich. Alle Gedanken sind beim Hund. Falls er auffällig wird, werden die Menschen sogar zu Hellsehern. Ganz unbewusst sehen sie plötzlich Blut fließen, Tische umfallen oder Menschen erzürnt weglaufen. In diesen Momenten sind sie nicht mehr im Hier und Jetzt.
Du kennst das sicher selber. Sobald sich dein Hund erregt, melden sich die Stimmen in deinem Kopf. Sie sind lautlos. Es sind nur Gedanken, innere Selbstgespräche mit fremden Fantasiewesen.
Du hast keinen Einfluss auf sie. Du weißt nie, was diese unsichtbaren Gesprächspartner dir sagen werden. Obwohl ihre Botschaften immer die gleichen sind. Nämlich Kritik, Verurteilung, Geringschätzung. Das ist es, was dich eigentlich verzweifeln lässt. Nicht das Verhalten deines Hundes.

**Beispiel: Dein Hund bellt auf dem Spaziergang einen anderen Hund richtig giftig an.**
**Was passiert?** Dein Kopfkino beginnt. Du siehst deinen Hund sofort in einer Beißerei mit dem Artgenossen (obwohl beide angeleint sind und sich gar nicht annähern können). Selbst wenn dir das künftig bewusst wird und du versuchst, ruhig zu bleiben, meldet sich sofort eine andere Stimme in deinem Kopf: »Na ja, einer könnte sich ja losreißen« – und schon folgst du wieder deinem unbewussten Kopfkino.
**Oder:** Du denkst an die Beschimpfungen anderer Passanten. Du ärgerst dich, weil du es wieder einmal nicht im Griff hattest. Du hörst

*Solange kein gegenseitiges Vertrauen herrscht, interpretiert der Mensch jedes Verhalten seines Hundes als negativ und möchte es verhindern.*

schon deinen Partner oder Familienmitglieder meckern, dass andere Menschen dich anzeigen werden. Obwohl auch das sehr unwahrscheinlich ist. Niemand bekommt eine Anzeige, weil sein Hund einen anderen giftig anbellt.

All diese stillen Botschaften treiben dich in die Verzweiflung. Sie verunsichern dich und rauben dir deine Entschlusskraft. Du solltest sie abstellen oder ganz aus deinem Kopf verbannen.

Denn es sind nur alte negative Erfahrungen, die du vor Jahren, wahrscheinlich in der Kindheit, gemacht hast. Es sind die negativen Gefühle, die unbewusst in dir entstanden sind, weil Situationen kein positives Ende fanden und immer noch in dir feststecken. Oder weil andere Menschen es dir eingeredet haben. Oft ging es um Ungerechtigkeit. Weil der kleine Bruder tun durfte, was dir verboten war. Weil du praktische Geschenke bekamst statt einer neuen Puppe.

Das können ganz harmlose Dinge gewesen sein, aber sie sitzen in jedem von uns als negative Gefühle fest:

- Wenn Eltern skeptisch waren und öfter sagten »Na, wirst du die Mathearbeit dieses Mal wenigstens schaffen?«, dann manifestiert sich das in uns als »Ich bin zu dumm, ich tauge nichts, ich bin ein Versager«.
- Wenn Eltern nicht genug Zeit hatten, denken wir: »Ich bin nicht wichtig, ich bin nicht gut genug.«

Diese Gedanken oder Glaubenssätze kommen heute noch auf, wenn sie getriggert werden. Sie kommen immer und immer wieder, solange sie nicht als Seelenmüll entsorgt wurden.

Deswegen denken Menschen auch jetzt noch, sobald ihr Hund sie mit seinem Verhalten beschämt: »Er hört nicht auf mich, weil ich ihm nicht wichtig bin.« »Ich bekomme ihn nicht ruhig, denn ich bin zu dumm, ihn zu erziehen.« »Mein Hund hört nicht auf mich, kein Wunder, ich mache niemals etwas richtig.« Schreck, Scham und Angst aus vergangenen Situationen, als Menschen hilflos und abhängig waren, steigen immer wieder als Kopfkino in ihnen hoch. Und zwar in *jedem* von uns. Auch ich schleppe noch so manchen Seelenrucksack mit mir herum. Genauso wie du.

Wenn du lernst, diese Gedanken nicht mehr zuzulassen, wirst du klare Entscheidungen treffen können. Du wirst Lösungen finden, die deinen Hund beruhigen und euch aus dieser Situation heraushelfen. Dann bist du im Hier und Jetzt, präsent und allgegenwärtig. Dann gibt es keine Stressmomente mehr. Denn du bist in der Lage, blitzschnell und logisch zu reagieren. Dann kannst du deinen Rotti korrekt ablenken oder andere Hunde von euch fernhalten. Nichts macht dir mehr Angst. Bravo, so reagieren Idole. Dann hast nicht nur du, sondern auch dein Hund wieder Freude am Spaziergang.

## PFEIF AUF DIE STIMMEN

Im Hier und Jetzt zu sein, heißt, »dir selbst bewusst zu werden«. Oder: »dir immer klar zu sein, was du genau jetzt tust«. Du überlässt Situationen nicht mehr diesen Gedanken oder Stimmen, die in deinem Kopf herumgeistern. Du reagierst nicht mehr automatisch und unbewusst.

Nur den wenigsten Menschen ist klar, dass Kopfkino nur das Ergebnis einer früheren Lebenserfahrung ist. Wir können es heute abschalten und sogar umprogrammieren.

Deine Probleme mit deinem Hund werden von diesem unbewussten Kopfkino hervorgerufen, nicht von deinem Hund. Du schaffst dir den Stress selber. Durch deine Gedanken und Interpretationen, die in deinem Kopf herumtanzen. Du selber machst, dass du dich schlecht fühlst in Momenten, die in dir alte Erinnerungen triggern. Energie folgt immer der Aufmerksamkeit.

### Komm ins Hier und Jetzt

Dieses zu erkennen, befähigt dich, deinen Verstand und deine Gefühle zu kontrollieren. Dann bist du in der Lage, reale Entscheidungen zu treffen. Wenn du diese Möglichkeit des Bewusstwerdens verstehst und in dir zulässt, kannst du deine Gedanken bewusst steuern. Dann kommst du ins Hier und Jetzt und wirst für deinen Hund klare, bewusste Entscheidungen treffen und ihn aus dem Stressmoment herausführen können. Damit hat das Kopfkino keine Chance mehr in deinem Kopf.

Sobald du diese Veränderung zulässt, wirst du auch Veränderungen in deinem Hund wahrnehmen. Je klarer du bist, desto sicherer fühlt er sich bei dir und umso mehr überlässt er dir die Führung und die Entscheidungen. Sein Vertrauen zu dir wächst. Er merkt immer mehr, dass du im Stress Lösungen hast, die ihm guttun und ihm helfen, seine eigenen Ängste zu überwinden.

Du wirst merken, dass Situationen, die dir vorher Leid verursacht haben, jetzt mühelos zu beenden sind, weil sie ihren Schrecken verlieren, sobald du präsent im Hier und Jetzt bleibst und deinen unbewussten Gedanken oder Stimmen keine Chance lässt und ihnen nicht mehr zuhörst. Falls du zweifelst, dann bitte ich dich, einmal an eine ganz

### Verhaltensbeispiel: Eine Übung für dich

Versuche gleich jetzt einmal zu denken »Mein rechter Fuß wird warm«. Sag dir das ein paar Mal hintereinander und stell dir die Wärme vor. Denke dabei an deinen rechten Fuß. Du wirst feststellen, dass dein rechter Fuß tatsächlich warm wird. Deine Energie folgt deiner Aufmerksamkeit in den rechten Fuß. Oder auch andersherum: Denke jetzt auf keinen Fall an einen Apfelbaum mitten auf einer Sommerwiese. Welches Bild erscheint? Garantiert der Apfelbaum mitten auf einer Sommerwiese. Warum? Weil unser Gehirn Negationen wie »nicht«, »nein« oder »kein« leider nicht identifizieren kann. Daraus kann es kein Bild produzieren. Unser Gehirn erkennt nur Tatsachen, also den Apfelbaum auf einer Sommerwiese.

banale »unglückliche« Situation deines Lebens zurückzudenken. Dann wirst du mir das bestätigen.

*Beispiel*

Du fährst Samstagmorgen zum Bäcker in Erwartung auf die superleckeren, duftenden, frischen Semmeln. Wenn du dort ankommst, sind die Semmeln ausverkauft.
Oder:
Der Zug, der dich zum Flughafen bringen soll, hat Verspätung.
Oder – wie es mir früher oft ging:
Wenn jemand in der Stadt mit Tempo 30 herumgezuckelt ist und mich blockiert hat, weil er hätte 50 fahren können.
So etwas regt uns auf, diese Situationen lassen Wut aufsteigen oder Traurigkeit oder Verzweiflung, Angst oder Scham. Auch du denkst dann garantiert, dass dich diese Situation nervt. Du wirst emotional.

* Weil du jetzt zehn Kilometer zum nächsten Bäcker fahren musst.
* Weil du deinen Flieger verpasst.
* Weil andere mit ihrer Langsamkeit deinen ganzen Tagesplan durcheinanderbringen.

Oder:

* Weil dich dein Hund wieder mal vor allen Menschen blamiert.

Aber wenn du dir die Situation genauer anschaust, dann begreifst du, dass nicht der Bäcker, die Bahn oder dein Hund deine Verzweiflung hervorrufen. Sondern weil dein unbewusster Verstand und deine ungefragten Stimmen ihren Senf dazugeben.
Sie sagen dir:
»Diese Situation ist unmöglich. Nie nimmt der Bäcker Rücksicht auf dich. Er weiß doch genau, dass du noch kommst.« »Wann hat die DB ihre Fahrpläne endlich unter Kontrolle?« »Dieser hysterisch bellende Hund ist grauenvoll. Immer blamiert er dich. Niemand nimmt Rücksicht auf dich. Nicht mal dein Hund nimmt dich ernst. Du hast schon wieder versagt!« und so weiter.
Und schon bist du deinen Gedanken wieder auf den Leim gegangen und dein Verstand führt dich in die Irre. Wenn du in diesen Alltagssituationen im Hier und Jetzt bist, erkennst du, dass dein Stress und dein emotionaler Schmerz nur in deinem Kopf entstehen. Dass dein Kummer überhaupt nicht von der Situation oder von deinem Hund verursacht wurde.
Entdecke die Macht der Gedanken, damit du immer frei und klar entscheiden und den Verlauf jeder Situation bestimmen kannst.
Frage dich: Will ich mich weiterhin unglücklich fühlen und ständig gegen alles ankämpfen? Oder will ich etwas dagegen tun?
Nimm den Moment an, wie er ist. Denn es ist doch im Moment sowieso nichts zu ändern.
Dein Hund bellt einen Artgenossen an. Vielleicht geht er auch in die Leine. Okay. Das sind *seine* Reflexe *seines* Nervensystems. Die kannst du nicht ändern. Aber du kannst gemeinsam mit deinem Hund daran arbeiten, dass er künftig auf Stress gelassen reagiert.
Du kannst ihm helfen, sein Nervenkostüm zu festigen, damit er Belastungen besser verkraften kann und sich schneller wieder entspannt. Du selber kannst lernen, wie du künftig solche Stressmomente verhindern kannst. Denn dein Hund braucht dich weise und unbeirrt.
Hier, jetzt kannst du nichts tun, außer DEINE eigene Reaktion auf das Geschehen selbst zu steuern. Du entscheidest, wie du diesen Moment erleben willst. Lässt du dich hängen, verlierst die Kontrolle und gibst deinen unbewussten Stimmen die Macht?

*Ein Hund bellt einen Artgenossen an: Der Leinenruck stoppt ihn nicht. Zum Entspannen braucht er jetzt klare Hilfe von seinem Menschen.*

Oder beendest du das Kopfkino? Reagierst wie ein entspannter, souveräner Primus und triffst eine klare Entscheidung, die deinem Hund aus *seinem* Gefühlschaos heraushilft?

Wenn du deinem unbewussten Verstand nicht mehr erlaubst, das Kopfkino ablaufen zu lassen, wird sich vieles in der Beziehung zu deinem Hund zum Positiven verändern. Du selber wirst ruhiger und entspannter. Das wiederum wirkt sich auf deinen Hund aus. Es gibt ihm Sicherheit und Vertrauen.

Er achtet bald immer mehr auf dich und wird auch irgendwann, mit deiner Hilfe, nicht mehr nervös, wenn ein Artgenosse euren Weg kreuzt. Denn dein Hund weiß dann, dass er sich voll auf dich verlassen kann.

Ich wünsche dir, dass du diesen Schritt schaffst und diese Transformation erleben kannst. Damit du nicht mehr Opfer deines unbewussten Kopfkinos bist. Denn das wurde in deiner Kindheit durch viele, viele Einflüsse und Erlebnisse konditioniert. In einer Zeit, als du abhängig warst von anderen Menschen und von deinem Umfeld.

Jetzt bist du erwachsen und unabhängig. Jetzt hast du die Möglichkeit, die Konditionierung deines Kopfes zu überschreiben und wirklich frei zu entscheiden. Frei zu werden von Altlasten, von Seelenmüll, von negativen Erinnerungen.

Sobald du deinen Verstand neu ausrichtest und dein bewusstes Denken benutzt, wird sich alles verändern. Dann nutzt du deine Gedanken produktiv, statt dich von ihnen beherrschen zu lassen. Du wirst entdecken, dass du wirklich unbeschadet im Hier und Jetzt sein kannst, ganz präsent und du selber.

## AKZEPTIERE, WAS IST

Dein Hund bellt oder geht in die Leine. Aber du weigerst dich ab sofort, irgendwelche negativen Stimmen oder abfällige Kommentare in deinem Kopf zuzulassen. Sieh die Situation wie ein unbeteiligter Zuschauer von außen. Nimm es, wie es ist. Dein Hund bellt. Mehr passiert doch gerade nicht. Halte hier das Kopfkino an. Lass den Film nicht weiterlaufen, mach diesen Moment zum Standbild: »Mein Hund bellt.« Realisiere, dass das etwas absolut Harmloses ist. Vögel zwitschern, Menschen reden, Hunde bellen. Wie soll dein Hund seine Emotionen denn sonst zeigen? Wie soll er dir mitteilen, dass ihn der andere Hund irritiert? Dass er ihn nicht einschätzen kann oder sogar Angst vor ihm hat? Dein Hund kann nicht reden und er kann nicht handeln. Die Leine blockiert ihn. Also bellt er. Sei froh darüber, denn damit ist er auch kontrollierbar. Stumme Hunde sind im Stress viel gefährlicher.

### Verhaltensbeispiel: Der Fehlkauf

Hast du beim Shoppen schon einmal gezweifelt, welche Hose du kaufen sollst? Wird es die lange Jeans oder die 7/8-Stoffhose? Beide gefallen dir. Für beide hast du das passende Outfit samt Schuhen. Welche Hose macht das Rennen? Entscheidet dein Kopf, dann nimmst du wahrscheinlich die preiswertere. Entscheidet dein Bauch, nimmst du wahrscheinlich die, in der du schlanker wirkst. Mir selber ging es viele Jahre genauso. Ich war sehr kopflastig. Habe immer meinen Verstand entscheiden lassen. Mit dem Ergebnis, dass ich mich hinterher geärgert habe. Denn im Laden hatte ich gedacht: »Die Jeans ist billiger, aber zeigt meine Polster. Doch ich nehme sie trotzdem und ziehe ein langes T-Shirt drüber.« Spätestens nach dem dritten Mal Tragen hatte ich meinen Kauf bereut. Weil mich das lange Shirt über der Hose rund und formlos aussehen lässt. Von da an liegt die schöne preiswerte Hose nur noch im Schrank. So ist das Leben. Kopf über Bauch. Wer billig kauft, kauft teuer.

Du wirst dich augenblicklich besser fühlen, wenn du die Tatsachen akzeptierst. Dein Hund bellt. Na und? Alles ist gut. Denn DU entscheidest jetzt bewusst, wie du auf diese Situation reagierst. Ob du dich von deinem Kopfkino überrollen lässt und schlappmachst. Oder ob du die Verantwortung übernimmst, den Film anhältst und im Hier und Jetzt eine vernünftige Lösung findest.
Mal ganz ehrlich, wie viel Grund besteht denn wirklich, jetzt nervös zu werden? Nur, weil der Hund mal bellt oder emotional wird? Natürlich ist es schlimm, wenn ein Hund einen Menschen angreift oder selber gebissen wird. Keine Frage. Ich rede hier nur von all den übertriebenen, unnötigen Momenten, in denen der Mensch grundlos die Nerven verliert. Dazu besteht in den meisten Fällen kein Grund. Viel schlimmer wäre es, von einer Hungersnot, einem Erdbeben oder einem aggressiven Virus getroffen zu werden. Aber von einem Hund lassen wir uns doch nicht aus der Ruhe bringen, oder?
Falls du mir jetzt recht gibst und sagst, das klingt plausibel, dann wirst du auch in der Lage sein, dein Kopfkino Schritt für Schritt auszuschalten. Das dauert eine Weile, du musst das praktizieren und üben.
Wenn du sagst, das ist dummes Zeug, Hunde brauchen Erziehung und Disziplin und müssen gehorchen – dann ist das auch okay. Dann bist du wohl noch nicht so weit und noch nicht bereit, wirklich etwas zu ändern. Vielleicht ist dein eigener Leidensdruck im Moment noch nicht groß genug. Es bedeutet, dass du erst noch diverse Erfahrungen machen und Umwege ausprobieren willst. Du allein darfst das entscheiden. Ich wünsche dir auf alle Fälle einen leichten Weg ins Hier und Jetzt – ohne Kopfkino.

## VERTRAUE DEINEM BAUCH

Ich weiß nicht mehr, wann ich begann, immer mehr auf meinen Bauch zu hören. Nicht nur beim Klamottenkauf. Auch sonst im Leben. Aber das ist lange her. Heute bin ich absolut bauchgesteuert. Ich tue nur Dinge, die für mich selber wichtig sind. Dinge, die mir Freude machen und mich wachsen lassen. Ich umgebe mich nur noch mit Menschen, die ich wirklich mag. Wer keine Hunde mag, findet in meinem persönlichen Umfeld keinen Platz. Ich habe einfach keine Lust mehr, mein Leben nach meinem Kopf auszurichten – weil es höflicher ist, weil es erwartet wird, weil ich mich zu etwas verpflichtet fühle.

## Kopf gegen Bauch

Aber viele Menschen schaffen das nicht so einfach. Wir alle wurden ja dazu erzogen, alles mit dem Kopf zu verstehen und logisch zu entscheiden. Dabei liegt unsere wirkliche Schaltzentrale in unserem Herzen und unser emotionales Zentrum befindet sich im Bauch. Genauer gesagt, in der Darmwand.
Wie ist es bei dir? Zweifelst du oft, weil dein Verstand deine Bauchentscheidung übertönt? Weil er dir alle Risiken und eventuellen Folgen in der Zukunft aufzeigt? All diese Spekulationen, die äußerst selten wahr werden? Nun, es ist ja nicht überlebenswichtig, wie sehr du auf deinen Verstand hörst. Das ist deine Entscheidung.
Aber bei deinem Hund wird dir das im Weg stehen. Denn dein Kopf will spontane, bauchgesteuerte Entscheidungen nicht zulassen. Im Bauch möchtest du deinen Hund gerne frei laufen lassen. Aber du tust es nicht. Denn dein Verstand sagt: »STOPP! Er könnte wegrennen, er könnte von einem Hund oder einer Schlange gebissen werden, er könnte dich nicht mehr wiederfinden.« Oder was sonst noch an Katastrophen passieren könnte. Die theoretischen Fakten deines Kopfes übertönen die Stimme deines Herzens.
Es ist wie beim Kauf der Hose (siehe Verhaltensbeispiel links). Du lässt deinen Hund zwar immer angeleint, aber glücklich bist du nicht mit der Entscheidung. Habe ich recht? Wenn du ehrlich bist, möchtest du ihn gerne ausgelassen über den Strand rennen sehen. Hättest lieber, dass er mit anderen Hunden herumtobt. Und wünschst dir, dass ihr zwei im Wald Verstecken spielen könnt. Aber dein Kopf sagt immer wieder: »Nein, tu das nicht! Wer weiß, was dann passiert.«
Kopflastige Menschen suchen immer einen genauen Plan. Sie wollen für jede Eventualität gewappnet sein. Solche Hundebesitzer fragen mich dann: »Was bedeutet es, dass mein Hund sich immer unter den Tisch legt?« »Wie reagiere ich, wenn Flocki abends die Wand anstarrt?« »Was soll ich tun, wenn der Nachbarhund uns immer so beobachtet?« Ganz ehrlich, was soll ich darauf antworten? Diese Hundebesitzer brauchen für jeden Schritt erst das Okay eines anderen Menschen. Weil sie Angst haben, die Kontrolle zu

*Durch Versteckspiele oder andere gemeinsame Aktionen werden die täglichen Gassirunden zum Highlight für den Hund.*

verlieren. Weil sie ihrem Hund nicht vertrauen und auch sich selber nicht. Das ist fatal. Denn der Hund reagiert immer aus dem Bauch heraus. Instinktiv, blitzschnell und ohne an die Folgen zu denken. Konflikte zwischen dem Kopf des Menschen und dem Bauch des Hundes sind vorprogrammiert.

Harmonische Mensch-Hund-Beziehungen entstehen erst, wenn der Mensch beginnt, alle Theorien zum Thema Hundeverhalten über Bord zu werfen. Wenn er Dominanzdenken, Erziehungswahn oder Beschäftigungszwang endlich ignoriert. Wenn der Mensch beginnt, dem Hund ein erfahrener Freund zu sein statt sein Diktator. Wenn er ihn behutsam und selbstlos an unsere Zivilisation gewöhnt und ihm als Vorbild vorausgeht. Wenn er nichts mehr vom Hund fordert, sondern ihn nimmt, wie er ist.

Ja, du darfst deinen Hund lieben, so wie er ist. Er darf Todfeinde haben und mal ausrasten. Er darf bellen und zum Kommunizieren an dir hochspringen. Dein Hund ist ein lebendiges Wesen. Er nimmt alle Schwingungen um sich herum hochsensibel wahr und reflektiert sie. Das kannst du nicht ändern. Also mache bitte keine Katastrophe und erst recht keine Wissenschaft aus seinem Verhalten.

Wir leben im Medien- und Informationszeitalter. Wenn du auf alles reagieren willst, was dir jemand erzählt, wirst du irgendwann verrückt. Warte nicht auf eine Wundermethode und falle nicht auf intelligent klingende Floskeln herein: kognitive Stimulierung, Markersignal, konditionierte Entspannung und so weiter. Was nützen dir all diese Theorien? Was du brauchst, ist eine enge Bindung mit deinem Hund. Dass ihr euch respektiert und immer aufeinander verlassen könnt. Aber so was muss in euch beiden wachsen. Dafür brauchst du weder deinen Kopf noch bestimmte Methoden.

Deswegen mein Rat: Glaub an dich, vertraue deinem Hund. Beginne, auf deinen Bauch zu hören. Und vor allem, pfeife auf die Meinung der anderen Menschen.

## Willst du es wirklich selber?

Wir alle leben in Gemeinschaft mit anderen Menschen. Mit unserer Familie, mit Freunden, mit Nachbarn oder Kollegen. Dieses enge Zusammenleben bringt regen Austausch mit sich. Ständig hören wir die Meinung der anderen. Wir nehmen ihre Meinung ernst oder verwerfen sie. Wir lassen uns von ihnen motivieren oder runterziehen. Wir passen uns ihnen an oder rebellieren gegen ihre Bevormundung. Jeder entscheidet selber, ob er sich manipulieren lassen will oder nicht.

Deswegen meine klare Frage an dich: Ist das, was du mit deinem Hund tust, was du von ihm verlangst oder ihm verbietest, wirklich deine eigene Entscheidung? Ein intensiver oder lauter Hund lenkt ja auch immer wieder viel Aufmerksamkeit auf uns selber. Die Familie lacht uns aus … Mitmenschen empören sich … Freunde geben uns ständig gute Ratschläge. Kennst du das? Ist es bei dir auch so? Dann überlege mal, ob dein Vorgehen bei deinem Hund wirklich deinen eigenen Bedürfnissen entspricht. Oder ob du die zu hohen Erwartungen anderer Menschen erfüllen willst. Damit sie nicht mehr über dich lachen, damit du dich nicht mehr schämen musst oder damit du in der Hundeschule endlich aufgenommen wirst?

Willst du das Verhalten deines Hundes ändern, weil DU es selber willst oder weil andere sein Verhalten als unnormal einstufen?

*Erwartungsvoller Hundeblick: Was kommt als Nächstes von seinem Menschen? Dieser Hund ist voll im Hier und Jetzt.*

Willst du ihn erziehen und verbiegen, weil dich sein Verhalten persönlich behindert oder nur, damit ihr gesellschaftlich anerkannt werdet? Weil jeder sagt, ein Hund muss sich unterordnen, ein Hund muss gehorchen, ein Hund muss sich anpassen.

Erkunde ganz ehrlich, ob die Veränderungen wirklich dem Wohl deines Hundes nutzen. Oder ob du nur die Erwartungen anderer Menschen erfüllen willst oder um jemandem etwas zu beweisen. Denn in dem Fall wirst du deine Ziele kaum erreichen. Schon der Weg dorthin wird dir keine Freude machen. Frage dich deswegen bitte ganz ehrlich:

Ist das wirklich mein Ziel? Will ich so mit meinem Hund umgehen? Entspricht es meinen eigenen Bedürfnissen? Helfen meine Aktionen meinem Hund, Stress abzubauen? Falls du dir nicht sicher bist, frage dich selber:

- Wie wichtig ist mir die Meinung anderer? Wie oft versuche ich, es allen recht zu machen?
- Will ich damit meinen Eltern, meinem Partner, dem Tierschutz oder wem auch immer beweisen, dass ich es kann?
- Welche Erwartungen anderer will ich erfüllen, weil es gesellschaftlich normal ist? »Der Hund muss, der Hund sollte, der Hund darf auf keinen Fall ...«

Analysiere es und gehe in dich. Stelle klar, dass es wirklich DEIN eigenes Ziel ist und nicht das von Ratgebern, Tierärzten, Verwandten oder der Gesellschaft.

Nur wenn du Veränderungen in deinem Hund wirklich für ihn und für dich selber willst, wirst du sie auch erreichen. Dann kannst du eine Menge bewegen. Für das Wohl deines Hundes und für deinen eigenen Seelenfrieden. Denn alles, was du aus tiefstem Herzen selber willst, das ziehst du auch durch. Du bringst die erforderliche Geduld auf, bist motiviert und triffst automatisch immer die richtigen Entscheidungen ... und bist am Ende wirklich zufrieden.

Das gilt übrigens auch für mich und meine Methoden. Wenn dir meine Erkenntnisse gefallen, freue ich mich. Dann probiere gerne alles mit deinem Hund aus. Wenn es dir nicht zusagt, ist es auch gut. Dann verwirf es. Du musst mir gar nichts glauben. Nimm von mir mit, was dir hilft. Entwickle dazu gerne deine eigenen Theorien und wende sie an. Finde deine ganz persönliche Sprache mit deinem Hund. Denn ihr zwei seid ein ganz besonderes Team, mit ganz individuellen Lebensumständen. Jedes Wesen sieht die Welt anders. Aber niemand sollte versuchen, anderen seine Meinung aufzudrängen. Weder anderen Menschen noch den Hunden.

## LASS DICH NICHT VERRÜCKT MACHEN

Wir können uns der digitalisierten Welt des Internets und der Medien nicht mehr entziehen. Sie sind einerseits ein Segen, andererseits ein Fluch. Wir selber sind Teil einer Leistungsgesellschaft geworden und stehen oft permanent unter Druck. Da ist es extrem verlockend, den Tipps und Angeboten von außen nachzugeben.

Alle möglichen Experten und Amateure geben heute ihre persönliche Meinung kund. Bei Einzelpersonen sind wir eventuell noch kritisch. Schwerer wird es, wenn Firmen und ganze Industriezweige versuchen, uns ihren Willen aufzudrücken. Deren Marketingstrategien sind so perfekt inszeniert, dass kaum noch jemand die gegebenen Versprechen anzweifelt. Die Tierindustrie und die Futtermittelindustrie machen Milliardenumsätze mit der Unwissenheit und Gutgläubigkeit der Verbraucher.

* Wusstest du, dass du deinen Hund auch mit einer billigen, selbst geflochtenen Schnur aus dem Baumarkt überglücklich machen und total entstressen kannst, weil das kein Spezialzubehör erfordert?
* Ist dir klar, dass ein paar Tropfen Schwarzkümmelöl auf den Fesseln deines Hundes ihn von Zecken freihalten? Teure und zudem schädliche Spot-ons sind völlig überflüssig.
* Kannst du nachvollziehen, dass der Stoffwechsel deines Hundes natürliche, echte Nahrung braucht, um Abwehrstoffe und neue Körperzellen bilden zu können? Dass diese lebenswichtigen Vorgänge im Körper mit totem Industrie-Futtermatsch nicht möglich sind?

Falls du an das Gute in der Welt glaubst, sei trotzdem kritisch. Hinterfrage die Aussagen der Hersteller und Anbieter. Vertraue nicht allen Profis bedingungslos.

Wenn ein Tierernährungsberater seine Ausbildung bei einem Futtermittelkonzern gemacht hat, wird er dir wahrscheinlich immer Industriefutter empfehlen. Hat er seine Ausbildung bei einem Ernährungsdoktor gemacht, kennt er alle Stoffwechselvorgänge und wird dir für deinen Hund ganz sicher Frischfütterung ans Herz legen.

Versuche bitte auch zu verstehen, dass Tierärzte Mediziner sind. Sie sind nicht automatisch auch Ernährungsexperten oder Tierpsychologen. Ein Tierarzt kann Diagnosen stellen, Operationen durchführen und mit den richtigen Medikamenten Symptome lindern. Aber kaum einer ist in der Lage, individuelle Ernährungspläne zu erstellen oder schwere Verhaltensstörungen eines Hundes zu therapieren. Dafür musst du dich an einen entsprechenden Spezialisten wenden. Es ist wie bei uns Menschen: Wir gehen doch mit Depressionen auch nicht zum Zahnarzt.

Mir selber sind nur drei Tierärzte bekannt, die wirklich die Ursache eines Problems herausfinden und von Grund auf behandeln, statt nur das äußere Symptom zu beseitigen. Denen es, meiner Meinung nach, wirklich noch um das Wohl der Tiere geht. Diese Tierärzte beleuchten die Hintergründe und zeigen ihren Patienten alternative Wege auf. Ihre Adressen stehen auf Seite 203.

Ich sage damit nicht, dass du plötzlich niemandem mehr trauen sollst. Aber bilde dir immer auch deine eigene Meinung. Lass dir nicht alles bedingungslos andrehen. Auch wenn dein Leben gerade hektisch oder problematisch verläuft: Bestimme trotzdem selber, was dein Hund fressen soll, finde heraus, welche Trainingsmethode ihm Spaß macht,

*Angst vor dem Tierarzt: Streicheln und beruhigende Worte helfen in dieser Situation leider gar nicht, die Angst zu überwinden.*

oder überlege, ob du ihn wirklich mit Medikamenten vollstopfen willst.

Übernimm selber die Verantwortung für alles, was deinen Hund betrifft. Lass nicht Freunde, die Medien oder Hersteller über das Wohl deines Hundes bestimmen. Entscheide selber, verantwortungsvoll und klar, für deinen besten Freund. Vergiss nie, seine Zeit mit dir ist sehr begrenzt.

## ANDERE HUNDE SIND NICHT BESSER ALS DEINER

Es gibt Menschen, deren Hunde einfach perfekt zu sein scheinen. Diese Hunde laufen entspannt an lockerer Leine, sitzen friedlich beim Tierarzt im Wartezimmer und sind freundlich zu allen anderen Hunden. Beneidest du diese Hundebesitzer? Tu das bitte nicht. Denn erstens gibt es keine perfekten Hunde ... Diese braven Exemplare haben garantiert auch ihre Eigenheiten. Vielleicht können sie nicht alleine bleiben, reagieren gestresst auf Kinder oder beißen Besucher. Wer weiß das schon. Zweitens ziehen dich solche wehmütigen Gedanken total runter. Du fühlst dich dadurch immer kleiner und unfähiger. Aber du weißt ja: Dein Hund braucht dich selbstbewusst und motiviert.

Wenn sein Verhalten in manchen Situationen kritisch ist, dann träume nicht nur von einer Veränderung bei deinem Hund, sondern komme ins TUN. Es reicht nicht, etwas nur zu wollen. Du musst es machen! Wünsche und Träume werden nur Realität, wenn du deine eigenen Zweifel beseitigst und endlich aktiv wirst. Lass es zu, dass auch bei dir und deinem Hund die guten Dinge passieren können. Es ist leichter, als du denkst. Du musst nur die Blockaden in deinem Kopf auflösen. Ich gebe dir noch ein paar Tipps dafür. In Kapitel 8 bekommst du auch noch praktische Übungen, die du ausprobieren kannst.

### Vergiss die anderen

Lerne, den Kommentaren negativer Menschen zu widerstehen. Das ist kritisch, denn wir wollen höflich sein und von anderen gemocht werden.

Aber wenn du nach einer Kritik deinen Hund disziplinierst, herumziehst oder anders zurechtweist, nur um vor deinen Mitmenschen gut dazustehen, ist das wie ein Verrat an ihm. Auch wenn du in solchen Momenten nur so tust, als ob du schimpfst: »Ach Benny, du weißt doch, dass du das nicht darfst« oder »Immer musst du an die Tonne des Nachbarn pinkeln, böser Hund« ... und nicht streng bist, rauben dir solche Reaktionen deine starke positive Energie.

Noch schlimmer: Du tust, was andere Menschen von dir erwarten, um von ihnen als ein pflichtbewusster Hundebesitzer wahrgenommen zu werden. Indirekt gibst du ihnen recht und stellst dich auf deren Seite, gegen deinen Hund. Wie kannst du da erwarten, dass dein Hund dir vertraut?

Wann immer jemand dummes Zeug über deinen Hund redet wie »Was ist das für ein Kläffer«, »Bekommen Sie Ihren Köter gefälligst unter Kontrolle!«, »Zu dumm, um einen Hund zu führen«, »Der braucht endlich straffes Training!« ...

*Nimm es niemals persönlich, fühle dich NICHT angegriffen und beginne bloß NICHT, dich zu verteidigen – oder den anderen anzugreifen!*

#### *Nutze stattdessen Ironie und Humor*

Frage diese Person: »Was möchten Sie mir damit eigentlich sagen?«

Bedanke dich: »Wenn Sie mich soooo freundlich darauf hinweisen, mache ich das doch sofort ...«

Stell dich dumm: Lache die Person an und sag: »Oh, danke. Na so was. Das hat er doch noch nie gemacht.« Oder gehe schweigend weiter. Ignoriere diese Angriffe. Stelle dich taubstumm. Auf diese Art eliminierst du die Aggressivität dieser Kommentare und entschärfst die Situation. Wenn du darauf eingehst, wird es dich anstacheln und auf den niedrigen Level dieser Leute herunterziehen. Denn sie lassen nur ihre eigene Unzufriedenheit an dir und deinem Hund aus. Du bist deren Ventil. Gehe also niemals darauf ein. Ignoriere die Kommentare, oder nutze Humor und Ironie.

Für deinen Hund und eure Bindung ist am wichtigsten, dass du immer in deiner Mitte und in Frieden mit dir selber bist. Wenn dein Hund dich klar deuten und einordnen kann, musst du ihn nicht dominieren, herumkommandieren oder unterordnen. Dann ist er in Harmonie mit dir und wird der loyale Begleiter und beste Freund, den du dir gewünscht hast. Dann brauchst du nie wieder andere Menschen um ihren perfekten Hund zu beneiden.

## Kinder und Hunde

Kinder und Hunde passen zusammen wie Pflaumenkuchen und Schlagsahne. Eine göttliche Verbindung. Wenn alles passt.

Leider sehe ich in vielen Familien eher das Gegenteil. Der Hund kommt nicht zur Ruhe, er wird von den Kindern immer wieder aufgestachelt, gerufen, getätschelt. Wenn Freunde der Kinder zu Besuch kommen, wird es noch lauter und noch hektischer als sonst.

Frauen gehen mit Kleinkind, Kinderwagen und Hund spazieren. Oft wird der Hund nur mitgenommen, um ein Kind in die Kita zu bringen. Eine praktische Lösung. Man spart sich die Gassirunden und braucht keine Extrazeit für den Vierbeiner. Wie soll der

*Kind und Hund können als beste Freunde miteinander spielen. Doch führen sollte ein Kind den Hund nicht, weil es ihm keine Sicherheit geben kann.*

Hund das aushalten? Kann er in vielen Fällen leider nicht.
Aber wirklich fatal wird es, wenn ein fünfjähriger Dreikäsehoch den neuen Welpen beim Spaziergang durch die Gegend führt. Oder wenn ein zwölfjähriges Kind mit einem Hund Gassi geht. Das ist ein absolutes No-Go. Kinder können mit Hunden spielen, sie trainieren oder ihnen Tricks beibringen. Aber sie niemals führen.
Hunde folgen nur erfahrenen, entspannten Persönlichkeiten. Jemandem, bei dem sie sich absolut sicher fühlen, der sie aus jedem Schreckmoment souverän herausführt, der ihnen im Notfall das Leben retten wird. Das sind Fähigkeiten, die haben ja die meisten Erwachsenen nicht. Wie soll ein Kind das können?

Selbst wenn ein Erwachsener das Kind begleitet, bietet das dem Hund keine Sicherheit. Denn geführt wird er von einem unsicheren, unerfahrenen kleinen Menschen, der selber noch Schutz braucht. Der Hund fühlt, er ist abhängig von den Handlungen eines Kindes. Denn woher soll der Hund wissen, ob der Erwachsene im Stress eingreift und ihm zur Seite steht. Ob der Erwachsene überhaupt bemerkt, wenn der Hund unsicher wird. Wenn Kinder Hunde führen, trägt es sicher nicht dazu bei, dass der Hund sich beim Spaziergang wohlfühlt und ruhig bleibt. Wir alle wissen es doch: Wenn das Wesen am anderen Ende der Leine nicht führen kann, wird immer der Hund diese Aufgabe in entsprechenden Situationen übernehmen.
Sicher können Kinder den Familienhund an der Leine zum Pipi in den eingezäunten Garten führen, aber bitte nicht draußen im echten Leben. Nicht draußen, wo tausend Reize einen Hund verunsichern und seine Reflexe triggern können.
Wir treffen auf der Straße kaum Kinder mit Hunden großer Rassen. Die Eltern würden das wohl schon aus Sicherheitsgründen nicht zulassen. Aber bei einem Yorki oder einem Chihuahua ist die Verlockung groß, schnell mal den Sohnemann mit ihm Gassi zu schicken. Aber gerade die kleinen Hunde brauchen Schutz und Sicherheit. Sie erleben die gleichen Stressmomente und Ängste wie ihre großen Artgenossen. Für sie wirkt ja schon ein Kinderroller oder ein Fahrrad überdimensional riesig. Irgendeinen Grund wird es haben, dass gerade die kleinen Hunde vermehrt nervöses Verhalten zeigen. Kann es sein, dass sie und ihre Bedürfnisse gerne einmal übersehen werden?
**Deswegen meine Bitte:** Wenn du einen entspannten Hund willst, müssen auch deine Kinder bestimmte Regeln einhalten. Vor al-

lem müssen sie dem Hund seine Ruhe lassen. Er braucht das dringend, um alle Eindrücke des Tages verarbeiten zu können. Gerüche, Geräusche, fremde Menschen, neue Umgebung, unbekannte Situationen. Hunde brauchen achtzehn bis zwanzig Stunden Schlaf am Tag. Welpen sogar noch mehr. Denk daran, wie du dich selber fühlst nach einem Langstreckenflug oder wenn dein Kind dich die ganze Nacht wach gehalten hat. Genauso fühlt sich ein Hund, der ständig am Schlafen gehindert wird.

Auch wenn du Kinder hast, dein Hund braucht aktive Zeit gemeinsam mit dir. Nur Gassi gehen oder mit der ganzen Familie im Wald spazieren gehen reicht nicht aus. Ihr braucht Übungen, die euch verbinden. Die deinem Hund zeigen, dass ihr zusammengehört. Gemeinsam nach dem Lieblingsspielzeug suchen, zusammen über Baumstämme springen oder durch einen Bach rennen. Nur aktive gemeinsame Zeit mit dir macht deinen Hund glücklich und zufrieden. Gönne ihm diese zwei Stunden am Tag. Dann kann er auch die Aktionen der Kinder viel gelassener ertragen.

## Besonderheit Schwangerschaft

Es gibt noch einen anderen Grund für intensives Verhalten beim Hund. Was kommt vor den Kindern? Richtig, die Schwangerschaft. Viele Kundinnen berichten mir, dass ihr Hund sich in dieser Zeit negativ verändert hat. Das ist leider normal für den Hund. Besonders wenn die Frau in der Schwangerschaft sehr sensibel und dünnhäutig ist.

Dann ist sie nicht mehr kampfbereit – und nicht mehr kampffähig. Zumindest in den

*Während der Schwangerschaft können Hunde intensiver reagieren, weil sie merken, dass die Frau als »Mitstreiter« und Beschützer ausfällt.*

Augen eines Hundes. Denn sie wird sich vorsichtiger bewegen und zurückhaltender reagieren. Ist oder war es bei dir auch so?
Alles in dir ist während der Schwangerschaft darauf eingestellt, deinen Embryo zu schützen. Und genau diese Energie, den geänderten Hormonspiegel oder auch deine sensible Psyche zwingen deinen Hund, nach vorne zu gehen!
Er muss jetzt die Gruppe beschützen, denn du fällst im Moment aus. Deine Energie wirkt unsicher, du wirst schneller nervös und hast Situationen nicht im Griff. Das merkt dein Hund – und übernimmt die Führung. Sobald er das tut, bekommst du Angst, du verspannst und wirst noch unsicherer.
Wenn du jetzt auf deinen Hund einwirkst, bist du nicht mehr authentisch, sondern verzweifelt. Das versteht dein Hund nicht und wird noch mal intensiver. Einen Hund souverän zu führen, ist schon für die meisten fitten Menschen enorm schwer. Aber für so manche Schwangere ist es fast unmöglich.
Sieh es also deinem Hund nach, wenn er in dieser Zeit besonders hochdreht. Er fühlt sich einfach verantwortlich, weil du im Moment ausfällst. Du bist jetzt nicht fit genug in seinen Augen.
Diese Energie im Hund kann über die Geburt hinweg anhalten. Auch wenn das Baby da ist und im Kinderwagen liegt, bist du noch nicht voll einsatzbereit. Deshalb ist es sinnvoll, nicht mit Hund und Kinderwagen gleichzeitig zu laufen. Gib deinem Hund die Führung und Aufmerksamkeit, die er braucht. Gehe mit ihm alleine spazieren. Das könnte euch beiden eine Menge unangenehmer Situationen ersparen. Oder noch besser: Übertrage das Gassigehen einfach auf deinen Mann.
Ich weiß, bei Alleinerziehenden ist das nicht so einfach zu realisieren. Aber vielleicht gibt es eine Oma, die ab und zu auf das Baby aufpasst, damit Mama etwas aktive Zeit mit dem Hund verbringen kann.

*In der Schwangerschaft kann es schnell passieren, dass der Hund im Team die Führung übernimmt, um alle zu beschützen.*

## Lernen, zu fühlen

Mitte dreißig habe ich das erste Mal etwas über meine wahren Gefühle gelernt: als mein Mann, meine große Liebe, mich wegen einer Jüngeren verlassen hat. Damals wollte ich sterben. Heute weiß ich, es war Karma. Ich habe dieses Verlassenwerden gebraucht, um mich endlich selber zu finden.
Als Kind bekam ich nur Anerkennung für Leistung. Wenn ich etwas erreicht habe, super Zeugnisse hatte und die Erwartungen meiner Familie erfüllte. Ich will jetzt nicht jammern. Mir fehlte es an nichts. Wir verreisten viel ins Ausland, ich bekam zu Weihnachten immer, was ich mir wünschte. Und ich hatte eine Oma im »Westen«, die mich mit Luxusartikeln versorgte, von denen andere Kinder im Osten nur träumen konnten. Als Einzelkind wurde ich materiell verwöhnt. Nur Umarmungen, Bestätigung oder Ver-

ständnis für meine Belange wurden mir leider kaum geschenkt. Das hat mich verletzt. Ich fragte mich, warum meine Familie meine Gefühle so überging, warum meine Ängste ihnen nicht wichtig waren. Die Folge war, ich wurde aufsässig und rebellisch, ein echtes Problemkind.

Als Erwachsene wurde ich eine Kämpferin, die alles im Griff hat, alles kann und alles perfekt macht. Auf diesem Weg habe ich meine natürliche Lebendigkeit verloren. Gefühle wie Angst, Einsamkeit und Hilflosigkeit habe ich ganz tief in mir verbuddelt. Niemand sollte sie je entdecken. Ich sagte mir, ich bin stark. Ich kann alles. Ich kämpfe, und wenn es sein muss, gegen den Rest der Welt. Als mein Ex mich verließ, kamen Ängste, Einsamkeit und Hilflosigkeit mit voller Power in mein Leben zurück. Sie haben mich überrollt. Ich konnte sie nicht mehr aufhalten und glaubte, verrückt zu werden.

Erst drei Jahre später, als ich in Bali mit den Straßenhunden Bekanntschaft machte, konnte ich zur Ruhe kommen. In den Hunden dort habe ich mich selber wiedererkannt. Ich habe ihre Ängste gefühlt, ihre Skepsis gegenüber Menschen, ihre Verzweiflung und Hilflosigkeit. Ihr Gefühl, gar nicht zu existieren, niemandem wichtig zu sein. Genau wie bei mir selber. Ich wusste, warum sie aggressiv reagierten und sich von allen Menschen fernhielten. Denn ich war seit meiner Kindheit wie sie, ich fühlte das Gleiche wie diese Hunde.

Damals habe ich begriffen, dass Hunde genauso sind wie wir. Genauso verletzlich, genauso enttäuscht, genauso unsicher. Mir wurde schlagartig klar, dass die klassische Vorgehensweise in unseren Hundebüchern und Hundeschulen schlichtweg falsch ist. Weil sie überhaupt nicht die Bedürfnisse und Empfindungen der Hunde berücksichtigt. Und deswegen auch nie eine Verhaltensänderung bei ihnen bewirken wird.

Wir stopfen Hunde mit Leckerlis voll, wie unsere Kinder mit Spielsachen. Aber im nächsten Moment ermahnen wir sie und stellen Forderungen. Wir wollen sie kontrollieren und beherrschen, klein und gefügig halten. Aber in ihr Herz wollen wir nicht schauen. Denn das wäre zu schmerzhaft. Wir würden darin nur uns selber erkennen.

In unserer Leistungsgesellschaft, im Beruf geht es immer nur darum, alles zu kontrollieren, im Griff zu haben. Gefühle sind eher verpönt und nicht gewünscht, außer es ist Freude im Privatleben. Aber bitte auch da nur in gewissem Maße.

Im Berufsleben ist Freude absolut verpönt. An der Arbeitsstelle ist man ernst, bemüht und seriös. Lebendigkeit hat da nichts verloren. Gefühle wie Angst, Wut und Trauer werden strikt verbannt, weil sie uns unheimlich sind. Sie drücken uns einen negativen Stempel auf. Das wollen wir unter allen Umständen vermeiden. Keiner soll etwas davon mitbekommen, dass wir nicht perfekt sind.

Um einigermaßen zu funktionieren, wahren wir immer ein Sonntagsgesicht und dürfen uns bloß nie fallen lassen. Denn wir wollen auf keinen Fall, dass die Welt etwas von unserer Unsicherheit erfährt. Wir wollen nicht für schwach oder verrückt gehalten werden. Nein, wir sind stark und lebenserfahren … so wie ich es als Kind auch war.

Wir alle sind so programmiert. Doch irgendwann beginnen wir darunter zu leiden. Das endet dann im Burnout, in Depressionen oder im Suchtverhalten.

Oder wir schaffen den Absprung und nehmen einen Hund in unser Leben. Denn er fordert nichts und respektiert uns auch ohne unsere Psychomaske. Er ist immer gut gelaunt und wird uns unser Leben versüßen.

Aber da wir resistent sind für Gefühle, können wir auch die Gefühle des Hundes nicht mehr wahrnehmen. Wir behandeln ihn instinktiv, wie unsere Eltern uns behandelt haben. Wir ignorieren seine tiefen inneren Bedürfnisse, stellen Forderungen und erwarten Perfektion.

Der Hund kann unsere Absichten nicht verstehen, weiß nicht, was wir wollen, und entwickelt irgendwann seine eigene Weltanschauung. Er zieht sich zurück und handelt immer mehr wie ein Hund, um sich selber wieder zu spüren. Wir Menschen nennen so was Fehlverhalten oder Stresshandlungen. Wir nutzen dann, wie unsere Eltern, Disziplin und Strenge, um den Hund wieder geradezubiegen.

Erst wenn unsere Schmerzgrenze ans Limit kommt, weil der Hund beißt und immer aggressiver wird, wachen wir auf.

Denn mit diesem Stressverhalten legt er seine Pfote genau auf unsere schmerzhaftesten Wunden. Diese Wunden aus der Kindheit, die nie heilen konnten, weil wir sie so eifrig versteckt hielten.

Die typische Reaktion ist dann, am Hund etwas zu ändern statt an uns selber. Dabei ist das so sinnlos. Wir müssen nicht den Hund verändern, sondern unsere eigene Einstellung zu seinem Verhalten.

Sobald wir alle Gefühle wieder zulassen, können wir die werden, die wir wirklich sind. Die der Hund auch lesen und verstehen kann. Mit denen er aus tiefster Seele und von Herz zu Herz kommunizieren möchte.

## SEI DU SELBST

Um eins zu werden mit einem Hund, müssen wir beginnen, uns selbst so anzunehmen, wie wir im Inneren sind. Wir müssen uns unsere Fehler verzeihen und vor allem uns selber lieben. Wir müssen authentisch werden, die Maske ablegen. Wir müssen aufhören, uns ständig selber zu verurteilen. Unserem Hund können wir nichts vormachen. Er spürt all unsere inneren Konflikte. Deswegen ist er ja gestresst. Der Hund spürt instinktiv, dass wir im Außen anders handeln, als wir innerlich fühlen.

## DEIN HUND WEISS ALLES ÜBER DICH

Es ist kein Zufall, dass ausgeglichene, mit sich zufriedene Menschen auch entspannte Hunde haben. Erinnere dich bitte an meinen Rambo. Der war auf keinen Fall glücklich bei uns. Nur war das weder mir noch meinem Mann damals klar. Wir taten unser Bestes. Rambo lebte mit in unserer großen Wohnung, also an einem trockenen, geschützten Platz. Er bekam bestes Futter, hatte Auslastung mit Spaziergängen und Training.

*Für eine harmonische Mensch-Hund-Beziehung muss zuerst der Mensch in seinem Innersten mit sich im Reinen sein. Dann ist auch der Hund entspannt.*

Nur ich war hektisch, verspannt und nicht wirklich zufrieden mit meinem Leben. Klar hat Rambo das gespürt und sich bei mir nicht sicher gefühlt. Heute weiß ich das. Ich hatte in Bali viel Zeit, an mir selber zu arbeiten. Was hätte ich sonst tun sollen, alleine am Ende der Welt? Fernseher, Internet oder Handy gab es nicht. Die Balinesen haben sich nicht sonderlich mit uns Weißen befasst. Zu unterschiedlich waren unsere Lebensauffassungen.

Ich hatte zwar schnell europäische Freunde gefunden. Aber irgendwie war jeder von uns mit seinen eigenen Problemen genug belastet. Es ist nicht immer paradiesisch, als Fremder in einer anderen Kultur zu leben. Ich war, trotz Arbeit und sozialem Leben, wirklich auf mich selbst gestellt. Doch ich hatte die Straßenhunde.

Nun hat nicht jeder die Möglichkeit, mal eben auszuwandern und sich selbst zu finden. Aber jeder kann sich auf sich selber besinnen. Selbst hier, in unserer hektischen Konsumgesellschaft. Besonders Frauen dürfen auch an sich denken statt immer nur an das Wohl der anderen. Es nützt niemandem was, wenn wir am Wochenende ausgelaugt und lustlos am Esstisch sitzen. Unsere Familie und Freunde und besonders der Hund brauchen uns ausgeruht und gut gelaunt. Niemand will einen müden Miesepeter neben sich haben. Denn jeder ist selber in seinem Tief gefangen und braucht positive Energie um sich herum.

## Verhaltensbeispiel: Mister John

Ich hatte mal einen sehr höflichen und rücksichtsvollen Kunden. Im Gegensatz zu ihm war sein Hund Sam hochgradig aggressiv. Er hat jeden ohne Warnung gebissen, der auf das Grundstück kam. Auch vor der Familie hat der Hund nicht haltgemacht. Warum? Weil der Besitzer innerlich voller Hass und Aggression war. Der Welt zeigte John sein Sonntagsgesicht und wirkte auf andere Menschen sehr nett und angenehm, sehr zuvorkommend. Doch in seinem Inneren saß all der Groll aus seiner Kindheit fest.

Damals wurde John wegen seiner Homosexualität gemobbt und gemieden. Er begann, seine Neigung vor der Welt zu verbergen, obwohl sie doch ein Teil von ihm war. Niemand sollte es bemerken. Er begann, extrem freundlich zu sein, um von allen Menschen gemocht zu werden. John hat sich ein Leben lang selbst dafür verachtet. Die Ablehnung im Außen und Innen setzte sich als Selbstverachtung und Abscheu tief in ihm fest. Seine Mitmenschen haben nichts davon bemerkt. Mr. John hat seine Rolle perfekt gespielt.

Nur einer konnte sie ganz stark spüren: sein Hund Sam. Der Hund hat ausgelebt, was John schon sein Leben lang tun wollte, sich aber nicht getraute. Nämlich sich endlich massiv und lauthals zu wehren gegen all die Ungerechtigkeiten, die er erfahren musste. Mr. John war nicht dazu in der Lage. Sam hat es für ihn erledigt.

**Deswegen mein Tipp:** Gönne dir Pausen, achte auf dich selbst. Wenn du dir selber etwas Gutes tust, strahlst du Zufriedenheit und Herzensruhe aus. Dein Körper produziert wieder mehr Wohlfühlhormone, du wirst resistenter gegen Stress. Du nimmst das Verhalten deines Hundes viel gelassener wahr und bist irgendwann in der Lage, über seine Eskapaden zu schmunzeln. Dann werdet ihr das untrennbare Team und geht zusammen durch dick und dünn.

Wenn dir das alles zu utopisch erscheint, gebe ich dir ein paar Ideen.

Zuerst schreibe alles auf, was du besonders gut kannst, was du besonders gerne tust oder was du im Leben unbedingt noch machen möchtest. Du kannst diese Dinge auch in verschiedene Kategorien einteilen: dringend und später, wichtig und Traum oder gut möglich und schwierig. Und dann fang an!

Nimm dir einen Tag oder wenigstens einen halben Tag pro Woche eine Auszeit von der Familie. An diesem Tag tust du nur Dinge von der Liste. Nur Dinge, die dir selber guttun: ein Wellnessbad, einen Stadtbummel, in die Natur gehen, eine neue Frisur oder was immer du gerne tun möchtest.

Wenn du Single bist, nimm dir einen ganzen Tag nur für deinen Hund. Oder mach das am besten jeden Monat für ein ganzes Wochenende. Miete dir eine Ferienwohnung und fahre ohne Handy und Laptop, nur mit deinem Hund dorthin. Werde dir selber gewahr, komme zur Ruhe. Gehe an diesem Tag oder Wochenende so viel wie möglich in die Natur. Sieh, höre und rieche alles um dich herum. Handle ganz bewusst nur hier und jetzt statt im gewohnten Autopilotmodus.

Du wirst staunen, wie viel Druck das von deinen Schultern nimmt. Kämpfe nicht mehr gegen Windmühlen. Nimm das Leben, wie es ist. Du kannst es sowieso nicht ändern. Dein Hund wird staunen und kann endlich die Verantwortung abgeben. Sobald du in deiner Mitte ankommst, muss er dich nicht mehr dazu drängen. Du bist der Schlüssel zu seinem Verhalten. Dein Hund will lautlos und aufrichtig, aus tiefstem Herzen mit dir reden. Erfülle ihm diesen einzigen Wunsch, den er an dich hat.

*Der Mensch ist der Schlüssel für das Verhalten des Hundes: Sind wir entspannt, kann sich auch der Hund völlig entspannen.*

Es ist nicht egoistisch, wenn du gut für dich selber sorgst. Es ist Manipulation, wenn dir andere einreden, du musst dich um sie kümmern. Du sollst deren Erwartungen wichtiger nehmen als deine eigenen Bedürfnisse. Denke immer daran, dein Hund hat nicht viel Zeit auf dieser Welt. Jeder seiner Tage ist kostbar. Dir selber geht es nicht anders. Deine Lebenszeit ist das Teuerste, was du besitzt. Sie wird dir nur einmal gegeben. Es gibt keine zweite Chance und auch keine Wiederholung. Deswegen: Nutze jeden Tag so, dass du am Abend zufrieden damit warst. Freue dich jeden Morgen, dass du wieder aufgewacht bist und dass dein Hund wieder bei dir ist. Sei dankbar über das Gute. Nimm das Negative nur als Hinweis, nicht als deinen Fokus.

# DEIN HUND IST DER BESTE

*Nachdem wir so viel mit uns beschäftigt waren, sollen wieder unsere Hunde zu Wort kommen. Schließlich ist das ein Hunderatgeber. Ich bin kein Freund von Verallgemeinerungen. Dennoch möchte ich, für mehr Klarheit, unsere Hunde in vier Gruppen einteilen. So kann ich die Charaktere besser beschreiben.*

Mir geht es nicht um Rasse oder Alter eines Hundes. Ich fokussiere mich auf seine Ausstrahlung. Auf die Energie, die er aussendet. Am liebsten sind mir die ganz durchgeknallten. All diese Hunde mit viel Persönlichkeit. Die Verhaltensauffälligen. Diese Hunde zeigen ganz ehrlich, wie sie sich fühlen. Sie sind deswegen auch am einfachsten zu therapieren. Sollte dein Hund zu dieser Gruppe gehören, brauchst du dich vor mir deswegen nicht zu schämen.

Es ist wie bei uns Menschen. Jeder von uns ist einzigartig. Genauso ist es bei deinem Hund. Auch er ist geprägt von den Erfahrungen, die er im Laufe seines Lebens sammeln konnte.

## Die ersten Lebenswochen sind prägend

Es beginnt bei allen Hunden in der frühesten Welpenzeit mit dem Kontakt zu den Wurfgeschwistern, ihrer Mutter und der Familie des Züchters. Auch dein Hund wurde von seinen frühesten Eindrücken geprägt. Das können ganz zufällige Ereignisse gewesen sein. Vielleicht wurde er von einem lauten Motorrad direkt neben sich erschreckt. Vielleicht wurde er von einem fremden Menschen aus dem Schlaf gerissen und hochgenommen. Vielleicht hat er etwas gesehen, das ihn erschreckt hat. Niemand weiß es. Doch all diese Situationen haben ihn ein Stück weit zu dem Hund gemacht, der er heute ist. Jedes Detail hat dazu beigetragen.

- ★ Welchen Rang hatte dein Hund im Wurf? War er stets vorne? Wurde er von den Geschwistern unterdrückt oder sogar gemobbt?
- ★ Hatten die Welpen freien Auslauf oder wurden sie in einem Zwinger/im Haus gehalten?
- ★ Gab es Menschenkontakt, nicht nur zur Züchterfamilie?

Aber auch das Zusammenleben mit einem eventuellen Vorbesitzer und einschneidende Erfahrungen wie Umzug, Partnerwechsel, Tierheim oder Attacken durch fremde Hunde hinterlassen ihre Spuren. Doch wirklich bedeutsam sind die jetzigen Lebensumstände

### Verhaltensbeispiel: Was Willi erlebte

Willi war mein erster Straßenhund, den ich in Bali mit der Flasche aufgepäppelt hatte. Wir fanden ihn im Alter von etwa zwei Wochen zusammen mit seinen Wurfgeschwistern. Die Welpen waren mit Benzin übergossen, in eine Plastiktüte gepfercht und in den Abflusskanal geworfen worden. Alle fünf konnten überleben, weil der Kanal trocken war und wir die Welpen wimmern hörten.

Aus Willi wurde ein stattlicher, liebenswerter Gefährte. Er war einfach zu trainieren und lernte gerne. Wir hatten eine sehr enge Bindung zueinander. Willi war die Sonne meines Lebens. Doch er hatte eine Eigenheit: Er fürchtete sich ein Leben lang vor dem Rascheln von Plastiktüten. Dieses Geräusch versetzte ihn in totale Panik. Wenn ich mit meinen Tüten vom Einkaufen zurückkam, rannte Willi davon und versteckte sich, als wäre der Teufel hinter ihm her. Die frühe traumatische Erfahrung mit seinen Geschwistern in dieser Plastiktüte hat sein gesamtes Leben beeinflusst. Er ist es nie wieder losgeworden.

Ähnliche Erfahrungen habe ich noch mit vielen anderen Straßenhunden in Bali gemacht, die in so extrem jungem Alter von ihrer Mutter getrennt wurden.

deines Hundes, sein Umfeld und vor allem du selber.

### AUCH DU PRÄGST DEINEN HUND

Dein Hund registriert alles um sich herum und reagiert entsprechend darauf. Er weiß genau, ob du müde oder schlecht gelaunt bist – oder wie er dich um den Finger wickeln kann. Er registriert alle deine Stärken und Schwächen und nutzt sie auch gerne einmal zu seinem Vorteil aus. Das ist normal. Dein Hund wird von seinem Bauchgefühl gesteuert, nicht von Logik und Vernunft.

Doch am meisten wird dein Hund geprägt durch dein eigenes Verhalten. Wenn du Angst vor Gewitter hast, fühlt das dein Hund und er wird bei Gewitter ebenfalls panisch reagieren. Wenn du das Sofa nicht für dich beanspruchst, wird dein Hund es erobern. Wenn du ihn an der Haustür nicht aufhältst, wird er ständig nach draußen drängeln, sobald du die Tür öffnest. Weißt du, was ich meine?

Ein weiterer Faktor ist das Temperament. Unabhängig davon, welche Erfahrungen dein Hund macht oder gemacht hat, reagiert er entweder passiv, aktiv oder entspannt auf dich und deine Signale.

Aber es gibt noch mehr zu beachten. Deswegen gehe ich jetzt noch auf die emotionalen Besonderheiten unserer Hunde ein. Beginnen wir mit den ängstlichen Hunden.

## Der Angsthase

Angst ist die schlimmste Form von mentaler Störung beim Hund. Sie ist schwieriger zu behandeln als Aggressionen. Angst ist aber leider auch das, was viele Hundebesitzer gar nicht immer erkennen, weil der Hund sie überspielt. Oft erlebe ich auch, dass Menschen die Angst ihres Hundes gar nicht so ernst nehmen … Etwa wenn sich der kleine Mops unter das Bett verkriecht, weil Besuch kommt oder weil es draußen donnert. So etwas nehmen sie oft sogar mit Humor hin.

Oder ist es nicht putzig, wenn ein Chihuahua einen Schäferhund ankläfft? Es gibt Leute, die halten das sogar für Mut. »Er denkt, er wäre der Größte.« Denkt er das wirklich?

Ganz und gar nicht. Der Kleine macht sich vor Angst in die Hose. Aber weil niemand ihn beschützt oder den unheimlichen Artgenossen vertreibt, muss er das selber erledigen. Das Ganze ist eher traurig. Denn der Knirps fühlt sich in solchen Momenten richtig im Stich gelassen.

Ein anderes Beispiel ist der Rottweiler oder Sennenhund, der beim Anblick eines unbekannten Objektes oder eines Artgenossen sei-

*Ein Bild der Angst: Der furchtsame Blick, das Versteck unter den Möbeln – dieser Hund signalisiert, dass er sich alleine fühlt und Hilfe braucht.*

*Angst kann sich beim Hund in vielerlei Weise zeigen, etwa indem er sich weigert, durch eine Tür zu gehen, oder eine Brücke zu betreten.*

ne Rute einzieht und hinter seinen Menschen Schutz sucht. Ich habe es schon zu oft erlebt, dass die Besitzer dann ein paar Schritte vom Hund weggehen. Sie lassen ihren Hund ohne Deckung alleine mit seiner Angst. Die Begründung ist dann: »Da muss er durch, das muss er lernen.« Oder noch schlimmer: »Hunde regeln das unter sich.«
Auf Menschen, die so denken, wird sich der arme Kerl bei Gefahr wahrscheinlich nie verlassen – und lieber alles selber regeln. Wenn er dann heftig versucht, seine Angst mit Angriff zu verbergen, wird er als »aggressiv« abgestempelt. Doch die Ursache seines Ausrastens ist nicht Aggression, sondern Angst, Verzweiflung und Hilflosigkeit.

## WORAN ERKENNST DU EINEN ÄNGSTLICHEN HUND?

Die eindeutigsten Signale können wir körperlich wahrnehmen: extremes Wegschauen, hecheln, zittern, Rute einziehen, Kopf senken, flüchten wollen oder sich verstecken. Aber auch lautes Bellen, Knurren und Zähnezeigen deuten auf Angst hin. Oder zumindest auf große Unsicherheit. Sogar das ständige Uns-Anspringen passiert oft aus Angst.
Wichtig ist auch, zu erkennen, ob dein Hund eine echte Lebensangst hat, ob er sich nur vor bestimmten Dingen/Situationen fürchtet oder ob er einfach trotzig reagiert. Das letzte passiert, wenn ein Hund seine Besitzer nicht ganz ernst nimmt und selber die Regeln aufstellt. Ich nenne das gerne das Prinzen- oder Prinzessinnensyndrom.
Du siehst, Angst ist ein sehr komplexes Thema. Dazu kommen noch die verschiedenen Formen der Angst. Manche Hunde haben Angst vor Menschen oder anderen Lebewesen. Andere finden große oder unbekannte Objekte gruselig. Auch fremde Situationen wirken oft beängstigend auf Hunde. Und nicht zu vergessen: die weitverbreitete Angst vor Geräuschen und Lärm. Denken wir nur an Silvester oder an tosende Sommergewitter. Ganz ehrlich? Mir selber sind Silvesterfeiern ohne Böller auch sehr viel angenehmer. Ich flüchte dann lieber mit meinen Hunden in ein einsames Ferienhaus.

## WIE KANNST DU DEINEM ANGSTHASEN HELFEN?

Ängste zu überwinden, ist die schwierigste Herausforderung für unsere Hunde. Aber noch mühsamer ist es für uns Menschen, unserem Hund dabei zu helfen. Wir müssen dabei sehr selbstsicher, entspannt und konzentriert vorgehen. Einen ängstlichen Hund zu führen, erfordert sehr viel Achtsamkeit und Geduld. Wir müssen alle unkontrollierten Bewegungen bei uns selber vermeiden. Oft dürfen wir nicht reden und den Hund auch nicht loben. Weil verbale Kommentare ihn irritieren und aus der Konzentration herausholen könnten. Auch unser freudiges »Fein« erschreckt den Angsthund oft mehr, als es ihn motiviert.

Alles, was wir tun können, ist, ihm den Weg vorzubereiten, sich selbst zu überwinden. Damit er ihn neugierig gehen und seine Angst hinter sich lassen kann. Wir können ihn weder überreden noch locken. Der Hund muss es ganz alleine vollbringen, seine Angst zu überwinden.

## In manchen Situationen ist der Mensch leider hilflos

Hattest du auch schon einmal so eine Situation: Wollte dein Hund einfach nicht ins Auto einsteigen, durch eine Tür gehen oder über eine Brücke laufen? Egal, was du versucht hast, dein Hund ist nicht darauf eingegangen? In solchen Situationen ist es nützlich, einen anderen Hund als Lockvogel einzusetzen. Es gibt eben Signale und Stimmungen, die können nur Hunde untereinander austauschen. Weil sie die Körpersprache ihrer Artgenossen kennen und ihnen vertrauen.

### *Beispiel: Angst vor dem Wasser*

Eine der typischsten Situationen spielt sich immer wieder am Wasser ab. Da können wir mit Leckerlis oder Ball noch so sehr locken. Wenn ein Hund Angst vor dem Wasser hat, schafft es nur ein anderer Hund, ihn umzustimmen. Die Lebensfreude, die der andere dabei ausstrahlt, seine Selbstsicherheit und der Herdentrieb können unseren Angsthasen überzeugen, dass Wasser etwas Schönes ist. Aber was tun, wenn du keinen zweiten Hund zur Verfügung hast? Dann musst du improvisieren und ausprobieren. Bleiben wir beim Beispiel Wasser. Besonders bedrohlich wirkt das offene Meer auf deinen Hund. Lege dich am Strand einmal flach auf den Boden. Vor dir das endlose Meer mit tosenden Wellen, die auf dich zukommen. Vielleicht verstehst du jetzt, warum das deinen Hund ängstigt. Vor allem, wenn er angeleint ist und den Wellen nicht ausweichen kann.

*Angst vor Wasser kann meist nur ein Artgenosse auflösen, indem er dem Hund vormacht, wie gut sich das nasse Element anfühlt.*

**Deswegen mein Tipp:** Locke deinen Hund nicht ins Meer hinein. Gehe mit ihm am Strand entlang und versuche ihn mit Futter neben dir zu halten. Ohne großes Aufsehen. Du gehst einfach und hast immer wieder etwas Leckeres in der Hand. Sobald sich dein Hund auf dich einlässt, gehst du etwas weiter ins sehr seichte Wasser. Gerade so weit, dass die Füße deines Hundes nass werden. Lässt er sich auch darauf ein? Wenn ja, versuche täglich ein paar Zentimeter weiter im Wasser zu laufen. Ich wünsche dir Glück dabei.

## ANGST VOR TÜREN, TREPPEN, FUSSBÖDEN ODER RÄUMEN

Bei diesen Situationen vermeidest du bitte jede Form von Blickkontakt. Gib deinem Hund auch keine besondere Aufmerksamkeit, rede nicht. Um Ängste bei deinem Hund abzubauen, musst du ihm das Gefühl vermitteln, dass du die jeweilige Situation total unter Kontrolle hast. An deinem Verhalten wird er sich orientieren. Strahle also immer Ruhe und Gelassenheit aus. Benimm dich genauso normal wie im Supermarkt, im Bus oder in der U-Bahn.

Mach keine große Aktion aus den Übungen. Vermittele deinem Hund immer: Alles ist okay, es passiert nichts Besonderes. Kein Grund zur Aufregung.

Wenn du selbst nervös bist, ist es dein Hund auch. Je mehr Beachtung du ihm schenkst, desto mehr denkt er: »Oh, hier stimmt was nicht, was will mein Mensch von mir?« Und schon fällt er wieder in Stress. Denn im Mittelpunkt der Aufmerksamkeit zu stehen, ist eine der größten nervlichen Belastungen für unsere Hunde.

### Was du tun kannst

Halte deinen Körper immer in Laufrichtung. Dein Hund muss deinen Rücken sehen. Dann variiere und probiere aus, was funktioniert. Tritt etwas auf der Stelle, um Weglaufen anzudeuten. Lege eine Spur aus Fleisch, um deinem Hund seine Überwindung zu erleichtern. Falls er sich setzt oder legt, schiebe deinen Fuß vorsichtig unter seinen Hintern. Werde erfinderisch und habe GEDULD.

Übe diese Situationen und inszeniere sie, wenn du ausreichend Zeit dafür hast. Du musst warten, bis dein Hund sich von selber überwindet und durch die Tür geht oder den fremden Untergrund betritt. Das kannst du nicht machen, wenn du einen Termin hast und in Eile bist. Denke an deine eigenen Ängste. Wie lange würdest du selber brauchen, um einen Frosch zu küssen oder eine Spinne anzufassen?

Lass deinen Hund bei solchen Übungen immer angeleint, damit er nicht flüchten kann. Falsch ist auch, wenn er zurückgehen will. Gib bitte möglichst wenig nach, wenn er in den Rückwärtsgang schaltet. Er kommt dann in eine unklare Position. Quasi, als ob er feststeckt. Nach hinten geht es nicht mehr. Und den Druck der Leine kann er nur loswerden, wenn er sich nach vorne bewegt. Beachte aber bitte, dass die Leine ihm keinen Schmerz verursachen darf. Du darfst ihn auch nicht mit Gewalt mit dir ziehen. Dein Hund soll beim Zurückgehen nur eine leichte Begrenzung merken, dass es nach hinten nicht weitergeht. Ansonsten hängt die Leine bei dieser Übung immer locker durch. Übe bitte keinerlei Druck oder Zug auf deinen Hund aus.

## ANGST VOR FREMDEN OBJEKTEN

Wie reagiert dein Hund auf fremde Gegenstände? Was passiert, wenn plötzlich ein großer Ast oder eine Mülltonne euren vertrauten Weg blockiert? Wenn Menschen mit Paketen beladen dicht an ihm vorbeilaufen? Was tut

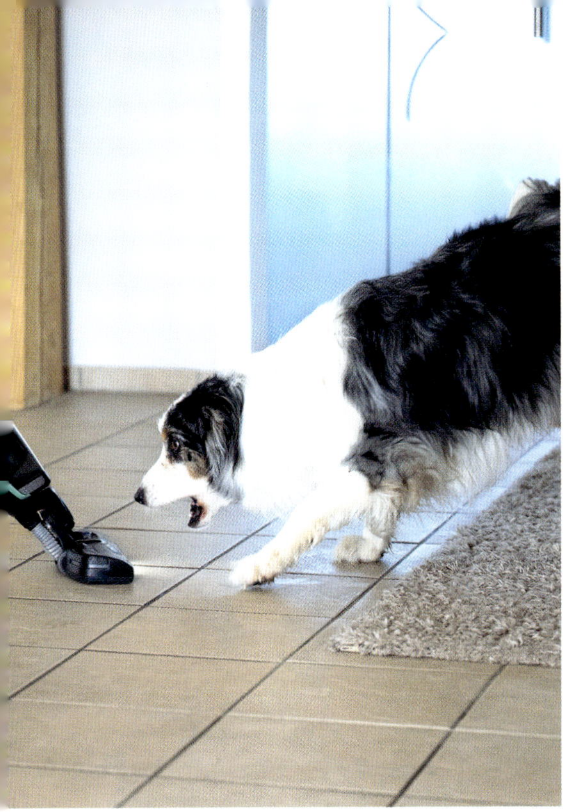

*Bellt ein Hund den Staubsauger an, ist das entweder ein Zeichen von Angst, die er überspielt, oder er lässt an ihm seinen Stress ab.*

dein Hund, wenn er zum ersten Mal einen geschmückten Christbaum sieht?
Die normale Reaktion wäre, dass er ganz einfach stehen bleibt und sich dann langsam nähert. Er ist neugierig, beschnuppert das Objekt und versucht herauszufinden, was das wohl sein könnte.
Der ängstliche Hund reagiert irritiert und oft hektisch. Entweder rennt er davon, macht einen Riesenbogen um das Ding oder beobachtet es aus angemessener Entfernung.
Eine andere Reaktion wäre, die eigene Angst zu verbergen und das Objekt mit lautstarkem Bellen und Imponiergehabe »vertreiben« zu wollen.
Beides bedeutet Stress für einen Hund. In beiden Fällen ist seine Selbstsicherheit ziemlich strapaziert. Er ist unsicher und nicht in der Lage, gelassen und ruhig auf diese fremden Reize zu reagieren.
Trotzdem ist die Lage nicht aussichtslos. Mit etwas Einfühlungsvermögen und Verständnis kannst du das Selbstvertrauen deines Hundes stärken und schrittweise seine Angst vor fremden Gegenständen abbauen. Das könnte dann wie im Folgenden beschrieben aussehen.

### An fremde Objekte gewöhnen

Stelle einen großen Gegenstand, den dein Hund nie zuvor dort gesehen hat, gut sichtbar mitten ins Wohnzimmer. Das kann ein Pappkarton sein, ein Einkaufskorb oder ein Gymnastikball. Lege eine etwa zwei Meter lange Spur aus wirklich unwiderstehlichen, supergut duftenden Leckerlis. Frikadellen oder Käsewürfel haben echt eine fantastische Wirkung.
Die Spur beginnt kurz nach der Eingangstür und führt bis zum Objekt, nehmen wir als Beispiel den Ball. Verstecke auch ein paar Bröckchen unter dem Ball.
Bitte rede nicht und schaue nicht direkt zu deinem Hund. Er muss ganz allein seine Angst überwinden. Die magische Kraft der Käsewürfel hilft ihm dabei.
Setze dich neben dem Ball auf den Boden. Dein Hund muss Stück für Stück alle Leckerlis der gelegten Spur auffressen, auch die unter dem Ball. Übe das so lange, bis der Hund ganz entspannt bleibt, sobald der Ball sich bewegt. Falls er an das Clickertraining gewöhnt ist, kannst du gerne einen Clicker für diese Übung benutzen.
Genauso kannst du bei lärmenden Küchengeräten oder beim Staubsauger vorgehen. Wobei diese Geräte erst eingeschaltet werden, nachdem der Hund sich an sie gewöhnt hat. Nachdem er bereit ist, das Fleisch vom Staubsauger abzulecken.

## ANGST VOR GEWITTER

Bevor du mit deinem Hund arbeitest, stelle bitte klar, dass von dir keinerlei Unruhe ausgeht. Beobachte dich beim nächsten Gewitter erst einmal selber. Viele Menschen behaupten, sie hätten keine Angst. Trotzdem benehmen sie sich bei Gewitter unruhiger als sonst. Sie schauen ständig umher, kauern sich zusammen und werden ganz still. Ein Hund nimmt diese Anspannung in seinem Menschen genau wahr. Sie überträgt sich auf ihn. Nur wenn wir selber ganz ruhig und gelassen bleiben, gerät unser Hund mit großer Wahrscheinlichkeit auch nicht in Panik.

### Was du tun kannst

Ignoriere seine Angst, aber nicht ihn selber. Schimpfe nicht. Versuche aber auch nicht, deinen Hund zu beruhigen oder zu trösten. Gib ihm trotz des Gewitters das Gefühl, dass alles in bester Ordnung ist.

Wenn du deinen Hund in Angstsituationen streichelst, umarmst oder sanft mit ihm redest, bestärkst du sein Verhalten. Er versteht deine Worte nicht, wenn du sagst: »Mein armer Kleiner, hab keine Angst«. Er begreift nur, dass er deine liebevolle Aufmerksamkeit erhält, sobald er sich fürchtet, nervös oder ängstlich ist.

Reagiere also nicht auf seine Angst, sei aber für ihn da. Lass ihn neben dir oder auf deinem Schoß sitzen, ohne ihn zu streicheln. Euer Körperkontakt wird ihm guttun.

Genauso machst du es bei anderen lärmenden Geräuschen wie Radiomusik, Kindergeschrei oder Silvesterfeuerwerk.

## AUCH DAS HILFT BEI ANGST

### Musiktherapie

Eine Möglichkeit, deinen Hund von seinen Ängsten abzulenken, ist Musik. Besorge dir eine CD mit sanfter Geigen- oder Harfenmusik. Die Vibrationen der Saiten erzeugen Töne, die vom menschlichen Ohr nicht wahrgenommen werden, die auf Tiere aber beruhigend wirken. Die Töne der Harfe haben bei den meisten Hunden eine Verminderung der Herzfrequenz zur Folge, sie lassen den Blutdruck abfallen, den Endorphinpegel steigen (Endorphine sind körpereigene Stoffe, die unempfindlicher gegen Stress machen) und reduzieren die Stresshormone.

Leiste deinem Hund Gesellschaft, lauscht der Musik gemeinsam. So kann sich dein Hund am besten entspannen, während du eine Tasse Kaffee genießt. Später spielst du die Musik auch während eines Gewitters oder bevor du den lärmenden Staubsauger einschaltest.

### Desensibilisierung und Gegenkonditionierung

Dabei wird der Hund mit dem angstauslösenden Geräusch in minimalster Lautstärke konfrontiert und davon abgelenkt.

Besorge dir eine CD mit verschiedenen angstmachenden Geräuschen. Spiele die CD so leise ab, dass du es selbst kaum hören kannst. Dein Hund soll das Geräusch nur ganz am Rand wahrnehmen, es darf bei ihm weder Angst noch Stress auslösen.

Eventuell gehst du mit ihm sogar aus dem Zimmer, während die Aufnahme spielt. Oder während ein Helfer die lärmenden Geräusche produziert. Nun ermutigst du deinen Hund zu einem Spiel oder lässt ihn Tricks ausführen, die er schon gelernt hat. Je besser er die Kunststücke schon kennt, desto leichter wird er sie jetzt vorführen.

Hunde sind nicht multitaskingfähig. Das nutzen wir, um ihn mit Fleisch vom Geräusch abzulenken.

Lass ihn »Gib Pfötchen«, »Küss mich« oder »Leckerlis fangen« ausführen, um das begehrte Fleisch zu bekommen.

*Rechtzeitig gegeben, sind Bach-Blüten ein bewährtes Erste-Hilfe-Mittel, um beim Hund Ängste zu lindern. Echte Heilung erfordert aber eine Therapie.*

Solltest du trotz sehr leisem Störgeräusch Angstverhalten feststellen, brich die Übung ab. Sag einfach »Okay, danke, das war's«.
Versuche es morgen noch mal, aber halte den Lärmpegel noch niedriger. Erst wenn dein Hund ruhig mit dir spielt, während er das kritische Geräusch leise im Hintergrund hört, kannst du die Lautstärke peu à peu erhöhen. Während des nächsten wirklichen Gewitters, Staubsaugens oder Feuerwerkes lässt du deinen Hund, wie bei den Therapiestunden, Tricks vorführen oder ihr spielt zusammen sein Lieblingsspiel. Spare dabei niemals mit Fleisch. Es sollte einen stärkeren Reiz darstellen als die Angst vor dem Lärm.

## Bach-Blüten und Homöopathie

Eine Alternativtherapie mit Bach-Blüten ist durchaus hilfreich und kann die oben genannten Methoden erfolgreich unterstützen. Bach-Blüten erzeugen keine schädlichen Nebenwirkungen und können eingesetzt werden, um psychische Disharmonien zu stabilisieren.
Rescue Remedy, Aspen oder Mimulus werden gegen Ängste angewandt. Jedoch wirken Bach-Blüten oft erst nach längerer Einnahme. Bei akuter Angst erweisen sich homöopathische Mittel, zum Beispiel Stramonium, als erfolgreicher. Zwei Globuli Stramonium C1000 wirken meist sofort und haben eine lang anhaltende Wirkung bis zu vier Wochen.
**Anwendung Stramonium:** Potenz C1000 ist empfohlen für Hunde mit blinder Wut, Ausrasten bei Lärm oder wenn der Hund tobt und nicht »erreichbar« ist.

- Gegen panische Aggression bei Silvesterknallern, Schüssen oder Gewitter bekommt der Hund 1-mal 3 Globuli.
- Bei allgemeiner Angst an Silvester bekommt der Hund 2 Globuli zwei Tage

vor Silvester und 2 Globuli an Silvester nachmittags.

Bitte beachte, dass ich dir hier nur Durchschnittswerte geben kann. Bitte frage deinen Tierheilpraktiker nach der individuellen Potenz und Dosierung für deinen Hund.

Es gibt noch viele andere Formen der Angst beim Hund: Angst vor Menschen, Angst vor dem Alleinsein, Angst vor Spielen usw., auf die ich jetzt hier in diesem Rahmen leider nicht eingehen kann. Ich möchte einfach nur aufzeigen, wie sensibel unsere Hunde auf unsere Umwelt reagieren. Wie viel Stress, Unsicherheit und Angst ihnen das Leben bei uns bereiten kann.
Habe bitte Geduld und zeige Verständnis, falls dein Hund überfordert ist und ausrastet. Er tut das nicht bewusst. Und schon gar nicht, um dich zu ärgern. Hilf ihm, sobald du die hier beschriebenen Symptome bei ihm beobachtest. Denn unkontrollierte oder nicht behobene Angst führt sehr leicht zu Verzweiflung und Aggressionen. Lass es nicht dazu kommen!

# Die Nervensäge oder: der Hibbelhund

Stress beim Hund sucht sich verschiedene Ventile. Nicht alle Hunde entwickeln Ängste. Manche werden einfach nur nervös und unkontrolliert. Sie haben einen extrem hohen Energielevel, sind immer auf Achse und scheinen nie zur Ruhe zu kommen.
Es sind Energiebündel, die immer nur nach mehr verlangen. Wenn du selber nach einem dreistündigen Spaziergang geschafft bist, schaut dich der Hibbelhund fragend an, als wollte er sagen: »Und was machen wir jetzt?« Diese Hunde sind anstrengend. Doch sie sind auch absolut liebenswert mit ihrer tollpatschigen Art. Sie bringen uns mit ihrer Energie zum Lachen, aber gleichzeitig auch zum Weinen.
Sie verlangen ständig Action von ihren Besitzern. Ihr ständiger Bewegungsdrang hindert diese Hunde daran, sich wirklich zu konzentrieren. Selbst wenn du deinen Hibbelhund einen Moment lang für eine Sache begeistern kannst, ist er doch in der nächsten Sekunde schon wieder dabei, einen Vogel zu verfolgen oder die Gießkanne aus dem Schuppen zu holen. Es ist zum Verzweifeln. Ständig springt er an Besuchern hoch, will Radfahrer stürmisch begrüßen und rennt vor Freude die Kinder um.
Reagiere darauf bloß nicht panisch! Lass dich nicht von deinem Hund anstecken. Bleibe absolut ruhig. Gehe nicht auf seine Verrücktheiten ein. Seine Aktivität ist ein Zeichen für Stress. Dein Hund versucht, ihn durch Bewegung abzubauen. Sei dir dessen bewusst und finde passende Lösungen, um deinen Hund da herauszuführen.

## WAS VERURSACHT DIE EXTREME AKTIVITÄT?

Es sind auch hier wieder bestimmte Stressoren, die das sehr aktive Verhalten auslösen können. Angst, Schmerzen, Unterforderung, Überreizung, Geschlechtstrieb oder unklare Kommunikation mit den Menschen führen bei Hunden zu Stress, den sie durch erhöhte Aktivität wieder abzubauen versuchen.

### Angst

Dazu gehören Straßenlärm, aggressive Nachbarhunde, große Menschen mit derben Stimmen, dröhnendes Gewitter. Auch Streit in der Familie und vieles mehr führen bei manchen

Hunden zu Stress und lösen rastloses Verhalten aus.

### Schmerzen

Körperliche Schmerzen sind ein nicht zu vernachlässigender Stressfaktor. Es muss gar nicht immer ein krankheitsbedingter Schmerz sein. Bereits ein kleines Steinchen zwischen den Pfotenballen oder Graspartikel im Ohr lassen deinen Hund Amok laufen.

### Unterforderung

Hunde sind Gruppentiere und lieben die Gemeinschaft. Das bedeutet aber auch, dass sie von Kindheit an lernen, sich dem Gruppenleben anzupassen. Sie bekommen ihre Lebensfreude, ihr Wissen und ihre Motivation aus dem Leben mit der Gruppe.

Das bedingt aber auch, dass unsere Hunde auf Aktionen warten, die von uns Menschen ausgelöst werden. Ein Hund kann sich alleine nicht sinnvoll beschäftigen. Auch nicht mit dem Zweithund. Was sollen sie denn zusammen tun?

Unsere Hunde sind von uns Menschen abhängig und warten darauf, dass wir Aktionen starten, denen sie folgen können. Das kann ein Spiel sein, ein Spaziergang oder die Fahrt zum Supermarkt. Hunde wollen wissen, was von ihnen erwartet wird, wo ihr Platz in der Gruppe ist und welche Aufgaben sie erfüllen müssen. Sie wollen ihre Gruppe beschützen, gemeinsam Futter suchen und ihre Jungen großziehen. Diese natürlichen Bedürfnisse können wir ihnen kaum noch erfüllen. Aber wo sollen sie hin mit ihrer Lebensenergie?

Falls dein Hund gelangweilt ist, biete ihm etwas mehr gezielte Beschäftigung. Eine Stunde Spazierengehen pro Tag ist viel zu wenig. Halte ihn mit Konzentration beschäftigt, das macht müde. Clickertraining wäre vielleicht passend. Bring ihm bei, deinen Kindern morgens die Decke wegzuziehen. Oder nimm ihn mit, wann immer das möglich ist. Selbst wenn du nur zum Tanken fährst.

*Intelligente Hunde sind schnell unterfordert, wenn sie nicht ausgelastet werden. Ein zerfetztes Kissen kann ein Lied davon singen.*

Wenn du deinem gelangweilten Hund keine ausreichende Abwechslung bietest, sucht er selber nach einer Möglichkeit, seine angestaute Energie loszuwerden. Wohin das führen kann, sehen wir im Hibbelhund.

### Geschlechtstrieb

Dieser Trieb kann Bäume verpflanzen! Dein nicht kastrierter Rüde wird schier verrückt, wenn er eine »heiße« Hündin wittert und nicht zu ihr kann. Er registriert dann weder dich noch deine Forderungen. Nicht einmal sein Futter interessiert ihn jetzt. Er läuft nervös am Gartenzaun auf und ab, in der Hoffnung, doch irgendwo ein Loch zu finden, durch das er entwischen kann. Bei Hündinnen verhält es sich ähnlich. Ich denke, der nicht erfüllte Geschlechtstrieb ist einer der größten Stressoren, denen unsere intakten Hunde ausgeliefert sind.

### Überreizung

Beobachte dich einmal selber. Wie viele völlig sinnlose Signale, auf die er sowieso nicht reagiert, gibst du deinem Hund jeden Tag? »Pedro, nicht die Katze jagen!«, »Lady, setz dich bitte hin!«, »Gaaanz lieb sein« und so weiter.

Und wie oft reagierst du auf die Aktionen deines Hundes? Nimm dir vor, es ab heute nicht mehr zu tun. Mit deinem Feedback aktivierst du ihn nur, noch mehr verrückte Sachen vorzuführen. Deshalb: Was immer er tut, um dich zu beeindrucken – ignoriere alle seine Aktionen, die dich manipulieren sollen.

## WIE KANNST DU DEINEM HIBBELHUND HELFEN?

Mache es deinem Hund leicht, dich zu verstehen, höre auf zu reden. Benutze Mimik, Körpersprache und deine Präsenz, um mit ihm zu kommunizieren. Dein Hund wird dir dankbar sein, denn dann versteht er viel schneller, was du meinst.

Bring mehr Stille in euer gesamtes Leben. Mach den Fernseher leiser und gönne deinem Hibbelhund »kinderfreie« Stunden zum Entspannen. Schütze ihn beim Spaziergang vor aufdringlichen Menschen und aufgedrehten Artgenossen. Halte unnötige Reize von ihm fern. Überfordere ihn nicht mit Training und Worten, das macht es noch schlimmer. Hilf ihm runterzufahren, indem du Ruhe in euer Leben bringst.

*Ein hyperaktiver Hund soll gefordert, aber nicht überreizt werden. Der Mensch vermeidet Hochdrehen durch gezieltes Ignorieren des Hundes und Ruhigbleiben.*

Ich hatte in einem meiner Onlinecoachings Kunden, die innerhalb von 24 Stunden eine 180-Grad-Drehung bei ihren zwei hyperaktiven Belgischen Schäferhunden erreicht haben. Nur weil sie selber aufgehört haben, ständig zu reden. Ist das nicht erstaunlich?

# Der Rebell oder: der aggressive Hund

Kommen wir zur dritten Persönlichkeit, dem vermeintlich aggressiven Hund. Sie werden zu Unrecht so bezeichnet, Hunde sind nicht aggressiv. Deswegen nenne ich sie lieber »heftig« oder »intensiv«. Aber wir können uns hier im Abschnitt, zur besseren Verdeutlichung, auch gerne auf »aggressiv« einigen.
Am bekanntesten ist uns ja die **aktive Aggression,** wenn der Hund nach vorne geht, tobt und fast außer Rand und Band gerät. Meist sind aber gerade diese Aktionen nur Showgehabe. Einfach nur laut und bedrohlich, um den Artgenossen zu beeindrucken. Trotzdem ist dieses Verhalten unter Hunden sozial und klar verständlich.
Ich finde die **passive Aggression** viel gefährlicher. In dem Fall zieht sich der Hund zurück, macht keinen Mucks, gibt keine Warnung von sich und schlägt unerwartet zu. Er explodiert blitzartig und dementsprechend heftig. Das ist absolut unsozial unter Hunden. Denn das Gegenüber hat keine Chance, beschwichtigende Signale zu senden oder sich höflich zurückzuziehen.
Deswegen liebe ich die heftigen, die richtig durchgeknallten Hunde. Sie sind wunderbar zu lesen und zu steuern. Diese Hunde zeigen mir ganz ehrlich, wie es ihnen geht und was sie jetzt von uns Menschen brauchen. Egal, ob es bellen, rennen oder hochspringen ist.

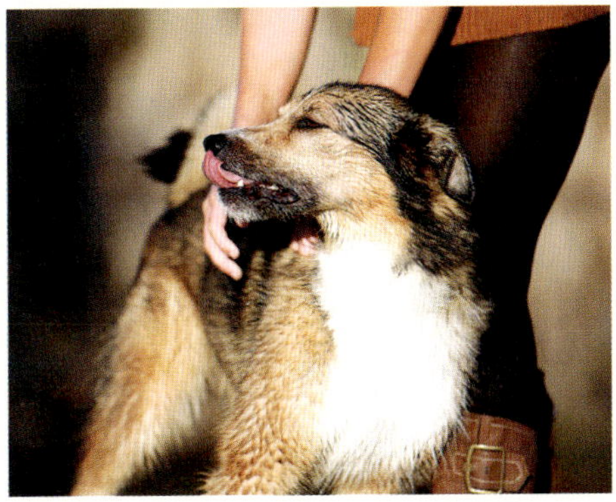

*Dieser Hund zeigt mit seinem Schnauzelecken ein beschwichtigendes Signal. Er möchte wohl jetzt lieber nicht angefasst werden.*

## AKTIV AGGRESSIV

Aggressive Reaktionen unserer Hunde sind für uns Menschen ziemlich schwer zu ertragen. Sie versetzen uns in Schreck und Panik. Der Hund geht nach vorne, stellt sich auf die Hinterläufe und tobt wie wahnsinnig. Wir spüren diese kraftvolle Energie, sehen die gefletschten Zähne und hören dieses bedrohliche Bellen. Ein aktiv aggressiver Hund macht uns Angst. Dazu kommt, dass ein Hund in Rage nichts mehr um sich herum wahrnimmt. Die Besitzer existieren in dem Moment nicht für ihn. Alle Sinne werden abgeschaltet. Es geht nur noch ums Überleben. Hier kommen Naturgesetze zum Tragen. Das ist bei allen Tieren so.
Hirsche, Wildschweine, Seelöwen, ja sogar Fische fechten Kämpfe miteinander aus. In den seltensten Fällen kommt es zu ernsthaften Verletzungen. Meist zieht sich der Unterlegene rechtzeitig zurück.
Wir Menschen können lernen, unseren eigenen Schreck in diesen Momenten unter Kontrolle zu bringen und selber ganz entspannt zu bleiben. Das ist nicht so schwer. Jeder

kann das schaffen. Wir alle behalten die Kontrolle, wenn unsere Kinder sich einmal verletzen. Es besteht kein Grund, beim Hund schlappzumachen.

Diese aktiv aggressiven Hunde sind leicht zu führen. Sie zeigen klar, wie sie sich fühlen. Das ist ein gutes Zeichen. Sie signalisieren damit nicht nur Wut, sondern auch ihre Bereitschaft zur Kommunikation. Sie lernen gerne und sind dankbar für jede positive Veränderung. Fast alle Hunde, auch die intensiven, sind froh, wenn wir ihnen die Verantwortung abnehmen und endlich selber ins Handeln kommen.

Es kostet etwas Überwindung, bei einem gestressten Hund ruhig zu bleiben. Aber es geht. Sobald du die Hintergründe seiner Aggression verstehst und bereit bist, deinem Hund zu helfen, geht es schrittweise immer leichter. Deine Liebe zu ihm kann enorme Kräfte in dir freisetzen. Und je mehr du dich auf deinen Hund einlässt, desto ruhiger wird er werden.

*Gefletschte Zähne, auch bei kleinen Hunden, machen vielen Menschen Angst. Soziale Artgenossen respektieren diese Geste und ziehen sich höflich zurück.*

## PASSIV AGGRESSIV

Zu den passiven Vertretern gehören alle Hunde, die eine Mitarbeit schlichtweg verweigern.

Oft sondern sie sich ab und wollen in Ruhe gelassen werden. Sie haben ihren eigenen Kopf. Sie sind nicht zu durchschauen und reagieren oft unerwartet und heftig. Woran erkennst du einen passiv aggressiven Hund?

- ★ Er ignoriert deine Forderungen, indem er sich taub und blind stellt.
- ★ Er spielt nicht.
- ★ Er kontrolliert ständig sein Umfeld.
- ★ Er legt sich hin und schläft, obwohl du ihn rufst.
- ★ Er beschäftigt sich intensiv mit Schnüffeln oder Vögeljagen.
- ★ Er hat Angst vor neuen Situationen, Objekten, Menschen oder in fremder Umgebung.
- ★ Er schnappt nach dir, wenn du deine Forderungen durchsetzen willst.
- ★ Er mag keine Besucher und wartet darauf, dass sie eine falsche Bewegung machen.
- ★ Er ist ruhig und zurückgezogen. Dennoch greift er an und bedroht auch seine eigenen Besitzer.
- ★ Er beißt ohne Vorwarnung.

Natürlich treffen einige dieser Eigenschaften auch auf ängstliche Hunde zu. Beim passiv aggressiven Hund kommen aber die unerwarteten Angriffe noch dazu. Aggression entsteht immer aus Angst. Hunde beißen nur, wenn sie keinen Ausweg mehr sehen.

*Hund und Briefträger, das klassische Beispiel für Rivalität. Meist steckt Angst hinter dem aggressiven Verhalten des Hundes.*

Wir könnten auch sagen, dass Angst, Unsicherheit und Stress immer eine Vorstufe zur Aggressivität darstellen.

- Eine Hundemutter mit Welpen hat Angst um ihre Nachkommen.
- Ein Hund kann den Postboten nicht einschätzen. Er fühlt sich vom Eindringling in seinem Überlebensraum bedroht und greift ihn an.
- Ein streng erzogener Servicehund verteidigt seine Futterschüssel, weil er sich ihr gegenüber sicher genug fühlt, Dampf ablassen zu können. Der Mensch überfordert ihn.

Dabei spielt es keine Rolle, was der Hund verteidigt oder wo es passiert. Unsicherheit, Schreck oder Schmerz führen erst zu Stress, dann zu Angst und im ungünstigsten Fall schließlich zur Aggression.

### Was du tun kannst

Oft treten bei aggressiven Hunden auch noch andere Probleme wie Dauerbellen, Zerstörungswut, Trennungsangst oder Jagen auf. Ist es bei deinem Hund auch so? Dann hilft erst einmal Folgendes:
Drehe den Spieß einfach um. Auch wenn es dir schwerfällt, behandle deinen Hund probeweise einmal so, wie er dich behandelt. Ignoriere seine Forderungen, schenke seinen Aktionen keine Beachtung, drehe dich weg, wenn er gestreichelt werden will. Folge ihm nicht, sondern laufe immer in die entgegengesetzte Richtung. Und warte, was passiert. Schreibe mir gerne, wie dein Hund darauf reagiert.
Alle weiteren Schritte solltest du nicht allein unternehmen. Aggressionen gehören in die Hände erfahrener Fachleute. Wenn ich selber mit aggressiven Hunden arbeite, lösche ich die alten Verhaltensmuster im Kopf des Hundes und lenke sein neues Verhalten gezielt in eine positive Richtung. Das alles funktioniert über Spiel, hundgerechte Kommunikation und etwas Lernstoff für den Menschen. Der Hund selber merkt gar nichts von seiner Wandlung.
**Zusammenfassend können wir sagen:** Aggressive Hunde sind einfach am Ende ihrer Kraft. Wie eine Badewanne, in die ständig Wasser tropft. Irgendwann ist die Wanne voll und jeder weitere Tropfen bringt sie zum Überlaufen. Aggressive Hunde sehen keine Lösung, bekommen nicht die erforderliche Unterstützung ihrer Besitzer und sind innerlich zum Zerreißen angespannt. Sie haben Hilfe verdient. Hunde müssen lernen, sich im Stress selber wieder zu beruhigen.

Das geht nicht mit Kommandos und Disziplin. Sobald wir Menschen anders mit ihnen kommunizieren und bereit sind, ihnen auf ihre Art zu helfen, werden sich auch aggressive Hunde ändern. Ich habe es tausendfach erlebt. Aggressive Hunde sind nicht böse, sie wissen nur einfach nicht mehr weiter in unserer menschlichen Welt.

## Ziel – der entspannte Hund

Jetzt kommen wir zu Lassie, Boomer & Co. Die Hunde, die mit einem Wimpernaufschlag das Herz eines jeden Menschen erobern. Die entspannten, freundlichen, überall ersehnten und willkommenen perfekten Begleiter.
Hunde, die alle Trainingsübungen sofort ausführen, die immer kommen, wenn sie gerufen werden, oder besser – die gar nicht erst wegrennen. Hunde, die Besucher ruhig begrüßen, sich nicht um Artgenossen kümmern und an Rehen und Hasen überhaupt kein Interesse zeigen. Hunde, die wir einfach bedenkenlos überallhin mitnehmen können. Übertrieben? Nein, das gibt es wirklich. Aber es ist ein steiniger Weg dorthin. Nicht so sehr für die Hunde. Viel mehr für uns Menschen. Tiere reagieren immer auf ihr Gegenüber. Wenn sie vom anderen keine brauchbaren Signale empfangen, entscheiden sie für sich selber. Es liegt also allein an uns, wie sich unser Hund benimmt.
Wenn wir die Bedürfnisse unseres Hundes respektieren und unsere eigenen Erwartungen etwas herunterschrauben, ihn annehmen, wie er ist, und uns nicht mehr für seine Verrücktheiten schämen, wird er uns sein Herz öffnen und der entspannte Begleiter sein, um den uns die ganze Welt beneidet. Glaube mir, es ist ein wunderbares Gefühl, mit so einem Hund am Strand zu sitzen oder durch die Innenstadt zu laufen.
Er wird dich vergöttern, weil du immer so tolle Ideen hast und ihn immer beschützt. Er wird warten, bis du ihn zu irgendetwas aufforderst, und dir dann bereitwillig folgen. Dein Hund kann schaffen, dass du über dich selber hinauswächst, weil er das versteckte Gold in dir hervorholt und zum Strahlen bringt. Vertraue ihm.

»Dein Hund kann dir keine Liebe geben, solange du seine Bedürfnisse ignorierst.«

Jeder ängstliche, hibbelige oder aggressive Hund kann für uns dieser entspannte, zuverlässige Lebenspartner werden. Vertrauen ist das Zauberwort. Es ist das wertvollste Geschenk, das dein Hund dir geben kann. Mach dir die Mühe und verdiene es dir. Erfülle seine Bedürfnisse, verstehe seinen Stress und hilf ihm, seine emotionalen Blockaden zu überwinden. Dann wird er der Traumhund, der mit dir durch dick und dünn gehen wird.

## Auslandshunde – Tierschutzhunde

Mein Herz geht auf. Ich schreibe nun über die Hunde, die mein Leben gerettet haben. Denen ich alles verdanke und die für immer in meinem Herzen sein werden. Hunde, die getreten, weggeworfen, verjagt und von Menschen gequält wurden. Hunde, in denen ich

*Straßenhunde leben oft schon seit Generationen allein, ohne Bindung an einen Menschen oder eine Gruppe. Ihr Futter müssen sie selber suchen.*

mich selber wiedererkannt habe. Hunde, die nicht an sich glauben, keine Hoffnung haben und sich ausgegrenzt fühlen. Deren Seele so sehr verletzt wurde und die trotzdem bereit sind, mit uns Menschen zu leben. Ich schreibe jetzt über die Hunde, mit denen ich mich seelenverwandt fühle.

Vielleicht findest du das übertrieben. Das könnte ich verstehen. Aber ich habe diese Erfahrung nun einmal gemacht. Die Straßenhunde von Bali waren in meinen dunkelsten Tagen ganz nah und ganz intensiv bei mir. Kein Mensch hätte mir mehr Trost, mehr Mut und mehr Motivation geben können, als ich ganz allein am Ende der Welt gelebt habe. Die Straßenhunde in Bali haben mich beflügelt, an mich zu glauben, aufzustehen und meine Vision zu leben.

Wobei sich diese Straßenhunde ganz und gar nicht immer wie Engel benahmen. Sie kennen keine Beißhemmung und keine Impulskontrolle. Ich habe heute noch ein paar ordentliche Löcher so mancher Panikausbrüche in meiner Haut. Aber ich liebe sie trotzdem. Diese Hunde leben in jeder Sekunde im Hier und Jetzt und zeigen ganz unverhüllt, was sie von ihrem Gegenüber halten. Durch sie habe ich begriffen, wie sehr alle Tiere immer nur ihr Umfeld spiegeln. Und wie falsch wir westlichen Menschen mit Hunden kommunizieren.

Straßenhunde sind anders. Sie sind pur, ehrlich und tiefsinnig. Nicht zu vergleichen mit den genetisch veränderten Rassehunden in unserer Zivilisation.

## WAS IST EIN STRASSENHUND?

Für mich sind Straßenhunde alle die Hunde, die oft seit Generationen allein leben. Zwar in der Nähe eines Restaurants oder Anwesens, aber ohne direkte Bindung zu Menschen. Sie suchen sich ihr Futter selber, gehören keiner

Gruppe an und ziehen ihre Welpen in gut geschützten Verstecken groß.
Ein Terriermischling in Südeuropa gehört für mich nicht dazu. Denn seine Genetik wurde bereits manipuliert. Ein Teil seiner Vorfahren waren Terrier, also gezüchtete Rassehunde. Auch ein vernachlässigter Labrador, der ausgesetzt wurde und herumstreunt, zählt nicht dazu. Denn er ist die Nähe und den Umgang mit dem Menschen mehr oder weniger gewohnt.
Aber egal, wie ihre Genetik ist, all diese Hunde haben eines gemeinsam: Sie haben schlechte Erfahrungen mit unserer Zivilisation gemacht. Sie haben gehungert, hatten keine Bleibe oder wurden von Menschen verletzt. Darum geht es in diesem Kapitel. Denn es gibt immer mehr Hunde, die aus dem Ausland zu uns kommen. Hunde mit schlechten Erfahrungen, voller Angst und Skepsis.

»Hunde sind sensible Lebewesen. Wir müssen keine Wissenschaft aus ihrem Verhalten machen.«

Das Gleiche gilt natürlich auch für Hunde aus deutschen Tierheimen. Viele von ihnen kommen aus schlechter Haltung oder wurden ausgesetzt. Auch sie haben oft ganz üble Erfahrungen mit Menschen gemacht. Ich wünsche jedem einzelnen dieser Hunde, dass er bald ein schönes Zuhause finden kann. Doch ich möchte mich hier auf die Auslandshunde konzentrieren. Denn sie sind wirklich anders als Hunde, die zumindest kurzzeitig in Geborgenheit und mit Liebe großwerden durften.

## WAS IST ANDERS AN AUSLANDSHUNDEN?

Ganz kurz würde ich sagen, diese Hunde haben oft ein echtes Problem mit dem Leben und besonders mit Menschen. Natürlich trifft das nicht auf alle zu. Deswegen fokussiere ich mich jetzt auf die komplizierteren Vertreter. Ich möchte dich darauf vorbereiten, was auf dich zukommen kann, falls du dich entscheidest, einen Auslandshund in dein Leben zu nehmen. Aber ich wünsche dir natürlich, dass du die nachfolgenden Erfahrungen mit deinem Auslandshund niemals machen musst.
Für mich sind Straßenhunde die besten Hunde der Welt, weil sie absolut klar und ehrlich kommunizieren. Aber wie gesagt, ich habe auch 15 lehrreiche Jahre vor Ort hinter mir. Es ist wunderbar, einem Tier eine zweite Chance zu geben. Aber es ist nicht immer nur einfach. Mach dich darauf gefasst, dass es in erster Linie darum geht, dem Hund zu helfen. Dass du deine eigenen Bedürfnisse vielleicht für mehrere Monate total zurückstellen musst. Es kann passieren, dass der Hund sich überhaupt nichts aus dir macht, dich sogar meidet und jeden engeren Kontakt zu dir für Wochen ablehnt. Rechne mit einer Eingewöhnungszeit von bis zu zwölf Monaten. So lange braucht das Nervensystem dieser Hunde, um all die neuen Eindrücke und Erfahrungen zu verarbeiten und zur Ruhe zu kommen. Bist du bereit dafür?

### Was erwartet dich bei einem Auslandshund?

Viele dieser Hunde wurden nicht sozialisiert. Sie kennen nur ihr unmittelbares Umfeld und die damit verbundenen Lebensumstände. Je nachdem, ob sie auf dem Land, in der Innenstadt oder in einem Tierheim aufgewachsen sind. Entweder sind sie an Lärm und Trubel gewöhnt oder er macht ihnen Angst. Entweder mögen sie Menschen oder sie meiden sie wie der Teufel das Weihwasser. Alles ist möglich.

Viele dieser Welpen verlieren ihre Mutter und die Geschwister bereits in den ersten vier Lebenswochen. Dieser Verlust wirkt sich immer negativ auf das Selbstvertrauen eines Hundes aus. Denn es gibt Handlungsweisen, soziale Regeln und Erfahrungen, die kann ihnen nur ihre Mutter vermitteln.

Oft kennen Auslandshunde keine Innenräume. Sie lebten im Freien, vor einem Hotel oder vielleicht auf dem offenen Grundstück von Menschen. Hunde, die in Tierheimen geboren wurden, kennen nur das Leben im Zwinger zusammen mit anderen Hunden. In Innenräumen fühlen sie sich unwohl und suchen nach Fluchtmöglichkeiten. Oder sie verstecken sich, um möglichst nicht aufzufallen oder entdeckt zu werden.

Sie alle müssen stets wachsam sein, um keine bösen Überraschungen zu erleben. Wirklich tief schlafen können diese Hunde selten. Sie sind also gewohnt, immer die Kontrolle über den nächsten Augenblick zu haben. Irgendwie scheinen sie ständig abwesend und in einer anderen Welt zu sein. Oder sie sind voller Unruhe, wandern immer wieder durch die Wohnung und kommen nicht zur Ruhe. Es kann lange dauern, bis sie sich auf unsere Führung einlassen.

Wenn Auslandshunde Angst haben oder sogar traumatisiert sind, ist es sehr schwer, zu ihnen vorzudringen. Manche wollen nicht mit spazieren gehen, nicht ins Auto steigen, weigern sich, die Treppe hoch- oder runterzugehen, lassen sich nicht auf Übungen ein und nehmen keinerlei Leckerlis an. Was aber ganz vielen Menschen das Herz bricht, ist die Tatsache, dass diese Hunde sich oft auch nicht anfassen lassen.

*Von einem solchen Blick lassen sich viele verleiten, einen Straßenhund bei sich aufzunehmen. Eine Eingliederung kann aber schwierig werden.*

Die neue Familie will dem Hund ihre Liebe zeigen und ihm Geborgenheit vermitteln. Wie soll das gehen, ohne ihn streicheln zu können? So etwas kann Menschen schnell überfordern. Sie nehmen es persönlich und fühlen sich vom Hund abgelehnt. Das tut weh und erfordert sehr viel Klarheit und Selbstvertrauen vom neuen Besitzer. Nichts für schwache Nerven.

Wie wir bereits wissen, können die negativen Lebenserfahrungen, ständiger Stress und Ängste eines Hundes in Aggressionen ausarten. Das kann bei einem Straßenhund auch so sein. Der Hund wehrt sich, rastet plötzlich aus und beißt um sich. Dein Tierschutzhund lässt dich nicht an seine Futterschüssel, sträubt sich gegen Körperpflege oder lässt sich das Halsband nicht anlegen. Du kannst ihm die Ohren nicht putzen und noch nicht mal Salbe auf eine Wunde auftragen. Im Fall von Aggressionen wird guter Rat im wahrsten Sinn des Wortes teuer. Denn du brauchst die Hilfen eines sehr erfahrenen Experten, der diese Emotionen umleitet, damit der Hund endlich Vertrauen aufbauen kann.

**Das kann auf dich zukommen:**

- Für frei lebende Hunde waren andere Artgenossen eventuell Konkurrenten. Das wird sich nicht ändern, nur weil sie jetzt bei uns leben. Sei also auf stressige Gassirunden vorbereitet.
- Auslandshunde sind schlau. Sie sind es gewohnt, ihr Gegenüber so schnell und exakt wie möglich einzuschätzen. Sei darauf gefasst, dass dieser Hund dich in kürzester Zeit durchschaut hat und gnadenlos um den Finger wickelt.
- Hunde, die täglich um ihr Überleben kämpfen mussten, können einen sehr starken Willen entwickeln. Versuche nicht, so einen Hund zu erziehen. Disziplin würde ihn nur abschrecken und von dir wegtreiben. Finde deinen Weg, mit ihm zusammen das Leben zu meistern und das Beste aus allen Situationen zu machen.
- Auslandshunde sind gewohnt, alles Essbare zu finden und zu fressen. Sie wittern den kleinsten Krümel im Gebüsch, unter dem Schrank und vor allem – in deinem Mülleimer.

Alle Straßenhunde sind wunderbare Begleiter. Jeder Einzelne verdient ein glückliches, erfülltes Leben, um endlich zur Ruhe zu kommen.

Natürlich gibt es auch Hunde aus dem Ausland oder aus dem Tierschutz, die keine Verhaltensstörungen zeigen. Leider ist das eher die Seltenheit. Deswegen mein Rat:

Kaufe keinen Hund aus dem Katalog oder nach einem Foto. Glaube auch nicht alle Beschreibungen auf den Webseiten. Wenn möglich, schaue dir den auserwählten Hund in seinem jetzigen Umfeld genau an. Nimm ein paar Tage Urlaub und lerne deinen neuen Gefährten vor Ort oder auf der Pflegestelle in Ruhe kennen.

Hier in Deutschland ist das alles kein Problem. Aber wenn du es ernst meinst, sollte dir die neue Fellnase drei Flugstunden und einen Kurzurlaub wert sein. Denn es muss auf beiden Seiten stimmen. Was nützt es, dass du dich in einen bestimmten Hund verliebt hast, aber er kann sich dir nicht öffnen? Der direkte Kontakt vor dem Kauf kann dir und dem Hund viel Stress ersparen. Nicht zu vergessen die späteren Kosten für spezielles Zubehör, therapeutische Mittel oder den Hundeexperten.

## Was kannst du tun?

Ich kenne etliche Fälle, bei denen die neuen Hundebesitzer aus allen Wolken gefallen sind. Nach einer kurzen Kennenlernphase stellte sich heraus, dass der neue Auslandshund so gar nicht mit Artgenossen klarkommt, dass er nicht schüchtern, sondern traumatisiert ist oder dass er auf kleine Kinder sehr intensiv reagiert. So deutlich hatte ihnen das bei der Vermittlung niemand gesagt. Damit dir das nicht passiert, hier ein paar Tipps, um die Situation zu entschärfen.

Die erste und wichtigste Regel ist: **Habe kein Mitleid mit deinem Auslandshund.** Packe ihn nicht in Watte, sondern behandle ihn wie einen ganz normalen Hund. Diese Hunde wollen Stabilität und Erfahrung in uns spüren. Nicht Unentschlossenheit und Unterwerfung. Rede gar nicht oder in völlig normalem Ton mit ihm. Verzichte auf Babysprache oder übertriebenes Flüstern. Lauf beim Spaziergang entschlossen vorwärts und schau nicht immer zu ihm hin. Damit gibst du deinem Neuling schon ganz viel Sicherheit.

**Gib dem Hund Zeit, von selbst den Kontakt zu dir zu suchen.** Bedränge ihn nicht mit Streicheln und anderen Liebesbekundungen.

*Auch wenn ein Straßenhund die Hand eines Menschen beschnuppert, heißt das noch lange nicht, dass er gestreichelt werden will.*

Bedenke aber bitte: Selbst wenn der Hund zu dir kommt, um dich zu beschnuppern, heißt das noch lange nicht, dass du ihn anfassen darfst!

Erst wenn er regelmäßig deinen Körperkontakt sucht, kannst du ihn allmählich berühren. Aber beginne immer am Hals, unter dem Kinn. Dabei muss dein Hund den Kopf anheben. Das signalisiert seinem Nervensystem – alles in Ordnung, keine Gefahr. Er kann sich dann emotional leichter öffnen. Vermeide bitte, dass er sich bei deinen Berührungen zusammenkauert oder sich kleiner macht.

Im schlimmsten Fall musst du dich selber sehr klein machen oder oft auf den Boden legen. Du kannst dich auch zwischen zwei Zimmern vor die Tür legen. Dann wirf Leckerlis so, dass er über dich drübersteigen muss, um sie zu bekommen. Oder du sitzt auf dem Sofa und legst dir Futter auf den Bauch. Dein Hund muss dann an dir hochsteigen, um sich das Futter zu holen. Improvisiere selber. Finde über indirekten Körperkontakt Wege, dass dein Hund die Scheu vor dir verliert. Du könntest ihn auch mit einem längeren Gegenstand berühren, den du aber gut polsterst. Der Hund darf sich nicht verletzen, falls er danach schnappt.

**Lass ihm Zeit zur Eingewöhnung.** Bedenke immer, dass das Nervensystem deines Hundes mehrere Monate braucht, um sich sicher zu fühlen. Bei meinen eigenen Hunden hat es nach unserer Ankunft in Deutschland zehn Monate gedauert. Erst dann hatte ich das Gefühl, sie sind nervlich wieder ganz stabil. Und bei uns war es nur ein Flug und ein neuer Wohnort. Unser gesamtes Leben blieb gleich. Wir waren alle zusammen, gingen spazieren, fuhren Auto. Nur die Umgebung war eine andere. Meine Hunde hatten vorher ein entspanntes Leben und danach auch wieder. Trotzdem hat sie der Umzug total aus der Bahn geworfen.

Jetzt stell dir vor, wie es ist bei einem Hund, der alles verliert, der nichts mehr kennt und nichts Vertrautes mehr um sich hat. Äußerlich wirken die Auslandshunde normal und zufrieden auf uns. Aber innerlich vibrieren sie oft vor Nervosität und Unsicherheit.

**Beuge allen Missverständnissen vor.** Mach dir für alle eventuellen Problemsituationen einen Plan B. Vermeide es, deinen neuen Auslandshund zu ermahnen oder zu disziplinieren. Vermeide es zu schimpfen oder dass dein Hund negative Erfahrungen mit dir machen muss. Denn erstens versteht er es nicht und zweitens würde er auf noch mehr Abstand gehen. Alles, was er mit dir erlebt, sollte in den ersten Monaten durchweg positiv sein. Tue alles, um sein Vertrauen zu gewinnen.

Lass also nichts Wertvolles rumliegen, stell auch den Mülleimer hoch und entferne Kissen, Vasen und andere Dekoobjekte aus seinem Bereich. Gehe mit ihm erst einmal kurze Wege oder etwas abgelegene Gassistrecken. Beobachte, was deinen Hund irritiert, und finde dann Lösungen dafür, ihm zu helfen.

**Führe deinen neuen Auslandshund langsam in sein neues Leben ein.** Sozialisiere ihn mit verschiedenen Situationen, als wäre er ein Welpe. Dazu gehört, Krallen zu schneiden, ihn zu kämmen, Zecken zu entfernen (oder wenigstens so zu tun), über einen Supermarkt-Parkplatz zu laufen, Auto zu fahren, Kinder am Spielplatz zu beobachten, Fahrstuhl zu fahren, Bus zu fahren, über und unter Gegenstände zu krabbeln und so weiter. Führe ihn alle paar Tage in eine neue Situation. Alles, was ihn irritiert, sollte er in den nächsten Wochen schrittweise als harmlos erfahren dürfen.

**Vermeide viele Besucher, große Menschenansammlungen und hektisches Treiben jeder Art.** Dazu gehören auch laute Fernseher und anderer Lärm. Fahre oft mit deinem Hund ins Grüne, setzt euch auf eine Bank und kommt beide zur Ruhe. Das verbindet.

**Erspare ihm Disziplin und Hundeschule.** Ein Hund aus dem Ausland hat ganz andere Fragen an dich. Sollte er innerlich gestresst sein, kann er sich sowieso nicht auf die Übungen konzentrieren. Er braucht auch nicht unbedingt Kontakt zu Artgenossen. Lass es langsam angehen. Führe ihn auf deinen täglichen Spaziergängen behutsam und gezielt an ganz bestimmte, entspannte Artgenossen heran. Das ist viel realistischer.

**Mach keine Wissenschaft aus der ganzen Angelegenheit.** Gewinne sein Vertrauen und sei einfach so, wie du bist. Stell dir vor, dein neuer Auslandshund ist ein neuer Kollege, den du einarbeiten musst. Mehr ist es nicht. Sei selber immer entspannt, lebe ihm alles vor und habe Geduld. Gib ihm Gelegenheit, dich zu studieren und dein Verhalten zu kopieren. Dann ist alles ganz einfach und du kannst in wenigen Monaten das Idol deines neuen Hundes werden.

## Hat dein Hund Stress?

Wie du gesehen hast, können wir Hunde in verschiedene Kategorien einordnen. Aber die wenigsten passen in die Rubrik »entspannt«. Ganz viele Hunde empfinden das Leben mit uns Menschen als mehr oder weniger stressig. Es reibt sie auf. Es verunsichert sie. Was ja auch verständlich ist. Hunde können bei uns nicht wie Hunde leben. Sie können weder ihre natürlichen Triebe noch ihre tierischen Bedürfnisse ausleben. Unsere Hunde dürfen nicht jagen, nicht bellen, kaum noch eigene Lebenserfahrungen machen. Das irritiert ihr Nervensystem und den gesamten Stoffwechsel. Hunde geraten in Stress, wenn ein Trigger oder eine Situation für sie keine positive Auflösung findet. Und das passiert bei unseren zivilisierten Hunden täglich.

»Sobald du selber bei Hundestress richtig reagierst, wird sich das Verhalten deines Hundes sofort verbessern.«

Weil das Thema Stress ausreicht, um ein ganzes Buch zu füllen, möchte ich hier nur kurz die wichtigsten Fakten aufzeigen. Mir ist wichtig, dass Menschen verstehen, was wirklich zu den Aussetzern oder vermeintlich ag-

gressiven Reaktionen ihres Hundes führt. Es ist weder Dominanz noch Bosheit oder Rache. Sondern immer Stress. Davon gibt es zwei Formen: Eustress und Disstress. Wenn der Hund extrem motiviert ist oder vor Freude überschießt, rutscht er in den Eustress.
Das einfachste Beispiel dafür wäre: Der Hund hört das Auto seiner Besitzer. Er kommt in eine positive Erregung und freut sich wie Bolle, sobald sein Mensch das Haus betritt.
Die andere Form, Disstress, kann entstehen, sobald wir weggehen und den Hund alleine zurücklassen. Oder wenn er eine Katze sieht und ihr nicht hinterherjagen kann, weil sie auf ein Dach flüchtet.
Stress entsteht meistens aus Unsicherheit, Schreck, Angst oder Schmerz. Aber auch extreme Geräusche, fehlender Schlaf, Hunger und Durst verursachen Stress bei unseren Hunden. Nicht zu vergessen der Stress aufgrund nicht befriedigter Grundbedürfnisse. Wenn der Hund mal muss, aber nicht aus der Wohnung kann, um Kot abzusetzen. Oder noch schlimmer: Der intakte Rüde wittert eine Hündin in Hitze. Er kann aber nicht zu ihr, weil ein Zaun sie trennt. Der Stress für beide Hunde ist in diesen Momenten so extrem, dass sie sich die Pfoten blutig kratzen, Hunger und Verletzungen in Kauf nehmen, um sich paaren zu können.
In all diesen Momenten entsteht im Hund der negativ behaftete Disstress. Der Körper produziert jetzt Adrenalin, Noradrenalin und andere Stresshormone. Es kann zwischen wenigen Minuten und sogar Tagen dauern, bis sich der Hormonspiegel wieder normalisiert hat. Während dieser Zeiten des Hormonabbaus kann der Hund völlig unkontrolliert reagieren, auch wenn der Stressfaktor längst nicht mehr da ist.
Viele Hunde beißen dann in die Leine, springen vermehrt an uns hoch oder bellen ständig ohne ersichtlichen Grund. Das passiert, weil Stress am besten durch Bewegung und körperliche Aktivität abgebaut werden kann. Uns selber geht es so. Wir laufen beim Telefonieren umher, spielen mit unseren Haaren oder wippen nervös mit den Beinen.

*In stressigen Situationen produziert der Hund Stresshormone, die ihn völlig ausrasten lassen können. Der Abbau dieser Hormone kann Tage dauern.*

Du siehst an diesen Beispielen, dass das Verhalten deines Hundes niemals zufällig passiert. Es ist immer begründet und hat nichts mit Aggression zu tun. Intensives Verhalten eines Hundes ist immer ein Zeichen von Unsicherheit, Verwirrung oder Überforderung.
Deswegen muss der Hund lernen, sich im Stress ganz alleine wieder zu beruhigen. Wir sind dabei nur seine Sparringspartner.

# DU SCHAFFST DAS

*In unserem letzten Kapitel möchte ich dich an die Hand nehmen. Ich möchte dir gerne ein paar Ideen und Basisübungen mitgeben, die dir und deinem Hund helfen können, enger zusammenzufinden. Damit du ihn in seine natürliche Entspannung zurückführen kannst.*

Dann kann eure Kommunikation ein Dialog werden. Weg vom jetzigen Kommandosgeben. Weg von Unsicherheit und Zweifeln. Hin zum gemeinsamen Fühlen und Erleben. Beim Spaziergang, beim Spielen oder beim Kuscheln auf dem Sofa.

Es sind ungewöhnliche Übungen. Weit weg von dem, was du bisher mit deinem Hund gemacht hast. Denn es sind Übungen nur für dich. Diese Übungen helfen dir, das Verhalten deines Hundes mit anderen Augen

zu betrachten. Sie helfen dir, ruhiger zu werden und die Stressmomente deines Hundes besser zu meistern.
Dann kannst auch du deinen Hund in einen natürlichen Prozess der Stressbewältigung hineinführen. Damit er selber in der Lage ist, zu seiner ursprünglichen Gelassenheit zurückzufinden. So wie es alle Tiere in der Natur können. Eine Verhaltensänderung in deinem Hund erreichst du nur, wenn er selber lernt, Stress zu bewältigen, um seine mentale Balance wiederaufzubauen. Wir erreichen diese innere Ruhe im Hund weder mit Kommandos noch mit Lob oder Disziplin.

## Wenn Liebe zu viel wird

Im Rahmen meiner Ausbildung kam ich auch mit Bioenergetik in Berührung. Das ist eine Form der Körperpsychotherapie bei Menschen.
Bei diesen Praxisseminaren war auffallend, dass sich ALLE Teilnehmer endlich vom Zugriff ihrer Mütter befreien wollten. Die Mütter schienen wie Leim an ihnen zu kleben. Es waren sehr heftige Szenen, die sich da abspielten. Jeder einzelne Beteiligte wollte endlich alleine entscheiden, selber Erfahrungen machen und sein dürfen, wie er wirklich ist. Ohne sich anpassen oder lieb sein zu müssen. Alle Teilnehmer wollten die unsichtbare Nabelschnur zu ihren Müttern endlich durchtrennen, um selber erwachsen werden zu können.
Wie alle Teilnehmer an diesem Seminar hatte auch ich diesen Wunsch. Die Helikopterliebe meiner Mutter und ihre ständigen Sorgen um mich haben mir die Luft zum Atmen genommen. Ich fühlte mich eingeengt, wie eine Gefangene. Ich weiß, meine Mutter meinte es nur gut. Ich denke, alle Mütter wollen nur das Beste für ihre Kinder. Aber sie haben wohl Probleme damit, uns loszulassen und ins Leben zu schicken. Das scheint allen Müttern sehr schwerzufallen.
Irgendwann bin ich schicksalsbedingt ans Ende der Welt gegangen. Dieser Schritt hatte nichts mit meiner Mutter zu tun. Für diese Übersiedlung hatte ich andere Gründe.
Aber dort in Bali war ich frei. Ich merkte, ich musste kein schlechtes Gewissen mehr haben, weil ich Sonntagmittag lieber frühstücken wollte, statt Rouladen und Klöße zu essen. Ich brauchte nicht mehr zu erklären, warum ich welche Weiterbildung belegte. Es gab keinen Grund mehr, mich für meine Entscheidungen rechtfertigen zu müssen. Es war herrlich. Ich brannte darauf, Fehler zu machen und meine eigenen Abenteuer zu bestehen. Ich wollte selber entdecken, was gut und richtig für mich war. Ohne die gut gemeinten Warnungen meiner besorgten Mutter.
Ich liebe meine Mutter und bin froh, dass ich sie habe. Aber es gibt Dinge im Leben, die wollen Kinder für sich allein erkunden und meistern.
Ich war erstaunt, dass alle anderen Teilnehmer des Kurses das Gleiche fühlten. Da war Theo, dessen Mutter nie mit der Wahl seiner Freundinnen einverstanden war. Keine Frau war gut genug für ihren geliebten Sohn. Das nahm Theo all seine Lebensfreude.
Bei Conny achtete die Mutter peinlich darauf, dass ihre Wohnung blitzsauber war. Die Mutter kam sogar und putzte Connys Fenster – damit die Leute nicht reden. Das machte Conny ein dauerhaft schlechtes Gewissen.
Dann gab es noch Albert. Seine Mutter litt seit ihrer Scheidung an Depressionen und trank regelmäßig Alkohol. Er fühlte sich verpflichtet, ihr zu helfen. Albert verzichtete selber auf Urlaub und auf seine Hobbys – aus Angst um seine Mutter. Er wollte im Seminar

endlich seinen verlorenen Frohsinn wiederfinden und lernen, seine eigenen Bedürfnisse zu erfüllen.

## Sei du selbst

Wir alle verlernen irgendwann, wir selber zu sein. Es beginnt ungefähr im Alter von drei Jahren. Sobald wir die menschliche Sprache recht gut verstehen und selber nutzen.
Da beginnen die Erwachsenen, uns zu verbiegen, uns zurechtzustutzen und uns unsere Individualität zu nehmen.
Ich selber wurde in ein Korsett gepresst, das Anstand und Höflichkeit genannt wurde. Und damit begann mein inneres Absterben. Ich wusste bald nicht mehr, wie ich mich benehmen sollte, wie ich es anderen recht machen konnte, wie ich sein musste, um anerkannt und wahrgenommen zu werden. Was ich tun musste, um geliebt zu werden, auch wenn ich einmal Fehler machte. Diese innere Unsicherheit zog sich bis in mein Erwachsenenleben hinein.
Ich habe meinem Ex-Mann gegenüber ganz zielgerichtet die verschiedenen Facetten einer Frau durchgespielt. Eine Zeit lang war ich die sanfte, liebevolle. Die Frau mit ganz viel Verständnis. Als das nicht die gewünschte Wirkung bei ihm zeigte, spielte ich die schmollende, zickige Frau. Das beeindruckte ihn noch weniger. Als Nächstes versuchte ich die dominante, arrogante Rolle und noch viele andere Psychospiele. Alles drehte sich bei mir nur um die Frage: Wie muss ich sein, damit er mich liebt? Dabei wäre die Antwort so einfach gewesen: Ich hätte nur ich selbst sein müssen.
Heute bin ich das. Als ich jung war, hatte ich mich total verloren. Ich versuchte nur, es allen Menschen recht zu machen.

*Hunde buddeln leidenschaftlich gern. Es tut ihnen gut, wenn sie dieses Verhalten immer mal ausleben dürfen.*

Uns allen geht es so. Ich glaube, jedem von uns wird die individuelle Besonderheit aberzogen. Wir werden passend gemacht, damit die Gesellschaft uns besser durchschauen und manipulieren kann. Wir alle leben fremdbestimmt. Wir halten unsere Gefühle zurück und lassen unsere Freude, unsere Trauer, aber auch unsere Wut einfach nicht mehr heraus.
Und weißt du, was total paradox ist? Obwohl uns selber die Ermahnungen der Eltern oder Lehrer so bedrücken, tun wir das Gleiche mit unseren Hunden. Und genauso hilflos und verwirrt wie wir reagieren unsere Hunde.

»Hunde sind auch nur Menschen.«

Sie leiden, wenn sie ihre wahre Natur nicht ausleben dürfen. Sie tun alles, um es uns recht zu machen, und werden selber krank dabei. Sie verstehen sich selbst nicht mehr.

Das Ergebnis sind verunsicherte Hunde. Weil sie sich automatisch immer mehr benehmen wie Menschen. Sie passen sich unseren Forderungen an. Sie bellen nicht mehr, buddeln nicht mehr, toben nicht mehr. Unsere Hunde tun alles, um uns zu gefallen. Können wir nicht unsere Forderungen an sie ein Stück weit herunterschrauben?

## DER DUFT DER FREIHEIT

Ich hatte dieses Gefühl von Freiheit und Leben, nachdem ich ca. zwei Jahre in Bali war. Es war ein wundersames Gefühl, zu begreifen, dass mich niemand mehr angreift, mich beschimpft oder an mir rumnörgelt. Ich begriff, dass ich in Bali lebte, wie ich es selber wollte. Dass ich handelte und Entscheidungen fällte, die nur ich wollte. Entscheidungen, die mir rundum guttaten, ohne ein schlechtes Gewissen zu haben. Es hieß aber auch, dass ich ganz alleine für mein Glück und mein Überleben verantwortlich war. Denn die Balinesen scherten sich nicht um uns Weiße. Sie hielten uns einfach für verrückt und akzeptierten unsere Anwesenheit.

Als mir klar wurde, dass ich nichts mehr zu befürchten hatte, dass ich mich nicht mehr verbiegen und anpassen muss, habe ich einen ganzen Tag geheult.

Die Tränen flossen und ich konnte sie einfach nicht stoppen. Mein Verstand sagte mir: »Was machst du da, hör auf zu weinen«, aber ich konnte es einfach nicht. Ich hatte keinen Einfluss darauf, ich konnte nichts dagegen tun. Es war wohl eine Reaktion des Herzens, das alle Traurigkeit und Enttäuschung endlich herauslassen durfte.

Ab diesem Tag war ich frei. Ab diesem Tag habe ich mich getraut, meine Gefühle zu leben. Das war der Tag, an dem ich mich traute, den Hunden ins Herz zu schauen und ihnen mein Herz zu öffnen, um ihre wahren Be-

*Sich im ausgelassenen Spiel mit seinem Menschen austoben zu können, macht Hunde glücklich und entspannt sie.*

dürfnisse zu verstehen. Dieser Tag hat meine Arbeit mit Hunden total verändert.
Von da an war mir auf einmal alles klar. Sobald wir aufhören, unsere Hunde zu erziehen, werden wir den wahren Schatz in ihnen finden und sie können uns endlich ihre beste Seite zeigen. Weil sie sich nicht mehr anpassen müssen, sondern sie selbst sein dürfen.

*Starke Erregung zeigen Hunde in vielerlei Verhaltensweisen. Seinen Menschen anzuspringen gehört dazu und ist nicht böse gemeint.*

# Die Macht deiner Gedanken

Wenn du das Verhalten deines Hundes ändern willst, musst du bei dir selbst beginnen. Nicht dein Hund reagiert falsch, sondern deine Gedanken behindern euer sorgloses Zusammenleben. Die erhoffte Harmonie wird zusätzlich erschwert durch die Belastung deiner Erwartungen. Negative Gedanken, zu hohe Ziele und die Rücksicht auf die Meinung anderer Menschen sind eure wirklichen Kontrahenten.
Jede Veränderung im Leben beginnt in unserem eigenen Kopf. Deswegen bitte ich dich, ändere deine Gedanken zum Verhalten deines Hundes. Denn deine Gedanken bewirken deine Emotionen. Deine Emotionen bestimmen deine Reaktionen und dein eigenes Verhalten. Beginne, deine Gedanken umzuprogrammieren. Gleich geht es los ...

## ÜBUNGEN, SOBALD DER HUND HOCHDREHT

Doch bevor wir dazu kommen, findest du hier noch ein paar aktive Übungen für dich selber. Die kannst du anwenden, sobald dein Hund völlig unbegründet hochdreht oder sich nur in Szene setzen will. Das sind all diese Momente, wo er zwar motzt, sich aber sofort wieder beruhigt. In solchen Fällen solltest du dich nicht von deinem Hund aus der Ruhe bringen lassen. Je kürzer seine Erregungsspanne anhält, desto weniger Stress hat dein Hund. Sein Motzen ist dann oft nur Gewohnheit, Energieüberschuss oder Langeweile. Dann ist es wichtig, dass du selber sehr ruhig und gelassen reagierst.
Nur wenn dein Hund im Stressmodus bleibt, obwohl der Auslöser längst nicht mehr da ist, hat er ein wirkliches Problem. Scheue dich in diesem Fall nicht, dir professionelle Hilfe zu holen.
Folgendes kannst du probieren, wenn dein Hund immer wieder für kurze Momente laut, übermütig oder ungeduldig reagiert:

### Verwirre deinen Hund

Wenn dein Hund wieder mal vorprescht und sogar laut wird, lache ihn einfach aus. Lache nach Herzenslust über sein Verhalten. Diese Übung hat einen dreifachen Nutzen.
1. Diese Reaktion wird deinen Hund verwirren und eventuell direkt beschwichtigen.
2. Sie ist förderlich für eure Bindung. Denn dein Hund spürt damit deine Verbundenheit

zu ihm. Ich weiß, es klingt verrückt. Aber dein Hund empfindet es nun mal so. Wenn du schimpfst oder ihn zurückhältst, arbeitest du gegen ihn. Er wird sich gegen dich wehren und noch mehr hochdrehen. Wenn du »mit ihm« fühlst, spürt er viel mehr Zugehörigkeit und Gruppendynamik. Damit bekommst du langfristig eine bessere Kontrolle über sein Verhalten.

3. Lachen, auch wenn es aufgesetzt ist, hat immer einen positiven Effekt auf unsere Stimmung. Der Körper schüttet dabei Wohlfühlhormone aus. Auch das nimmt dein Hund sofort wahr und kann dadurch selber schneller wieder abkühlen.

### Gähne herzhaft

Gähnen ist auch unter Hunden ein Beschwichtigungszeichen. Wenn wir gähnen, senden wir dem Hund gelangweilte Signale. Er merkt, dass wir von seiner Aktion nicht beeindruckt sind und uns auch nicht auf seine Zickereien einlassen werden. Er bekommt von uns kein nützliches Feedback. Oft geht den Hunden dann sehr schnell die Luft aus. Alleine macht ihnen das Toben einfach keinen Spaß.

### Bleibe locker

Aber du musst nicht warten, bis dein Hund wieder laut wird. Bereite dich auf jeden Spaziergang gut vor und überliste deine negativen Gedanken. Tanze vor jedem Hundespaziergang wenigstens einen Hit lang. Höre deinen Lieblingssong und lass dich von der Musik mitreißen. Es sieht dich doch keiner, also trau dich. Du kannst natürlich auch beim Spaziergang tanzen. Dein Handy hast du dabei. Für Musik ist gesorgt. Also leg einfach los.

Bewege vor allem deine Arme oft nach oben und singe auch gerne laut mit. Das hebt deine Stimmung garantiert. Du fühlst dich sofort besser und für negative Gedanken ist kein Platz in deinem Kopf. Auch beim Tanzen schüttet dein Körper Glückshormone aus. Tanzen lindert nachweislich die Symptome von Angst und Depressionen. Tanzen ist also der perfekte erste Schritt zu entspannten Gassirunden.

### Entspannung einatmen

Wenn dein Hund durchknallt, ist es wichtig, dass du selber ruhig bleibst. Lass dich nicht von Schreck oder Angst anstecken, sondern beginne, die Situation ganz realistisch zu analysieren.

Dazu ist es hilfreich, dass du deine eigenen körperlichen Symptome beobachtest. Atmest du flach? Schlägt dein Herz bis zum Hals? Bekommst du Bauchschmerzen? Beobachte dich selber, achte NICHT auf deinen Hund, egal, was er macht.

Damit dir das gelingt, bekommst du jetzt noch ein paar einfache Entspannungs- und Atemübungen. Übe dieses konzentrierte Atmen vorerst in entspannten Situationen. Vielleicht im Bus oder beim Fernsehen. Es ist wichtig, dass dir diese Übungen vertraut sind, bevor du sie im Hundestress anwenden kannst.

#### *Zähle deine Atemzüge*

Zähle beim Atmen in Gedanken 1-2, 1-2 usw. Einatmen 1, Ausatmen 2, Einatmen 1, Ausatmen 2, Einatmen 1, Ausatmen 2 ...

#### *In den Bauch atmen*

Halte eine Hand auf deinen Unterbauch und atme dabei so tief ein und aus, dass dein Bauch jedes Mal weit rauskommt und wieder zurückgeht. Atme langsam und beobachte, wie deine Hand vom Bauch hin- und herbewegt wird.

*Wenn sich der Mensch positiv auf jeden Spaziergang vorbereitet, bleibt er entspannter und kann Stress besser vermeiden.*

### Bewerte die Situation

Beobachte dein Umfeld und bewerte es von 1 bis 10. Auf welchem Level ist dein Hund? Sagen wir 4, also nicht in Hochform. Wo steht der Spaziergänger, der Jogger, der Radfahrer? Wahrscheinlich auf 1, sie sind bei Hunden vorsichtig, aber nicht panisch. Wo steht der Artgenosse? Ich denke mal, auf 5, wenn die beiden sich ähneln. Wo stehst du selber? Wenn du jetzt mehr als 5 hast, wird dir schnell klar, wer hier wirklich Stress hat. Alleine diese Erkenntnis hilft dir, immer öfter immer gelassener zu bleiben.

### Bewusstes Gehen

Gehe auf unterschiedliche Art und Weise und beobachte, wie es sich anfühlt, wie du dich dabei fühlst. Normal gehen, rennen, schleichen, trampeln. Wie fühlt es sich an? Wie reagiert dein Hund darauf? Macht er mit oder bleibt er verwundert stehen?

### Von 10 bis 1 runterzählen

Zähle langsam von 10 herunter bis 1. Bei 1 solltest du einmal ganz tief atmen. Dabei hältst du jeweils Daumen, Zeigefinger und Mittelfinger jeder Hand zusammen und sagst: »Mein Hund braucht mich und ich werde ihn führen. Ich freue mich, wenn wir beide bald ganz entspannt sind.«

### Aktiviere deine Thymusdrüse

Sie liegt ca. sechs Zentimeter unterhalb des Schlüsselbeines. Klopfe die Drüse sanft, um sie zu aktivieren. Halte dabei deine Zunge am hinteren Gaumen, kurz nach der Gaumenwölbung. Atme ganz bewusst tief ein und aus. Beobachte deinen Atem, während du die Thymusdrüse klopfst. Damit stärkst du dein physisches und dein emotionales Immunsystem. Extrem gestresste Menschen tun das automatisch. Du hast das sicher auch schon beobachtet, wenn nervöse Menschen reflexartig ihren oberen Brustbereich klopfen, als ob sie keine Luft bekämen.

### Erziehe dein Unterbewusstsein

An uns selber zu arbeiten, ist ganz schön schwer. Es geht einfacher, wenn wir dabei in zwei Schritten vorgehen.

#### *Schritt eins*

Lass bitte alle Schuldzuweisungen weg. Betrachte ab heute alles aus deiner Perspektive. Beurteile in Stressmomenten nicht deinen Hund, sondern dich selber. Das holt dich sofort in die Realität und bringt dich ins aktive Handeln. Denn dein Hund drückt mit seinem Verhalten immer nur aus, was er von dir gesendet bekommt. Sei fair und habe den Mut, die Realität anzunehmen.

**Ein Beispiel:**
»Ich übe schon eine Woche, aber mein Hund zieht immer noch an der Leine.«
In der geänderten Ich-Form hieße das:
»Ich übe schon eine Woche, aber ich kann meinen Hund immer noch nicht führen.«
**Oder:**
»In der Innenstadt pöbelt mein Hund immer alle Artgenossen an. Damit muss er endlich aufhören.«
In der ehrlicheren Ich-Form:
»Die vielen Menschen in der Innenstadt machen mich nervös. Ich weiß dann einfach nicht, wie ich meinen Hund von den anderen Artgenossen ablenken kann.«

**Spürst du den Unterschied?** Dein Hund macht nichts falsch. Er ist ein Tier und reagiert entsprechend. Wenn er in dir Unsicherheit spürt, weil dich die Nähe oder die erhöhte Anzahl der anderen Hunde in der Innenstadt nervös machen, wird er auch nervös reagieren. Eine Veränderung im Hund muss immer zuerst in uns Menschen stattfinden. Sobald du deine Ich-Form gefunden hast, kannst du noch einen Schritt weiter gehen. Gib der Situation eine positive Zukunft mit dem nächsten Schritt.

#### *Schritt zwei*

Jetzt hören wir auf zu klagen und kommen ins Tun.

**Statt:**
»Mein Hund muss aufhören, in der Innenstadt alle Artgenossen anzugehen.«
**Sage lieber:**
»Ich freue mich, wenn mein Hund künftig entspannt auf Artgenossen reagiert.«

Damit motivierst du dich selber und siehst sein Verhalten neutral, statt es zu bedauern. Negative Gedanken ziehen dich in ein Loch und rauben dir deine Energie. Positive Gedanken geben dir Kraft, alles sachlich zu betrachten. Damit kommst du leichter ins Handeln und hast bessere Chancen auf erfolgreiche Ergebnisse.

## Fang an, komme ins TUN

Schauen wir mal, wie du deine Gedanken umprogrammieren kannst.
Mach dir bitte heute noch eine Liste mit all deinen Zweifeln und hinderlichen Gedanken! Normalerweise enthalten negative Überzeugungen ein »aber« oder ein »weil«. Und genau diese Worte erzeugen eine negative Stimmung in dir. Sie begründen Ausreden und vermeiden, dass du ins Handeln kommst. Du findest hier ein paar passende Beispiele.

»Ich möchte entspannte Spaziergänge. Aber es geht nicht, weil wir mitten in der Stadt wohnen.«
»Ich möchte Ruhe, wenn es klingelt. Aber es geht nicht, weil mein Hund sich so sehr über Besucher freut.«
»Ich möchte freundliche Begegnungen mit Artgenossen. Aber es geht nicht, weil mein großer Hund mich einfach mitzerrt.« Oder: »... weil ich in diesen Momenten selber wie gelähmt bin.« Oder: »... weil ich nicht weiß, was ich tun soll.«

## MOTIVIERE DICH SELBST

Damit deine Vorhaben wahr werden, solltest du deine Zweifel in Bestätigungen verwandeln. Das könntest du folgendermaßen machen: Frage dich, ob es jemanden gibt, der das bereits tut oder erreicht hat, was du willst.
Bleiben wir beim obigen Beispiel:
»Ich möchte entspannte Begegnungen mit Artgenossen. Aber es geht nicht, weil mein großer Hund mich einfach mitzerrt.«
**Frage:** Gibt es schon Menschen auf dieser Welt, deren großer Hund entspannt auf Artgenossen reagiert?
**Antwort:** Ja.
**Frage:** Was schätzt du, wie viele Hunde es sind?
**Antwort:** Wahrscheinlich Tausende.

## SAG ES POSITIV

Gib deiner Aussage jetzt eine positive Begründung, bleibe aber realistisch. Verfalle bitte nicht in unglaubwürdige Utopien. Sage:
»Ich möchte entspannte Begegnungen mit Artgenossen. Denn es gibt schon Tausende Menschen, deren großer Hund entspannt auf Artgenossen reagiert.«
Fantasiere gerne weiter mit vielen anderen Situationen. Denke dabei immer in der dritten Person:

* In meiner Stadt gibt es schon unzählige Hunde großer Rassen, die ganz entspannt sind.
* Tausende Menschen haben große Hunde, die beim Spaziergang ruhig mitlaufen.
* Millionen von Menschen haben große Hunde, die sich mit Artgenossen gut verstehen.

Füttere dein Gehirn mit positiven Meldungen statt mit Selbstmitleid und Jammern. Aussagen in der dritten Person wird dein Unterbewusstsein nicht anzweifeln. Es sind Tatsachen. Stell dir diese Situationen bildlich vor und erfreue dich daran. Sieh viele Menschen mit entspannten großen Hunden vor dir und fühle die positive Stimmung, die dieses Bild in dir auslöst. Je mehr du es fühlst, desto glaubhafter ist es für dein Gehirn. Viel-

*Ein perfektes Mensch-Hund-Team: Der Hund geht entspannt im Freilauf und orientiert sich an seinem Menschen.*

leicht kannst du sogar lächeln, wenn du nun die Schmetterlinge in deinem Bauch fühlst.

## NOTIERE JEDES POSITIVE VERHALTEN

Konzentriere dich nicht mehr auf die Schwächen und Fehler deines Hundes, sondern auf seine guten Seiten. Sobald du alle positiven Momente dankbar festhältst, wirst du feststellen, dass sich die Veränderung deiner eigenen Einstellung positiv auf deinen Hund auswirkt.

**Beispiel**
14. Juni: Ich freue mich, dass Flocki heute 30 Meter brav an lockerer Leine lief.
15. Juni: Ich bin stolz, dass Flocki zum ersten Mal ruhig an einem Artgenossen vorbeiging.
16. Juni: Ich bin dankbar, dass Flocki heute bei Oma nur einmal gebellt hat statt wie sonst zehn Minuten lang.
Achte ab jetzt auf alles Positive bei deinem Hund und schreibe es auf. Klebe alles gerne auch mit Sternchen an deinen Kühlschrank. Aber mache es sichtbar und auch in fünf Jahren noch nachvollziehbar. Negative Gedanken verbannst du komplett aus deinem Kopf. Sie sind da, aber du schenkst ihnen keine Aufmerksamkeit mehr.
Lies dir die positiven Momente mit deinem Hund immer wieder durch und erfreue dich daran. Spüre, wie dein Herz dabei aufgeht. Bleibe in dieser positiven Energie. So braucht dich dein Hund – motiviert, zuversichtlich und entspannt. So wirst du sein Idol.

## HÖRE AUF ZU KONTROLLIEREN

Dein Hund verändert sich nicht durch äußere Einflüsse, durch Übungen oder Begrenzung. Er benötigt vor allem deine innere Bereitschaft, aus vollem Herzen mit ihm zu kommunizieren, seine Seele zu spüren und deine eigene Seele zu öffnen. Er braucht dich, deine Erfahrung und deinen Schutz.
Energie folgt der Aufmerksamkeit. Wenn du denkst, dein Hund ist schwierig, dann wird er schwierig sein. Nicht weil er sich negativ verändert. Sondern weil dein Unterbewusstsein dann ständig nach Bestätigungen deiner Aussage sucht. Es lenkt deine Aufmerksamkeit auf die Situationen, die deine Meinung bestätigen. Du nimmst dann vorwiegend die Unarten und negativen Aktionen deines Hundes wahr, während du seinem positiven Verhalten keine besondere Beachtung mehr schenkst.
Es wäre gut, wenn du dir eine bestimmte Ausstrahlung antrainieren und diese auf deinen Hund übertragen könntest. Horche noch einmal ganz in dich hinein:

- Welche Fähigkeit gibt dir Selbstbewusstsein, erlaubt dir, ruhig zu sein oder klar zu handeln, weil sie dich fesselt? Kannst du gut Tennis spielen, Backen, Gedichte schreiben?
- Was begeistert dich oder macht dich glücklich?
- Oder was sind deine absoluten Stärken? Jeder Mensch hat besondere Fähigkeiten. Bist du innovativ, entspannt, zielstrebig, teamfähig, elegant, geduldig, fokussiert, optimistisch, zuverlässig, beharrlich, strukturiert, ausdauernd …?

Finde diese Stärken in dir. Denke darüber nach, was dich stark macht, was dich aufblühen lässt.
Schreibe auf einzelne Sticker, die du überall verteilst: Ich bin entspannt, zielstrebig, fantastisch, elegant … Klebe die Sticker an den Kühlschrank, an den Spiegel, an dein Handy oder wo du sie jederzeit sehen kannst.

*Um sich umzuprogrammieren und die eigene Einstellung zum Hund zu verbessern, hilft es, alle positiven Momente festzuhalten.*

- ★ Was kannst du gut? Geschichten erzählen.
- ★ Was begeistert dich? Strandurlaub.

Nutze all das in den gestressten Momenten mit deinem Hund. Statt »Was wird mein Hund jetzt tun?« denkst du begeistert: »Ich kann fantastische Gutenachtgeschichten erfinden, bin zielstrebig, elegant und ausdauernd. Ich freu mich auf meinen nächsten Strandurlaub ...«

Das Wichtigste in Stressmomenten ist, nicht in Panik zu verfallen. Bleibe also ganz bei dir, wenn euch beim Hundespaziergang ein Artgenosse, Fahrradfahrer oder Jogger entgegenkommt. Sollte dir diese Methode am Anfang zu viel sein, dann bilde dir wenigstens einen einzigen neuen Glaubenssatz, den du dir immer wieder selber laut aufsagst. Bilde ihn aus deinen positiven Eigenschaften. Der Satz könnte so lauten: »Wenn uns der Nachbarhund morgen wieder begegnet, werde ich meinen Hund ... optimistisch, entspannt und zielstrebig daran vorbeiführen.«

Aber nutze diesen Satz nicht erst, wenn du gestresst bist. Sage ihn dir immer wieder laut vor. Dein Gehirn muss die neuen Gedanken hören. Dann glaubt es irgendwann daran.

## TRAINIERE DEIN POSITIVES DENKEN

Glaube an dich selbst. Denn unser Glaube kann Berge versetzen.

Deine Realität wird so, wie du sie mit deinen Gedanken erschaffst. Änderst du deine Gedanken, ändert sich deine Realität, denn dein eigenes Verhalten ändert sich. Mit veränderten Gedanken ändern sich dein Fokus und die feinstofflichen Vorgänge in deinem Körper. Du wirst entspannter und produzierst mehr Glückshormone. Probiere es aus, es funktioniert tatsächlich.

### Erstelle Bilder von deinem Hund

Sieh deinen Hund in Gedanken so, wie du ihn dir wünschst. So, wie er sein soll, wenn er seine Ausraster, Ängste oder Nervosität überwunden hat. Stell dir vor, wie er freudig mit Artgenossen spielt, wie er entspannt neben dir läuft oder artig Besucher begrüßt.

Dann mache Fotos oder Videos von dieser Situation. Bitte keine Einwände jetzt. Es wird diese Situation geben, suche bewusst danach. Irgendeinen Artgenossen wird dein Hund ganz sicher mögen. Das ist doch super. Halte diese Momente bildlich fest. Einen ganz bestimmten Besucher wird dein Hund freudig oder ruhig begrüßen und es gibt sicher auch Momente, wo er jetzt schon entspannt neben dir läuft.

Mache wöchentliche Aufnahmen mit deinem Hund in diesen perfekten Situationen. Halte diese Momente fest und benutze sie als deinen »Anker«. Nimm die Fotos und Videos als Hintergrundbild für dein Handy oder deinen Laptop. Gestalte damit einen Kalender für das nächste Jahr, den du allen Freunden schenken kannst. Gründe für deinen Hund ein eigenes Instagram-Profil für seine besten Schnappschüsse. Oder erstelle mit ihnen dein eigenes Buch über deinen Hund. Schau dir die positiven Momente regelmäßig an. Wenn du deinen Hund in all den Medien regelmäßig siehst, hat das indirekte Auswirkungen auf dein Gehirn und auf deine Einstellung zu deinem Hund – und damit auf SEIN Verhalten.

Du weißt doch: Gedanken versetzen Berge. Die Fotos, Videos und dein inneres Bild helfen dir dann, in euren Stressmomenten stabil zu bleiben und deinen Hund besser wieder herauszuführen.

## KONZENTRIERE DICH AUF DEINE ZIELE

Sei immer stabil und male dir ein Ziel aus. DU musst in jeder Sekunde aktiv sein und die Führung behalten, also den Überblick. Egal, in welcher Situation, DU musst es regeln, nicht dein Hund. Sobald du in die Passivität gehst, übernimmt dein Hund die Kontrolle. Deshalb: Mache dir immer wieder aufs Neue deine Ziele klar, jeden Tag, bei jedem Spaziergang. Ungefähr so:

- Ich gehe jetzt mit meinem Hund bis zur großen Brücke und wieder zurück.
- Ich schaue heute nicht zu meinem Hund, wenn uns Artgenossen begegnen.
- Ich jogge jetzt mit meinem Hund zwanzig Minuten ohne Pause.

Sage dir dein Ziel immer wieder, immer wieder. Wenn du klare Gedanken im Kopf hast, ist kein Platz für Ängste und Gefühlschaos. Denn dann arbeitet deine logische Gehirnhälfte, nicht die emotionale.

## VERSUCHE ES EINMAL MIT BRAIN-GYM®

Damit der emotionale Gehirnteil nicht immer wieder die Oberhand gewinnt, kannst du auch einfache Übungen praktizieren. Das erzeugt eine bessere Balance zwischen deinen beiden Gehirnhälften.

### Überkreuz bewegen

Hebe dazu das linke Bein und berühre das linke Knie mit deiner rechten Hand oder deinem rechten Ellenbogen. Dann umgekehrt. Hebe das rechte Bein und berühre das rechte Knie mit deiner linken Hand oder deinem linken Ellenbogen. Übe jede Seite gerne bis zu zwanzigmal.

### Ein X sehen

Zeichne dir ein großes X auf ein Blatt Papier. Schaue es regelmäßig an und atme dabei bis zu zwanzigmal ruhig ein und aus. Du kannst dir das X auch nur in Gedanken vorstellen. Bereits diese kleine Übung verbindet beide Seiten deines Gehirns.

### Imaginäre Acht

Stell dir in Gedanken eine liegende Acht vor. Beginne am mittleren Punkt zwischen den zwei Kreisen. Fahre jetzt mit deiner linken Hand nach oben links und zeichne die liegende Acht. Folge deiner Hand mit den Augen. Zeichne die liegende Acht mit jeder Hand mindestens dreimal. Dann mindestens dreimal mit beiden Händen zusammen.

Deine Hände sind hier nur Werkzeug. Es ist die achtförmige Bewegung deiner Augen,

*Konzentration auf ein bestimmtes Ziel beim Spaziergang oder Joggen, ohne den Hund zu beachten, entspannt auch einen intensiven Hund.*

die deine beiden Gehirnhälften ins Gleichgewicht bringt.

Du kannst diese Übungen auf all deinen Hundespaziergängen praktizieren. Wenn es sein muss, binde deinen Hund kurz an. Du kannst auch nur auf die Leine treten, damit er dir nicht entwischt. In diesen kurzen Momenten bist du mit deiner Aufmerksamkeit voll im Hier und Jetzt, ganz bei dir. Das merkt dein Hund, es wird ihm guttun.

Er liebt es, wenn du mit deinen Gedanken bei dir selber bist. Dann fühlt er sich weniger beobachtet und kann besser entspannen. Lege immer wieder kurze Pausen für dein Brain-Gym® ein. Du wirst bald merken, wie gut diese Unterbrechungen für euch beide sind.

## BEGRENZE DEINEN HUND

Mit welchen verbotenen Dingen spielt dein Hund? Sind es Kissen, Taschentücher, Socken? Nimm diese Dinge selber in Beschlag. Schließlich gehören sie dir. Erhebe einen klaren Anspruch auf alles in eurem Haushalt. Überlasse deinem Hund diese Zielobjekte niemals. Schimpfe aber auch nicht oder versuche, sie ihm wegzunehmen. Dann würde dein Hund darum kämpfen und du hättest keine Chance. Denn fast alle Menschen weichen zurück, wenn ihr Hund knurrt oder sie heftig anbellt. Damit machen wir den Hund nur noch stärker.

Falls dein Hund die Socke nicht sonderlich verteidigt, kannst du deine Hand darüberlegen oder mit dem Fuß drauftreten. Damit stellst du einen Besitzanspruch. Bei sehr milden Hunden reicht es schon, wenn du dich der Socke selbstbewusst näherst.

In vielen Fällen reicht auch nur ein Tauschgeschäft. Halte deinem Hund ein Stück Käse oder etwas anderes sehr Leckeres unter die Nase. Gib es ihm, sobald er deine Socke fallen lässt. Problem erledigt.

Falls dein Hund hitziger reagiert, benutze ein Hilfsobjekt, um deinen Anspruch geltend zu machen. Das kann ein Regenschirm sein oder ein Tennisschläger. Drücke einen Zipfel der Socke mit dem Schirm zu Boden und warte. Sei geduldig. Dein Hund muss seinen Anspruch aufgeben, die Socke loslassen und weggehen. Versuche, dass er immer mehr von der Socke freigibt, während du den Schirm oder Tennisschläger darüberhältst. Denn je mehr dein Hund mit seinen Zähnen von der Socke besitzt, desto stärker ist er mental. Warte also nicht, bis dein Hund sein Vorhaben verwirklicht.

Du kannst deinen Besitzanspruch bereits erheben, sobald dein Hund Kissen, Socke oder Taschentuch intensiver anschaut. Alles, was er fixiert, blockierst du mit deiner Hand, deinem Fuß oder einem Hilfsgegenstand. Er wird sehr schnell begreifen, dass ab jetzt alles in deiner Wohnung dir gehört.

## AKTIVIERE SEINEN GRUPPENINSTINKT

Die Intensivierung der Gruppendynamik und der Aufbau einer emotionalen Mensch-Hund-Bindung ist die Basis für euer entspanntes Zusammenleben. Mir ist wichtig, was Hunde brauchen und wie Hund und Besitzer ein unzertrennliches Team werden können.

Basis für eine enge Mensch-Hund-Bindung ist nicht Training oder Gehorsam. Die Basis ist immer, wie ein Hund sich in seiner Gruppe fühlt. Eine volle Zugehörigkeit empfindet er erst, wenn er allen anderen Gruppenmitgliedern bedingungslos vertraut und sich absolut sicher fühlt. Sein wirkliches Teamgefühl zeigt sich, sobald ein Hund positiv und gelassen auf Stress reagiert und sich seinem Menschen gerne und ohne Aufforderung anpasst – egal, wie schwierig die Situation gerade ist.

*Besonders Straßenhunde können eine intensive Bindung zu ihrem Menschen aufbauen, sobald wir in ihrer Sprache mit ihnen kommunizieren.*

In kritischen Momenten vergessen Hunde blitzartig alles Training, wenn keine emotionale Zusammengehörigkeit zum Besitzer vorhanden ist. Viele Hundebesitzer kennen das. Wenn sie im Stress von ihrem Hund gar nicht mehr wahrgenommen werden. Weil der Hund in einem Tunnel zu sein scheint.
Alle Besitzer eines heftigen Hundes bestätigen mir, dass ihr Hund im Stress nicht hundertprozentig auf sie hört. Diese Kluft entsteht, wenn sich ein Hund nicht als Teil seines Teams fühlt. Denn seine soziale Natur verlangt eine klare Struktur, in der er seinen Platz in der Gruppe genau kennt.

»Hunde brauchen Idole, keine Mitläufer.«

*Ist der Mensch das Idol seines Hundes, wird sich der Vierbeiner stets an ihm orientieren und ihm bedingungslos vertrauen.*

Das zu verdeutlichen, ist heute meine Arbeit. Ich vermittle Menschen, wie ihre Hunde gefühlsmäßig lernen und sich bei uns integrieren. Eine tiefe Bindung ist auf Fühlen basiert und entsteht im Herzen, nicht durch Disziplin. Basis dafür ist ein bedingungsloses Vertrauen zwischen Mensch und Hund.
Nützlicher Teil einer Gruppe zu sein, bedeutet nicht, ein Kommando zu befolgen, für eine Belohnung zu arbeiten oder gemeinsam in einer Wohnung zu leben. Die Gruppe ermöglicht unseren Hunden, emotional zu leben und zu lernen. Aktiver Teil eines solchen Teams zu sein, ist die beste Belohnung für alle Hunde. Nicht unser Lob oder das schmackhafteste Leckerli.
Echte Zusammengehörigkeit und eine tiefe emotionale Bindung zum Menschen ist es, was Traumata heilt und eine gesunde Kommunikation zwischen Menschen und Hunden bewirken kann.

## Dein Hund wird dir helfen

Wir wissen, sobald wir instabil, ängstlich oder nervös sind, spürt das unser Hund und übernimmt die Führung. Deswegen hier mein ganz persönlicher Rat für dich:
Sieh deinen Hund als eine Aufgabe für dich selber. Als einen Helfer für deine eigene Persönlichkeit, dein eigenes Wachstum. Niemand sonst ist in der Lage dazu. Selbst wenn du schon Hunde hattest oder später noch haben wirst. Dieser jetzige Hund ist sensibel genug, deine feinsten Schwingungen aufzu-

*Jeder Hund kann seine innere Ruhe finden, wenn ihm der Mensch mit Vertrauen und Verständnis hilft, ohne Disziplin und Dominanz anzuwenden.*

nehmen und einen bestimmten Seelenschmerz in dir zu spiegeln. Vielleicht tröstet es dich, dass ich acht Hunde brauchte, um die zu werden, die ich heute bin. Jeder meiner Hunde hat etwas anderes in mir aufgedeckt und geheilt. Jeder auf seine liebenswerte, ganz eigene Art und Weise.

Deswegen: Sei ein guter Teamplayer und übermittle deinem Hund die Regeln der menschlichen Welt ruhig und bestimmt. Lass ihm Zeit, habe Geduld. Dabei wird es Rückschläge und Misserfolge geben. Dein Hund ist keine Maschine, du bist kein Roboter. Hinfallen ist normal. Steh wieder auf und versuche es noch einmal. Bis deine Körpersprache und Ausstrahlung so perfekt sind, dass dein Hund sie deuten kann.

Das gilt vor allem für eure Spaziergänge. Achte draußen auf die Körpersprache der anderen Hunde und der anderen Menschen, denn DIE verursachen den Stress in dir und in deinem Hund. Lass sie nicht an euch heran, schick sie weg oder meide die Situation. Höre auf deinen Bauch, fälle eine Entscheidung und löse die Situation – kühn und entschlossen wie Pippi Langstrumpf. Handle wie ein Löwe, nicht wie ein Hasenfuß. Du kannst das, davon bin ich überzeugt.

Wenn du so beherzt vorgehst, beginnt dein Hund, dir zu vertrauen, und er wird deine Entscheidungen ernst nehmen. Er ist dein Assistent auf deinem Weg zu dir selbst. Seine Reaktionen sollen DICH aktivieren, etwas zu tun. Vielleicht dich zu wehren, für dich einzustehen oder zu lernen, NEIN zu sagen ... oder was immer du zu lernen hast in diesem Leben.

Bitte verstehe, wenn ich sage, niemand kann dir und deinem Hund helfen. Ihr zwei seid ein ganz besonderes Team mit einem ganz besonderen Ziel im Leben. Finde deine individuelle Sprache für euch beide. Beginne im Stress deinem Herzen zu vertrauen und mach einfach, was dein Bauch dir sagt. Es wird immer das Richtige sein. Denn dann bist du authentisch und für deinen Hund glaubwürdig. Dann wirst du sein Idol und er fühlt sich bei dir in Sicherheit.

Sobald du erst nachdenkst, was der Trainer sagte oder das Hundebuch, hast du bereits verloren. Dein Hund reagiert schneller, als du denken kannst. Er spürt diese Unsicherheit in dir und handelt sofort wieder selber.

Es gibt Tausende Tipps und Tausende Möglichkeiten, aber keine wird wirklich zu dir und deinem Hund passen. Trau dich. Findet euren eigenen Weg, du und dein Hund. Am Ende wird eure Partnerschaft einen viel intensiveren Level erreichen. Dann schaut ihr euch in die Augen und wisst aus dem Herzen, was der andere jetzt braucht. Viele meiner Kunden erleben diese tiefe Verbundenheit täglich mit ihren Hunden.

**Mein Tipp:** Verzichte auf Disziplin und Dominanz. Hilf deinem Hund, den Weg in seine innere Ruhe selbst zu finden. Was andere schaffen, das kannst du garantiert auch.

Denn auch wenn du es in deiner Kindheit anders gehört hast, dein Hund möchte dir heute sagen:

- Du bist für mich genau richtig, so wie du bist.
- Du gehörst in diese Welt, denn ich brauche dich.
- Du bist liebenswert und einzigartig. Ich fühle mich wohl mit dir.

»Behandle dich selber liebevoll und mit Achtung. Dann kannst du deinem Hund geben, was er von dir braucht: deinen Schutz, deine Lebenserfahrung und deine Liebe.«

# Ich danke dir

Du bist wirklich großartig. Ein Buch bis zum Ende durchzulesen, erfordert jede Menge Disziplin von uns. Du hast es geschafft. Für mich heißt das, du willst deinen Hund wirklich verstehen und bist bereit, ihm zu helfen. Dann bist du sicher auch bereit, für deine Fellnase neue Wege zu gehen und ausgetretene Schuhe gegen neue zu ersetzen. Ich freue mich, wenn dir meine Erfahrungen und Infos dabei helfen, eine harmonische Bindung zu deinem Hund aufzubauen. Ich wünsche euch beiden ganz viel Freude beim Umsetzen und noch viele glückliche Jahre zusammen. Denn du bist einzigartig und wirst das schaffen. Ich glaub an dich.

Mit besten Wünschen

**Antje Hebel**

*Innige Vertrautheit: Die Autorin mit einem ihrer Schützlinge beim Üben. Geduldige Kommunikation auf Augenhöhe, sogar auf dem Bett.*

## VITA DER AUTORIN

Die Autorin Antje Hebel arbeitet bereits über 25 Jahre als Hundepsychologin mit verhaltensauffälligen Hunden. Sie hat mit Caniko© ein komplett neuartiges Konzept entwickelt, um das Stressverhalten bei Hunden innerhalb weniger Tage erfolgreich zu verbessern.
Antje Hebel arbeitet ganz anders als Hundetrainer und Hundeschulen. Bei ihr dürfen Hunde natürlich reagieren und müssen damit selber die Lösung für ihr Stressverhalten herausfinden. Wie in der Natur: über Versuch und Irrtum. Sie sagt: »Das Verhalten eines Hundes passiert nicht bewusst oder geplant. Es spiegelt immer nur, was der Hund in unserem Herzen fühlt und in unserem eigenen Verhalten oder im Umfeld wahrnimmt.«

Deswegen liegt der Fokus ihrer Arbeit heute beim Menschen, nicht mehr beim Hund.
Sie hilft besonders Frauen, wieder entspannt mit ihrem Hund Gassi zu gehen. Denn sie kann aus eigener Erfahrung nachvollziehen, wie Frauen sich fühlen, wenn der Hund beim Spaziergang ausrastet. Ihr erster Schäferhund, Rambo, hat sie an die Grenzen ihrer Möglichkeiten gebracht. Er war sehr gut trainiert und sehr lieb. Aber beim Spaziergang war Rambo aggressiv und nicht mehr wiederzuerkennen. Antje Hebel hat sich mit ihm geschämt, war verzweifelt und lebte ständig in Angst, dass er sich einmal losreißen könnte. Ihr Traum einer glücklichen Partnerschaft mit Hund zerplatzte wie eine Seifenblase. Antje Hebel hat inzwischen schon über 11.000 Hund-Mensch-Teams zu entspannten Gassirunden verholfen. Diese Menschen sind heute in der Lage, ihren Hund stressfrei überallhin mitzunehmen – ohne Angst, dass plötzlich etwas passiert. Entstanden ist ihre Methode Caniko© in Bali, wo Antje Hebel 15 Jahre gelebt und im Tierschutz gearbeitet hatte. Die Straßenhunde haben ihr

*Eingewöhnung in eine fremde Umgebung perfekt gelungen: Die Autorin mit ihren Straßenhunden, die sie aus Bali mitgebracht hat.*

gezeigt, was Hunde wirklich von uns Menschen brauchen, um sich in unsere Gesellschaft einzugliedern.
Antje Hebel gibt ihre Methode Caniko© hauptsächlich online weiter. Sie hat auf vier Kontinenten gearbeitet und betreut heute Hundebesitzer auf der ganzen Welt.
Besonders erfolgreich ist ihre Weiterbildung für Hundetrainer, die Caniko© in ihre Hundeschule aufnehmen wollen. Weitere Details finden sich auf ihrer Webseite antjehebel.com.

## DANKE

Ich sende ein großes Dankeschön an alle Menschen, die mich bei meiner Arbeit unterstützen. Danke, dass ihr mir vertraut, danke, dass ihr meine Bücher lest und bei meinen Coachings dabei seid.
Danke auch allen, die bei meinen Fotoshootings mitmachen, mir Bilder zur Verfügung stellen oder mir ihr Feedback geben. Ihr alle helft mit, das Leben unserer Hunde um ein Schwanzwedeln glücklicher zu machen.
Danke, Rambo, du warst mein Schicksal. Ohne dich hätte ich mich niemals mit Hundeverhalten befasst. Danke, Stromer, Chicco und Willi. Jeder von euch hat einen besonderen Bereich meiner Seele geheilt.
Aber mein größter Dank gilt den Straßenhunden von Bali und besonders meinen eigenen vier Fellnasen dort: Dana, Bonnie, Poppi und Mini. Euch verdanke ich alles, was ich kann und was ich bin. Ihr habt in Bali meine Motivation am Leben gehalten und einen besseren Menschen aus mir gemacht. Allein am Ende der Welt, habt ihr mir Mut gegeben und Hoffnung geschenkt.
Ihr habt mir blind vertraut, mich bis nach Deutschland begleitet und im Frachtraum des Fliegers Todesängste ausgestanden. Ihr habt mir bei der Arbeit mit extremen Hunden geduldig geholfen, bis ihr selber keine Kraft mehr hattet. Und all das immer gut gelaunt, mit einem Lächeln in euren Augen.

*Stille Kommunikation von Herz zu Herz: Durch Mimik und Gestik wissen beide, was der andere gerade fühlt und von ihm braucht.*

In Bali habe ich euch und den anderen Straßenhunden versprochen: »Ich werde es in die Welt tragen. Ich werde allen Menschen erzählen, wie Hunde wirklich fühlen, wie verletzlich ihre Seele ist und dass sie niemals aggressiv sind – auch wenn es uns Menschen so vorkommt.«

Ich werde alles tun, damit Menschen und Hunde endlich als beste Freunde zusammenleben können. Voller Vertrauen, Respekt und Verständnis.

## HAFTUNGSAUSSCHLUSS

Für die im Buch verwendeten externen Links zum Youtubekanal von Antje Hebel »Antje Hebel – Hundeverhalten verstehen« sowie zur Webseite »antjehebel.com« und den angebotenen Kursen übernimmt der Verlag keine Gewähr. Für die Inhalte der verlinkten Seiten ist allein die Autorin verantwortlich, für eventuell entstehende Schäden übernimmt der Verlag keinerlei Haftung.

*Spielst du mit mir? Wenn der Hund seinen Menschen so nett auffordert, ist die Bindung zwischen den beiden innig und unzerstörbar.*

# BÜCHER UND ADRESSEN, DIE WEITERHELFEN

## Bücher der Autorin

**Hebel, Antje:** *Ich belle nur bei Vollmond: Wie Sie Ihren Hund im Zyklus des Mondes ernähren, pflegen und gesundhalten können.* Books on Demand.

**Hebel, Antje:** *Hundeverhalten zu Artgenossen verstehen: Warum dein Hund auf manche Artgenossen aggressiv reagiert, und was du mit Hundeerziehung dagegen tun kannst.* Books on Demand.

## Bücher aus dem Gräfe und Unzer Verlag:

**Arce, José:** *Meine 5 Geheimnisse für eine glückliche Mensch-Hund-Beziehung.*

**Arce, José:** *José Arce's Praxisbuch. Individuelle Wege zum perfekten Mensch-Hund-Team.*

**Bendel, Jochen:** *Das Geheimnis der Spiegelung.*

**Bendel, Jochen:** *Das Wunder der Bindung.*

**Bloch, Günther:** *Mein Hunde-Wissen. Wie ich zum Hundemensch wurde und was Sie daraus lernen können.*

**Böhm-Reithmeier, Inga/von der Leyen, Katharina:** *Leinen los! Freilauftraining für den Hund.*

**Eilert-Overbeck, Brigitte:** *Hunde-Spiele pfiffig, spaßig, spannend.*

**Kohtz-Walkemeyer, Marianne:** *Barf für Hunde. Den besten Freund gesund ernähren.*

**Lenzen, Dirk/Brück, Sebastian:** *Wenn Hunde sprechen könnten und Menschen richtig zuhören.*

**Mack, Anja/Wolf, Kirsten:** *Hundetraining leicht gemacht. Alltagsprobleme erfolgreich meistern.*

**Schlegl-Kofler, Katharina:** *Hunde-Erziehung. Für jede Alltagssituation die passende Lösung.*

**Schlegl-Kofler, Katharina:** *Hunde-Clickertraining. So klappt der Trick mit dem Klick.*

**Schlegl-Kofler, Katharina:** *Unser Welpe. Der richtige Start im neuen Zuhause.*

**Schlegl-Kofler, Katharina:** *Rückruf-Training für Hunde. So gelingt es Schritt für Schritt.*

**Seeger, André:** *BARF für Hunde.*

**Winkler, Sabine:** *Hunde Clicker-Box.*

**Wischall-Wagner, Alexandra:** *Nie mehr Stress mit meinem jagenden Hund.*

**Wolf, Kirsten:** *Die besten Hundespiele für drinnen und draußen.*

## Adressen

**Autorin**

Antje Hebel
Hunde-Psychologin
Hunde-Ernährungsberaterin
Goethestraße 5
08060 Zwickau

Folgen Sie der Autorin auf antjehebel.com

**Echt Hundgerecht**

Futterberatung und natürliche Hausmittel für Hunde

www.echthundgerecht.de/

**Folgende Tierärzte kann ich nur empfehlen**

• **Dr. Jutta Ziegler** klärt Hundebesitzer darüber auf, welche Schäden Industriefutter, Medikamente oder die jährlichen Impfungen im Hund verursachen.

dr-ziegler.eu

• **Dr. Franz Spitzer** hilft Hundebesitzern, die Ursachen einer Krankheit zu finden, statt nur das Symptom zu lindern. Er behandelt Hunde, selbst bei Arthrose, erfolgreich online – ohne MRT oder teure Operationen.

franzspitzer.de

• **TA Dirk Schrader** kämpft seit Jahrzehnten gegen die Pharmaindustrie, gegen überteuerte oder sinnlose Behandlungsmethoden, für den Einsatz natürlicher Produkte und CDL in der Tiermedizin.

Tieraerzte-hamburg.com

## REGISTER

### A



### B



### D



### E



### F



### G



### H

## S



## T



## U



## V



## W



## Z

**LIEBE LESERINNEN UND LESER,**

wir wollen Ihnen mit diesem Buch Informationen und Anregungen geben, um Ihnen das Leben zu erleichtern oder Sie zu inspirieren, Neues auszuprobieren. Wir achten bei der Erstellung unserer Bücher auf Aktualität und stellen höchste Ansprüche an Inhalt und Gestaltung. Alle Anleitungen und Rezepte werden von unseren Autoren, jeweils Experten auf ihren Gebieten, gewissenhaft erstellt und von unseren Redakteur*innen mit größter Sorgfalt ausgewählt und geprüft.

Haben wir Ihre Erwartungen erfüllt? Sind Sie mit diesem Buch und seinen Inhalten zufrieden? Wir freuen uns auf Ihre Rückmeldung. Und wir freuen uns, wenn Sie diesen Titel weiterempfehlen, in Ihrem Freundeskreis oder bei Ihrem Online-Kauf.

Sollten wir Ihre Erwartungen so gar nicht erfüllt haben, tauschen wir Ihnen Ihr Buch jederzeit gegen ein gleichwertiges zum gleichen oder ähnlichen Thema um.

**KONTAKT ZUM LESERSERVICE**

GRÄFE UND UNZER VERLAG
Grillparzerstraße 12
81675 München
www.gu.de

## IMPRESSUM



GU ist eine eingetragene Marke der GRÄFE UND UNZER VERLAG GmbH, www.gu.de

ISBN 978-3-8338-8487-0

1. Auflage 2022



Projektleitung: Ariane Heger

Lektorat: Angelika Lang

Bildredaktion: Petra Ender

Umschlaggestaltung und Layout: ki36 Editorial Design, München, Bettina Stickel

Herstellung: Susanne Fuhrmann

Satz: griesbeckdesign, Dorothee Griesbeck

Repro: Longo AG, Bozen

Druck & Bindung: Drukarnia Dimograf, Polen

Umwelthinweis:

Nachhaltigkeit ist uns sehr wichtig. Der Rohstoff Papier ist in der Buchproduktion hierfür von entscheidender Bedeutung. Daher ist dieses Buch auf PEFC-zertifiziertem Papier gedruckt. PEFC garantiert, dass ökologische, soziale und ökonomische Aspekte in der Verarbeitungskette unabhängig überwacht werden und lückenlos nachvollziehbar sind.

Bildnachweis:

Cover: Stocksy

Fotos: Alle Fotos von Antje Hebel privat, mit Ausnahme von: Adobe Stock: 35, 88; Getty Images: 4, 15, 27, 118, 149, 152, 153, 158, 167, 169; iStockphoto: 61, 117, 157, 197; Shutterstock: 62, 173, 195; Stocksy: 31, 45; Tierfotoagentur: 5, 46, 52, 54, 56, 67, 137, 170, 172, 179, 191; Trio Bildarchiv: 2, 13, 18, 21, 24, 32, 39, 41, 43, 47, 53, 57, 89, 91, 95, 96, 97, 101, 103, 105, 108, 112, 113, 114, 121, 123, 135, 140, 145, 161, 162, 163, 171, 182, 185, 186, 187, 193, 198;

Syndication: www.seasons.agency

Wichtiger Hinweis

Die Gedanken, Methoden und Anregungen in diesem Buch stellen die Meinung bzw. Erfahrung der Verfasserin dar. Sie wurden von der Autorin nach bestem Wissen erstellt und mit größtmöglicher Sorgfalt geprüft. Sie bieten jedoch keinen Ersatz für persönlichen kompetenten medizinischen Rat. Jede Leserin, jeder Leser ist für das eigene Tun und Lassen auch weiterhin selbst verantwortlich. Weder Autorin noch Verlag können für eventuelle Nachteile oder Schäden, die aus den im Buch gegebenen praktischen Hinweisen resultieren, eine Haftung übernehmen.

GRÄFE UND UNZER

Ein Unternehmen der GANSKE VERLAGSGRUPPE